# 金、银基合金体系纳米相图与性能

唐成颖　著

科 学 出 版 社
北 京

## 内 容 简 介

本书主要介绍了金、银及金、银基合金纳米颗粒的制备、表征、热力学性质、纳米相图、电化学性能和应用。全书共分十一章，主要内容包括贵金属纳米材料简介，纳米金、银及其纳米合金制备、熔化、热力学性质，石墨烯负载的纳米颗粒的电化学性能。

本书可作为材料科学与工程、金属材料工程、材料化学等专业本科生、研究生教材，也可供从事金属材料、纳米材料教学科研、生产的技术人员及管理人员参考。

**图书在版编目（CIP）数据**

金、银基合金体系纳米相图与性能 / 唐成颖著. -- 北京 : 科学出版社, 2025. 9. -- ISBN 978-7-03-082709-8

Ⅰ. TG146. 3

中国国家版本馆 CIP 数据核字第 202500EZ64 号

责任编辑：邓新平　张　熹 / 责任校对：高辰雷
责任印制：徐晓晨 / 封面设计：义和文创

科学出版社出版
北京东黄城根北街 16 号
邮政编码：100717
http://www.sciencep.com
三河市春园印刷有限公司印刷
科学出版社发行　各地新华书店经销
*
2025 年 9 月第　一　版　开本：720 × 1000　1/16
2025 年 9 月第一次印刷　印张：12　插页：2
字数：242 000
**定价：118.00 元**
（如有印装质量问题，我社负责调换）

# 序

相图是材料科学与工程专业及材料科学基础课程中最重要的基础概念和基本知识之一，是材料科学与工程专业及相关专业的人员理解不同材料体系材料成分—结构—性能—使用关系的基础，也是材料科学领域中进行高性能合金设计、制备工艺、新材料研发的重要参考资料。

对于常见的合金体系，相图作为描述物质中不同相之间相互转化条件和平衡状态的一种图形表示，它使用压力、温度、成分等变量作为坐标轴，标出不同相的稳定区域和转变点。迄今为止，二元块体合金体系实验和热力学优化相图已经非常完备，已有描述相关合金体系各相的热力学参数及相关体系相图研究成果结集出版。对于三元合金体系，特定温度下等温截面相图及其相应热力学优化结果也有较多报道和出版。但对于纳米合金体系，一方面，由于纳米合金颗粒表面效应和尺寸效应的影响，描述纳米合金各相的吉布斯自由能除是合金成分、温度的函数外，还是合金粒径的函数；另一方面，由于制备一定粒径的纳米合金相对不易及纳米合金的团聚效应，常规实验难以测定相应的相变温度。这两方面的因素导致文献中很少有理论与实验自洽的纳米合金相图的报道。

桂林电子科技大学唐成颖教授及其团队成员在国家自然科学基金的资助下，创新性地开展金、银基纳米合金制备、包覆、熔化等关键实验和传统的热力学优化相结合的纳米热力学优化，以及金、银基合金体系纳米相图相关工作，将传统相图热力学优化计算工作拓展至纳米合金体系，是对材料科学领域传统相图研究的有益补充，并将促进纳米材料领域相应合金设计、热处理工艺制定和新材料研发工作。《金、银基合金体系纳米相图与性能》的出版对材料科学相关领域基础研究，特别是贵金属纳米合金材料相图领域，是一项重要贡献，对相关学科基础研究和应用研究有重要的促进作用。

杜勇

中南大学

2025 年 1 月 18 日

# 前　言

单质金、银纳米颗粒及相应的金、银基合金纳米颗粒因其在光学、催化、电化学、热稳定性等方面的特殊性能及其应用引起研究人员广泛关注。

相图是物质相律的几何表达形式，和其他科学一样，它是在长期生产实践中总结出来的一门科学，也是指导科研和生产的基础理论。人们根据相图，不仅能直接选择材料的合理成分，提高材料的性能以满足生产需要，而且能制定相应材料生产和加工的合理工艺规程。

关于金、银单质及其块体合金体系的熔化及相图热力学性质已有相关专著进行报道汇总，但关于金、银及相应的金、银基合金纳米体系的相图热力学性质还未见相关专著报道。本书汇集作者课题组开展的金、银及其相应的合金纳米材料制备表征、熔化及热力学性质，以及金-（铜、钴、银）纳米颗粒、银-（铜、钴）纳米颗粒纳米相图及性能相关研究的最新成果。本书详细介绍了金纳米颗粒与热力学性质，银纳米颗粒与热力学性质，金-铜纳米颗粒制备、熔化及热力学性质，金-钴纳米颗粒制备、熔化及热力学性质，银-铜纳米颗粒制备、熔化及热力学性质，银-钴纳米颗粒纳米相图及热力学性质，金-银纳米颗粒制备、熔化及热力学性质，石墨烯负载的金-铜纳米颗粒制备及其电化学性能，石墨烯负载的银-铜纳米颗粒制备及其电化学性能，石墨烯负载的金-银纳米颗粒的电化学性能等内容。

本书主要内容为国家自然科学基金项目（51761005）的相关研究成果。本书作者对参与完成本书相应体系研究成果的研究生沈伟、苏婷、楚孟哲、张聪同学表示感谢！同时本书也引用了部分相关文献或专著中关于纳米金、银及其合金的研究成果，在此表示感谢！本书的出版得到桂林电子科技大学材料科学与工程学院学科发展基金的资助，在此表示感谢！感谢我的博士生导师、国家杰出青年基金获得者、长江学者特聘教授——中南大学杜勇教授为本书作序！

由于作者水平有限，加上时间仓促，书中不妥之处在所难免，恳请广大读者不吝赐教！

作　者

2025 年 5 月

# 目　　录

# 第1章　贵金属纳米材料简介

纳米材料学是20世纪90年代初发展起来的一门多学科交叉的新兴学科。纳米（nanometer）是一个长度单位（用nm表示），1 nm等于$10^{-9}$ m，相当于10个氢原子一个接一个排列起来的长度（氢原子是最小的原子、直径约为0.1 nm）。所谓纳米材料，广义上是指三维空间中至少有一维处于纳米尺度范围或由它们作为基本单元构成的材料。纳米材料因为其小的尺寸、大的比表面积、量子尺寸效应而表现出与相应块体材料明显不同的光学、电学、磁学、热学、力学等物理性能和催化等化学性能，具有广阔的应用前景。伴随着纳米科学与技术的进步，人们研究开发了大量的包括半导体、金属或金属氧化物、碳纳米材料在内的纳米材料。本书主要关注贵金属纳米材料中的纳米金和银及其合金。本章简要介绍贵金属纳米材料的种类，以及金纳米材料和银纳米材料的制备和性能。

## 1.1　引　　言

贵金属包括金、银、铂、钯、钌、铑、锇和铱八种元素，是有色金属的重要组成部分。这类金属具有亮丽的金属光泽，在自然界的含量极为稀少且不易发生化学反应，因此被称为贵金属。贵金属良好的化学稳定性以及独特的性质，具有重要的应用价值，其深加工产品在电子、化工、医药、机械、能源、冶金、陶瓷、交通等几乎所有工业行业领域上有广泛的应用。所谓深加工，是将贵金属单质或其合金/化合物通过一系列的加工，使其物理或化学形态发生变化，成为更有使用价值的贵金属制品的过程。在贵金属的深加工产品中，贵金属纳米材料近几年备受人们关注。贵金属纳米材料是指运用纳米技术开发和生产的贵金属制品，得到尺寸在100 nm以下（或相应尺寸纳米相）的含有贵金属的新材料，这些新材料将贵金属特殊的理化性质与纳米材料的特殊性能相结合，在光学、电学、磁学、催化和力学等性质上表现出优异的性能，是纳米材料的重要组成部分，在分析传感、电化学催化、能源和光电等领域得到了广泛的应用。

贵金属纳米材料包括贵金属单质和合金/化合物纳米粉体材料、贵金属新型大分子纳米材料、贵金属膜材料等几大类。其中，贵金属单质和合金/化合物纳米粉体材料又可分为负载型和非负载型两类，是工业应用最多的贵金属纳米材料[1]。

非负载型贵金属纳米粉体材料包括银、金、钯和铂等贵金属的纳米粉体材料及氧化银等贵金属化合物纳米粉体材料两大类型，其国内外研究的重点和趋势是：①控制贵金属纳米颗粒的大小，实现粒径可控；②控制贵金属纳米颗粒的形貌，实现形貌可控；③加强应用和产业化研究，实现实验室小试结果放大到生产规模。

负载型贵金属纳米粉体材料是将贵金属及其合金的纳米颗粒负载到一定的多孔性载体上得到的复合物，也有人将它归入贵金属复合材料。它有两大明显优点：可以得到非常分散和均匀的贵金属及其合金的纳米粉体材料，有效地防止贵金属纳米颗粒团聚；生产过程比非负载型简单，技术指标容易控制。目前已有负载型 Au、Ag、Pd、Pt、Rh 和贵金属合金，以及贵金属与一些贱金属之间形成的合金的纳米粉体材料生产并在工业上得到应用。负载型贵金属纳米粉体材料尺寸小，比表面积很大，表面原子的键态和配位情况与颗粒内部原子有很大的差异，从而使贵金属表面的活性位置大大增加，具备作为催化剂的条件，同时，贵金属特有的化学稳定性，使贵金属在制成催化剂后具有良好的化学稳定性、活性和再生性。已实现产业化应用的负载型贵金属纳米粉体材料有 Pd/C、Pt/C 等催化剂[2]。

## 1.2 金纳米材料

### 1.2.1 金纳米材料概述

金的溶胶是有记载以来最早得到应用的贵金属纳米材料。

金作为最为典型的贵金属元素之一，由于可以通过控制颗粒的尺寸、形貌、结构以及组成使其外形“多变”而引起越来越多科研工作者的关注。近年来，在金纳米材料的形貌控制方面，研究人员已取得了很大的进展，人们已制备出金纳米球、金纳米棒、金纳米笼以及金纳米簇等多种形貌的金纳米材料。研究发现金纳米材料的物理化学性质与其颗粒的尺寸、形貌、结构密切相关，不同形貌的纳米结构可调节和优化材料的光电化学性质。金纳米材料因其特殊的光学、物理、化学、电学和生物学特性使其成为最常使用的一种纳米材料，是比色分析、生物传感器、光热传感器和成像等应用的理想候选材料。几十年来，科学家们一直在研究金纳米材料的可控制备，因为它们的特性和功能极其依赖于颗粒的形状和尺寸。同时，由于金纳米材料的可控制备、低毒性、高生物相容性、可调的光电特性和不复杂的表面修饰特性，其在生物医学和生物传感等诸多领域有着潜在的应用前景[3]。

贵金属纳米材料的许多物理化学性质具有特殊的尺寸依赖性。其中，金纳米材料由于在一些特定的界面上存在表面电子态，使其费米能级恰好位于能带结构沿该晶向的电子禁带之中，形成只能平行于表面方向运动的电子云，促使金纳米材料表现出特殊的表面效应、量子效应和宏观量子隧道效应等许多微观物理性质[4]。

### 1.2.2　金纳米材料的种类及制备方法

如前所述，研究人员在金纳米材料形貌控制方面已取得了很大的进展，人们已制备出金纳米球、金纳米棒、金纳米笼以及金纳米簇等多种形貌的金纳米材料。本节主要介绍相关类型的金纳米材料的制备方法。

1. 金纳米球

金纳米球，即通常所说的金纳米颗粒（Au NPs），是由一个内层金核（原子金 Au）以及环绕在外层的双离子层构成，靠近金核内表面的是内层金负离子（$AuCl_2^-$），外层离子层（$H^+$）则分布在内层与溶液之间，以此来维持 Au NPs 在溶液中的稳定状态[5]。Au NPs 的表面可以通过不同的配体进行修饰，以满足 Au NPs 在不同传感体系中的需求。

Au NPs 水溶液的颜色反映的是表面等离子体共振吸收（surface plasmon resonance absorption，SPRA）峰的位置，水溶液的颜色如果是酒红色，说明 Au NPs 的 SPRA 峰位于可见区 520 nm 左右。Au NPs 的 SPRA 是金属轨道中电子云在电磁场的作用下偏离电荷中心，发生相应位移而产生波振荡。在光照条件下，金属中的电子云被电磁场驱使在某一共振频率下产生等离子体共振。在这个共振频率下，入射光被金属纳米颗粒吸收，从而表现出不同的溶液颜色[6]。SPRA 图谱不仅能够提供 Au NPs 结构形貌的大量信息，而且是 Au NPs 光学光谱性质拓展研究课题中的一个重要方面。

Au NPs 的制备方法有很多，总体上可划分为物理法和化学法。利用某种技术将宏观块状金分解为纳米级颗粒的方法即为物理法，包括蒸镀法、器械研磨法、激光熔化法、气相法等。应用物理法制备的金纳米材料具有较大的尺寸，不利于传感应用研究；另外，物理法对生产设备要求苛刻，也不利于降低成本。化学法最常见的是利用还原反应将金离子或者金的化合物还原为金纳米材料，这也是最方便、最多样化、最经济的方法。这种“溶液路线”合成 Au NPs 有两种截然不同的方式，一种是选取合适的还原试剂还原均相溶液中的金离子或金的化合物，从而直接合成 Au NPs；另外一种是预先制备单分散的金属化合物颗粒，然后在金属溶液中或在气相中将金属化合物颗粒还原为金属颗粒。无论采取何种策略，选择合适的还原剂、保护剂、溶剂以及反应条件是制备尺寸和形貌均一的金纳米颗粒的关键所在。目前，制备 Au NPs 应用较普遍的化学法是化学还原法（还原剂为硼氢化钠、柠檬酸三钠、抗坏血酸等）[7]，即向含金离子或者金的化合物溶液中加入不同类型的还原剂，将其中的金离子或者金的化合物还原为纳米尺寸颗粒，可以通过选用不同的还原剂或者改变还原剂和金前驱体溶液之间的比例来制备尺寸不同的金纳米颗粒，以满足不同的应用需求。

为了有效解决应用化学还原法制备的 Au NPs 具有大粒径的局限性（＞10 nm），20 世纪 90 年代初，Brust 与 Schiffrin 等首次利用自组装技术和纳米技术相结合，在制备金纳米颗粒的过程中引入硫醇（RSH）自组装膜还原氯金酸，最终将制得的直径在 5 nm 的单分散 Au NPs 从水相转移至有机相，得到的 Au NPs 非常稳定，这就是经典的 Brust-Schiffrin 相转移法[8]。由于硫醇类物质对金纳米相的钝化作用很强烈，从而使得 Brust-Schiffrin 制备的金纳米晶尺寸非常小。

在反应体系中当表面活性剂浓度较大时，表面活性剂分子或离子将会自动缔合成胶体大分子的多个质点，并与溶液离子处于平衡状态，这种在溶液中形成的聚集体称为胶束。而当溶液中表面活性剂浓度超过临界胶束浓度时，在非极性有机溶剂内形成的胶束称为反胶束。用于制备纳米颗粒的反胶束一般由以下四部分组成：表面活性剂［常见的是 2-乙基己基琥珀酸酯磺酸（AOT）、十二烷基硫酸钠（SDS）、十二烷基苯磺酸钠（DBS）、十六烷基三甲基溴化铵（CTAB）］、助表面活性剂（脂肪醇）、有机溶剂（非极性溶剂）和水溶液。其中表面活性剂与水溶液的比例决定了其中的液滴尺寸的大小，得到不同形貌的金纳米颗粒[9]。这种非均相的液相合成法，通过应用表面活性剂使金纳米颗粒得到良好的分散，不发生团聚和沉淀。这种方法的优点是操作方便、反应装置简单、所合成产物粒径分布较窄且容易控制。其不足之处在于表面活性剂用量较大、成本较高，产物纯度和产量较低。

模板法通常是指以具有微孔或介孔的基质为模板，在微孔中进行化学还原反应，生成金纳米颗粒、金纳米棒、金纳米丝或金纳米管的方法[10]。该方法常用的模板是具有不同粒径和结构的二氧化硅微孔纳米材料或者是高分子聚合物介孔材料，使其能够可控地合成粒径分布较窄的金纳米颗粒。

光化学法是在光照的刺激下，基于化合物分子对特定波长的光吸收而引起化合物分子的电离，进而引发化学反应最终生成纳米颗粒。光化学法的光源通常为紫外光，所以必须要求反应体系中含有在紫外区能吸收并释放出电子的物质，该方法常用于制备核壳结构的金属纳米复合颗粒。近年来发展的光化学法主要是基于金属离子的还原反应，即金属盐溶液在 X 射线或 $\gamma$ 射线辐射下，通过水合电子对金属离子的强还原作用而生成金属、合金或金属氧化物纳米颗粒[11]。

微波合成法是金离子和还原剂的混合液（前驱体溶液）在一定功率微波辐射下发生化学反应最终得到金纳米颗粒的方法。在微波合成法中，前驱体溶液分子在微波场中剧烈运动使得反应速度加快，同时，反应体系在微波作用下实现整体均匀加热，反应的产物粒径分布均匀、纯度很高、粒径较小，从而适于催化或分析领域的应用要求。Tsuji 课题组研究人员使用微波辐照，通过使用不同分子量的聚乙烯吡咯烷酮（PVP）作为表面活性剂制备了不同尺寸和形貌的金纳米颗粒[12]。

由于金纳米颗粒的物理化学性质通常与颗粒尺寸和形貌密切相关，所以在实际制备纳米颗粒时，可根据不同的要求、不同的体系或不同的颗粒尺寸范围来选择适合的合成方法，有时为了特殊要求，上述方法也可以交叉并用。金纳米颗粒合成方法除了前面介绍的几种合成方法外，还有真空蒸镀法、激光消融法、喷雾热解法、晶种法等。

2. 金纳米棒

金纳米棒（gold nanorods，Au NRs）也是金纳米颗粒的一种特殊形态，它是一种胶囊状的金纳米颗粒，比金纳米球具有更为神奇的光电化学性质。Au NRs 不仅具有一个横向等离子体共振吸收峰，而且还具有一个纵向等离子体共振吸收峰，它们分别对应横轴和纵轴两个特征粒径，纵轴长度和横轴直径之比即为 Au NRs 的长径比，其中横向等离子体共振吸收峰与球形纳米颗粒的吸收峰一致，位于 520 nm 左右，而纵向等离子体共振吸收峰会发生红移，其频率取决于纳米棒的长径比[13]。由于 Au NRs 的各向异性，用偏振光激发时，肉眼可观察到长轴方向辐射的散射光为红色，而短轴方向的散射光为绿色[14]。

金纳米棒的制备方法主要有晶种生长法、模板法、电化学法和光化学法等，可通过不同方法制备出分散性好且颗粒均匀的 Au NRs。

3. 金纳米笼

金纳米笼是指拥有纳米中空的内部与多孔结构的外壳，可以有效地用于分子的内部封装与靶向物质传递的一种纳米材料。贵金属纳米笼由于在近红外区域具有很强的光散射和表面共振吸收能力（表面等离子体共振，SPR），引起了广大科技工作者的广泛关注。一方面，金纳米笼的新型中空、表面介孔结构以及等离子激元的特性，使其在近红外光区域具有良好的光散射、光吸收能力和其独特的 LSPR 峰，因而被广泛应用于光相干断层扫描、光声成像以及光热治疗的研究中；另一方面，具有光响应特性的胶体金纳米笼（智能纳米凝胶）可对温度、光照、电场、pH 等外界环境刺激产生敏感响应从而产生形貌上的凝聚或松散状态的转换，可以用来对药物分子进行包封、输送以及在特定条件下对药物进行释放等，基于金纳米笼以上的光电优势，目前已被广泛应用于药物的控制释放体系、生物传感器以及酶固定等生物医药工程中。截至目前，将贵金属纳米颗粒与智能金属纳米凝胶相结合，制备出集这两种纳米材料优点于一身的金属-凝胶复合纳米颗粒正是研究的热点之一。

金纳米笼的光吸收表面积远大于传统染料分子吸收的表面积，通常高出五个数量级。同时，金纳米笼的生物毒性相对较低，具有良好的生物相容性，外表面可以被多种生物分子或有机大分子修饰。目前，金纳米笼的制备是以银纳米立方体为模板，通过置换反应完成的[15]。

$$3Ag(s) + AuCl_4^-(aq) \longrightarrow Au(s) + 3\ AgCl(s) + Cl^-(aq)$$

$$Ag(s) + AuCl_2^-(aq) \longrightarrow Au(s) + AgCl(s) + Cl^-(aq)$$

制备形貌及性能良好的金纳米笼的前提是必须制备结构性能非常好的银纳米立方体，然后以此为模板，利用上面的反应式对其进行置换反应，以腐蚀银纳米立方体为代价最终制备出形貌结构性能良好的金纳米笼。这种制备金纳米笼的方法操作简单可控，仅需向沸腾的银纳米立方体悬浮液中加入固定量的氯金酸，随着氯金酸的加入，可以观察溶液颜色的变化，其变化过程对应着连续的金纳米笼SPRA峰的红移，即可以根据SPRA峰的红移位置来判断我们所需的金纳米笼的结构性能（空心尺寸、多孔尺寸及数量），从而选择停止实验操作分离金纳米笼，最后得到所需金纳米笼。

4. 金纳米簇

金纳米簇（gold nanoclusters，Au NCs）可根据纳米尺度上金属纳米颗粒的原子数目的多少粗略地划分为大纳米颗粒、小纳米颗粒和纳米团簇[16]。其中，对于大纳米颗粒来说，它的粒径与光波长接近，对外加电磁场的光学响应仅简单地与其粒径、自由电子密度和介质的相关介电常数相关。它的光学性质如介电常数与宏观块体金属相似，本身并没有小尺寸效应，可以由Mie氏理论进行定量描述[17]。当金属纳米颗粒尺寸接近电子平均自由程时（对金和银纳米颗粒，临界尺寸大约是50 nm），纳米颗粒的介电常数将开始出现小尺寸效应，导致小纳米颗粒的光学性质如等离子体共振吸收随颗粒的粒径开始变化。当微粒尺寸小于电子的费米波长时（对金纳米颗粒，临界尺寸大约是0.5 nm），也就是通常所说的纳米簇，它的光学、电学以及物理化学性质与较大粒径的纳米颗粒有很大不同，纳米簇中能级分离，并能发射出强烈的荧光，此时Mie氏理论不再适用。

一般来说，制备Au NCs的方法有物理法和化学法。其中，物理法将大块的金颗粒分散成纳米级金属小颗粒，可以分为光诱导还原法、惰性气体蒸发冷凝法、辐射诱导合成法三种方法。使用物理法合成的Au NCs存在纳米团簇粒径分布范围较广、光稳定性差、制备能量消耗高、荧光量子产率（FQY）较低等缺点，使其受到很大的限制。在合成Au NCs的众多化学法中，模板法由于可以非常好地控制Au NCs的形貌和尺寸而深受研究者的欢迎。选用树枝状的大分子、聚合物、蛋白质和多肽等为模板分子，用于还原或稳定金属离子可以防止 Au NCs 产生不可逆的团聚现象[18]。

### 1.2.3　金纳米材料的性能与应用

金纳米颗粒作为一种新型的、光学性能好、生物相容性好和亚纳米尺寸的纳米材料，展现出区别于独立的金属原子和微纳米晶体的优良性能，弥补了金属原子和微纳米晶体性质的缺陷。金纳米颗粒已经广泛应用于传感核成像、生物标记、单分子光谱、催化、数据存储和化学传感等很多领域。目前，对金纳米颗粒光学信号的测定主要分为两种情况：一是利用荧光分光光度计测定金纳米颗粒胶体溶液的荧光信号；二是利用紫外-可见分光光度计测定金纳米颗粒的 SPRA 信号。其相应的应用表现在两方面：一是通过测定待测物质引起的纳米胶体溶液荧光或 SPRA 光信号强度的变化来实现定量分析检测，即多纳米颗粒光学定量分析；二是通过表征金纳米颗粒荧光或颜色强度变化达到定性分析检测的目的，即多纳米颗粒光学定性分析。

## 1.3　银纳米材料

作为贵金属纳米材料家族的重要一员，银纳米颗粒因其优异的光学性能、导电性能、化学性能以及出色的生物相容性，已经被广泛应用于化学与生物传感器、抗菌、医疗以及光学检测等领域。

### 1.3.1　银纳米材料概述

因为银不仅是最好的导电导热金属，而且还具有出色的表面等离子体共振性能，所以银纳米材料是应用最广泛的贵金属纳米材料之一。按组成成分，银纳米材料可分为银纳米颗粒材料和银纳米复合材料。银纳米颗粒材料按照组成成分又可分为纯银和银合金（如 Ag-Au、Ag-Cu、Ag-Pd）等合金。目前，对银纳米复合材料的研究主要集中在银纳米/聚合物复合材料、银纳米/载体复合材料、银纳米/半导体复合材料、银纳米/介孔固体复合材料等，银纳米复合材料因其优异的综合性能而有着广阔的应用前景。

### 1.3.2　银纳米材料的种类及制备方法

在一个、二个、三个维度上具有纳米级特征尺寸的材料具有许多其本体或分子所没有的独特的物理、化学和力学性能，这使得纳米材料在光学、电学、磁学、传感、催化、生物医学、微反应器等方面具有巨大的应用潜力。同时，由于这些奇特的性能通常与纳米材料的形状、尺寸以及间距密切相关，因而纳米材料的形貌可控制备非常重要。近年来，为制得粒径更小、大小更均匀、形貌更均一、粒径和形貌可控、性质稳定的银纳米颗粒，涌现出了很多不同的新工艺、新技术、新方法。目前已报道的制备不同形态的银纳米材料的有效方法有化学还原法、光还原法、微乳液法、电化学法等。化学还原法由于容易控制银纳米颗粒尺寸和形貌、生产成本相对较低，是目前研究和应用最广的制备银纳米材料的方法。

银纳米颗粒广泛用作催化材料、生物传感材料、防静电材料、低温超导材料、电子浆料和抗菌抑菌材料。银纳米颗粒的性能与其结构、形貌、尺寸和粒径分布以及材料所处的化学物理环境密切相关，而银纳米颗粒的形貌、尺寸和粒径分布可以通过采用不同的合成技术和反应条件来控制。从宏观角度看，纳米材料的制备分为从上到下的物理法和从下到上的化学法[19]。截至目前，已报道的银纳米颗粒有球状、盘状、立方块体、树枝状、棒状及链状等。银纳米团簇只有几个到几十个金属原子，具有和费米电子的波长同数量级的尺寸，为了降低表面能量，容易彼此之间发生剧烈的反应以及不可逆的聚合。银纳米团簇除了本身由于尺寸带来的不稳定性外，还十分容易被空气中的氧气或空气中的电子受体氧化，且在水溶液中的稳定寿命很短[20]。目前制备银纳米团簇过程中常用有机和无机稳定剂或配体作保护剂，常用的有机稳定剂主要包括聚合物、小分子和 DNA。常用的无机稳定剂则有沸石和无机玻璃。可通过控制配体种类、配体与金属的摩尔比、溶液 pH 等一些重要参数来调节银纳米材料的光学性质。

### 1.3.3 银纳米材料的性能及应用

银纳米材料因其独特的光学和化学性质在光分析化学的舞台上扮演着越来越重要的角色，在荧光光谱分析检测、表面增强拉曼光谱检测、紫外-可见吸收光谱检测、双光子荧光检测等领域有巨大的应用潜力。银纳米材料具有极强的表面等离子体共振，是常用于金属增强荧光研究的纳米材料。表面增强拉曼光谱（surface-enhanced Raman spectrum，SERS）是一种研究分子与金属表面作用的高灵敏度分析工具。金属表面对拉曼信号的增强倍率可以高达 $10^3$～$10^5$ 倍，对于某些具有特殊结构的银纳米颗粒，其高活性部位具有更强的增强因子使得拉曼信号足以检测单个分子甚至是单个 DNA 链[21]。银纳米材料具有低廉的价格、较强的吸附能力、良好的生物相容性、高效的电催化活性以及快速的电子转移速率等其他纳米材料无法比拟的特殊性质，在电分析生物传感器方面容易实现生命分析所期望的微型化、集成化及原位、在体、实时、在线的检测。

金属纳米团簇展现出显著、独特的电子和光学性质，如强光致发光、分子能隙和强的催化性能，因而在荧光标记、检测、生物成像、化学传感以及单分子研究等领域有着广泛的应用，特别是高荧光效率的银纳米团簇在光电学上有广泛的应用前景。

## 参 考 文 献


[1] 周全法，刘微桥，尚通明，等. 贵金属纳米材料[M]. 北京：化学工业出版社，2008.

[2] 王伟，等. 贵金属及碳纳米材料的传感应用[M]. 北京：化学工业出版社，2017.

[3] Hassan H，Sharma P，Hasan M R，et al. Gold nanomaterials-the golden approach from synthesis to application[J]. Materials Science for Energy Technologies，2022，5：375-390.

[4] Zheng K Y，Xie J P. Antimicrobial properties of silver and gold nanomaterials [J]. Encyclopedia of Nanomaterials，2023，1：456-478.

[5] Hayat M A. Colloidal gold：principles，methods and applications[M]. San Diego：Academic Press，1989.

[6] Matijević E. Controlled colloid formation[J]. Current Opinion in Colloid & Interface Science，1996，1（2）：176-183.

[7] Xue Y G，Du J M，Zou H，et al. Gold particle synthesis via reduction of gold salt in the ionic liquid 1-butyl-3-methylimidazolium tetrafluoroborate aqueous solution[J]. Journal of Nanoscience and Nanotechnology，2012，12（6）：4635-4643.

[8] Brust M，Walker M，Bethell D，et al. Synthesis of thiol-derivatized gold nanoparticles in a two-phase liquid-liquid system[J]. Journal of the Chemical Society，Chemical Communications，1994（7）：801-802.

[9] Chen F，Xu G Q，Andy-Hor T S. Preparation and assembly of colloidal gold nanoparticles in CTAB-stabilized reverse microemulsion[J]. Materials Letters，2003，57（21）：3282-3286.

[10] Wirtz M，Martin C R. Template-fabricated gold nanowires and nanotubes[J]. Advanced Materials，2003，15（5）：455-458.

[11] Zheng P W，Jiang X W，Zhang X，et al. Formation of gold@polymer core-shell particles and gold particle clusters on a template of thermoresponsive and pH-responsive coordination triblock copolymer[J]. Langmuir，2006，22：9393-9396.

[12] Tsuji M，Hashimoto M，Nishizawa Y，et al. Microwave-assisted synthesis of metallic nanostructures in solution[J]. Chemistry-A European Journal，2005，11（2）：440-452.

[13] Murphy C J，Sau T K，Gole A M，et al. Anisotropic metal nanoparticles：synthesis，assembly，and optical applications[J]. The Journal of Physical Chemistry B，2005，109（29）：13857-13870.

[14] Sönnichsen C，Alivisatos A P. Gold nanorods as novel nonbleaching plasmon-based orientation sensors for polarized single-particle microscopy[J]. Nano Letters，2005，5（2）：301-304.

[15] Skrabalak S E，Chen J，Sun Y，et al. Gold nanocages：synthesis，properties，and applications[J]. Accounts of Chemical Research，2008，42（12）：1587-1595.

[16] Zheng J，Nicovich P R，Dickson R M. Highly fluorescent noble-metal quantum dots[J]. Annual Review of Physical Chemistry，2007，58：409-431.

[17] Jain P K，Lee K S，El-Sayed I H，et al. Calculated absorption and scattering properties of gold nanoparticles of different size，shape，and composition：applications in biological imaging and biomedicine[J]. The Journal of Physical Chemistry B，2006，110（14）：7238-7248.

[18] Yguerabide J，Yguerabide E E. Light-scattering sub-microscopic particles as highly fluorescent analogs and their use as tracer labels in clinical and biological applications[J]. Analytical Biochemistry，1998，262（2）：137-156.

[19] Rochelle S B，Arvizo R，Kudgus R A，et al. Intrinsic therapeutic applications of noble metal nanoparticles：past，present and future[J]. Chemical Society Reviews，2012，41（7）：2943-2970.

[20] Zhang L，Wang E. Metal nanoclusters：new fluorescent probes for sensors and bioimaging[J]. Nano Today，2015，9：132-157.

[21] Wang Y，Kneipp H，Perelman L T，et al. Single molecule detection using surface-enhanced Raman scattering（SERS）[J]. Physical Review Letters，1997，78：1667-1669.

# 第 2 章　金纳米颗粒制备、熔化及热力学性质

纳米颗粒除光学、电化学等性质随着颗粒的尺寸、形貌的变化而发生显著变化外，其热稳定性即熔化特性和相应的热力学性质也随着粒径的变化而发生显著变化。

## 2.1　金纳米颗粒制备与表征

Dick 等[1]使用不同方法合成了不同粒径的 Au 纳米颗粒。他们使用稳定的柠檬酸盐还原 Turkevich 法制得粒径最大为 15 nm 的 Au 纳米颗粒，通过辐射分解法得到粒径最小为 1.5 nm 的 Au 纳米颗粒，通过辐射放大法得到中等大小的 Au 纳米颗粒。

### 2.1.1　胶体金纳米颗粒制备

Dick 等[1]所用的 Turkevich 法是在中等高温下用柠檬酸盐将金盐还原为胶体金纳米颗粒。首先，将 0.2 g $HAuCl_4 \cdot 3H_2O$ 溶于 200 mL 水中，再将该溶液加入 800 mL 沸水中，使最终的金浓度为 0.5 mmol/L。当溶液再次沸腾时，加入 1%（质量分数）的柠檬酸三钠溶液 100 mL。将该溶液煮沸约 20 min，直到溶液呈现深酒红色，表明胶体金纳米颗粒已成功合成。

对于最小粒径的 Au 纳米颗粒制备，使用 0.2 mmol/L $NaAuCl_4 \cdot 3H_2O$ 水溶液和 0.5 mol/L 甲醇溶液，在密闭容器中制备 50 mL 的 Au 纳米颗粒胶体溶液。所用的稳定剂决定了 Au 纳米颗粒的大小。1.5 nm 粒径的 Au 纳米颗粒使用 1.0 mmol/L 柠檬酸三钠作为稳定剂，而 2.5 nm 粒径的 Au 纳米颗粒使用 0.01 mol/L 聚乙烯醇（PVA）作为稳定剂。这些溶液脱气 15 min，然后在 γ-Co 源中以 $1.2\times10^4$ Gy/h 辐照 8 min。最后，将 1 份种子溶液与 7 份含有 0.2 mmol/L $KAu(CN)_2$、0.5 mol/L 甲醇和 0.1 mmol/L 柠檬酸三钠作为稳定剂的溶液结合，使悬浮种子颗粒变大。这种浓度的组合名义上使颗粒扩大到原来直径的两倍。将得到的溶液用 $N_2O$ 鼓泡 5 min，然后以 $2.2\times10^3$ Gy/h 的剂量率照射 60～90 min，直到等离子体带内金纳米颗粒的吸光度保持不变。将放大后的纳米颗粒按照上述步骤进一步放大至直径的两倍，辐照 3～6 h，直到等离子体带没有变化。

### 2.1.2 金纳米颗粒的包覆与析出

胶体金纳米颗粒溶液制备完成后，立即向溶液中加入用于包覆的硅壳的前驱体溶液。首先，将双功能连接分子 3-氨基丙基三甲氧基硅烷（APS）作为连接剂加入，其数量刚好足以在颗粒上形成一个单层。APS 分子的横截面积假设为 40 Å$^2$。连接剂和溶胶的混合溶液搅拌 0.5 h，然后加入 3 倍于金质量的过量的硅酸钠溶液。这些溶胶被允许搅拌 2～3 d，直到可见光谱没有变化。包覆之后，加入高浓度的氯化钠，并用纯乙醇将悬浮液稀释到原来体积的两倍，诱导悬浮液中的纳米颗粒凝固。一旦纳米颗粒沉淀下来，将液体倒出，并在加压室中使用超滤膜（MW 10 000）洗涤和过滤沉淀物。然后用水冲洗沉淀物，除去氯化钠。然而，在差热分析（differential thermal analysis，DTA）熔化实验中确实出现了氯化钠的痕迹，尤其是小颗粒的氯化钠，不过很容易识别。对于最大的金纳米颗粒，此方法产生了 5 nm 厚度的壳层，而对于较小的金纳米颗粒透射电子显微镜图像难以分辨核边界。由于金与二氧化硅的浓度比在整个制备过程中保持不变，壳层厚度随着核尺寸的减小而减小。

### 2.1.3 金纳米颗粒表征

图 2-1 为包覆在二氧化硅壳中的 15 nm 金纳米颗粒的透射电子显微镜（TEM）图像。从悬浮液直接沉积在铜网格上，图 2-1（a）显示了清晰的金纳米颗粒和二氧化硅壳，大部分的二氧化硅以壳的形式出现在金纳米颗粒周围，所有的金纳米颗粒都被包裹起来。在实验中部分颗粒的沉淀导致了二氧化硅结块，并且大多数颗粒互相接触［图 2-1（b）］。但依然很容易辨认核心的金纳米颗粒。随着 DTA 温度循环，核壳结构被完全破坏，即使是最小的金纳米颗粒粒径也显著增大，如图 2-1（c）所示。

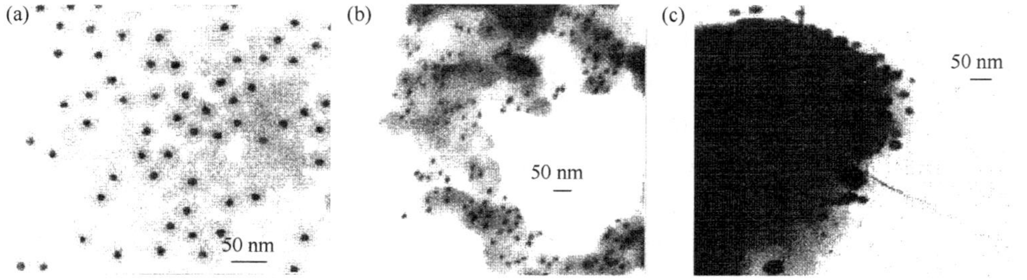


图 2-1　二氧化硅包覆 15 nm 金纳米颗粒的 TEM 图像

（a）从悬浮液直接沉积到铜网格上；（b）凝固和洗涤后；（c）加热 1100℃循环后[1]

# 2.2　金纳米颗粒熔化特性测定

## 2.2.1　金纳米颗粒熔化实验测试方法

实验中用差热分析法和热重分析法同时测定粉末的熔化温度。使用来自 TA 公司计算机控制的 SDT-2960 DTA-TGA 仪器，每个样品从室温到 1100℃扫描，测量最高温度高于块体金的熔点。在这些实验中，重 5～30 mg 的非常少量的样品被放置在密封的氦气室中，它们的质量和温度被热电偶密切监测。实验以氧化铝为参比物。在实验室内以 20℃/min 的速度加热样品，并随时监测样品和基准的质量和温度，精度分别为 $1\times10^{-4}$ mg 和 $1\times10^{-3}$℃。样品中的任何相变或化学变化都需要吸收或释放少量的能量。由于能量输入是恒定的，样品相对于参比物的升温速率会随着这一变化而暂时降低或增加。通过监测样品与参比物之间温差的变化率，可消除两者因加热速率差异引起的系统误差，同时放大相变过程的信号特征。需注意的是，因氧化铝的导热性优于二氧化硅，样品底部温度响应会迟滞于参比物的基准温度，导致原始 DTA 图的基线呈现恒定斜率的线性漂移。通过对温差数据求一阶导数，可消除这种倾斜基线，使归一化后的导数曲线基线斜率趋近于零，从而突出相变信号。

## 2.2.2　金纳米颗粒熔化实验测试结果

图 2-2 显示了包裹在二氧化硅中的 10 nm 金纳米颗粒的一阶导数 DTA 曲线和相应的 TGA 曲线。低温下的巨大变化是由于样品中残留的水/乙醇混合物的释放。虽然纳米颗粒粉末是在室温下干燥，但沉淀过程中吸附的溶剂分子仍然被困在多孔二氧化硅基质中。在这一步骤中，大约有 35%的粉末总重量会丢失。这种溶剂的损失发生在水/乙醇共沸物的沸点附近（78℃），表明尽管乙醇的蒸气压高于水，但它仍然是留在二氧化硅孔中的主要成分。在 250～300℃的温度范围内，观察到不规则的步进现象。这是由于有机稳定剂在样品中的热解所致。所有样品都能观察到，最低熔点高于热解温度。例如，它出现在最小颗粒熔化的吸热体的低温一侧（图 2-2）。

在图 2-2 中 300℃以上直至 940℃之前没有进一步的事件可以观察到，当样品达到 940℃时，出现一个吸热峰。正如 TGA 曲线所示，后一种情况并不伴随任何热重的下降。在 1060℃附近还有一个小的变化（同样没有减少热重）。这一现象归因于块体金的熔点（1064℃）的确定。通过测量制备的 15 nm 金纳米颗粒

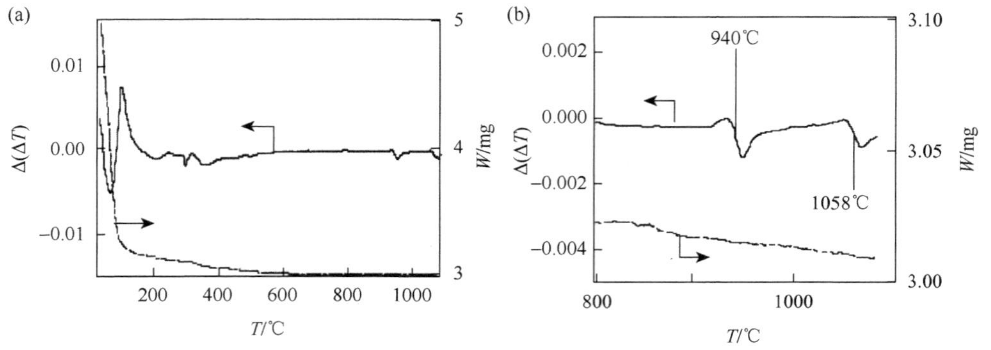


图 2-2　二氧化硅包覆的 10 nm 金纳米颗粒的一阶导数 DTA（左边刻度）和 TGA（右边刻度）剖面（a）；金纳米颗粒熔化区域放大的详细情况（b）

的 DTA 进一步证实了这一点，该纳米颗粒由柠檬酸盐稳定，但不含任何二氧化硅壳。得到的深蓝色凝固粉末在 1064℃的 DTA 曲线上只有一个非常尖锐的吸热峰，而 TGA 曲线没有相应的变化。冷却样品后，得到一种闪闪发光的黄色黄金固体。在没有任何物理屏障的情况下，有机稳定剂在加热时发生热解。熔化的纳米金形成大块的黄金，最终在 1064℃附近再次熔化。这种非包覆情况下的吸热比二氧化硅包覆的黄金更强烈，可能是由于在非包覆情况下的样品中黄金的质量比例更大。

对于制备的粒径在 1.5～15 nm 之间的其他纳米金颗粒的热分析实验结果，研究表明：无论纳米金颗粒大小是多少，都观察到在 1064℃附近块体金吸热熔化。这是由于二氧化硅的多孔性，使得熔化的纳米金流动形成大的相互连接的颗粒。这也表明二氧化硅壳内的蒸气压保持在大气压下。然而，在同一样品上再次进行升温降温循环，并没有观察到与金纳米颗粒大小相关的熔化吸热峰。原因是第一次循环熔化破坏了金纳米颗粒的特性，获得了块体金。

### 2.2.3　金纳米颗粒熔化实验与计算结果比较

Buffat 等[2]利用扫描电子衍射技术对 Au 纳米颗粒的熔点进行测量，获得了随粒径分布的熔化温度曲线，其实验结果与理论模型计算结果具有较好的一致性。Dick 等[1]利用放射分解和化学还原方法制备二氧化硅包覆的 Au 纳米颗粒，采用 DTA 结合 TGA 方法得到了其熔点，二氧化硅外壳对 Au 纳米颗粒起到保护作用，且对熔化温度本身的影响很小，其实验结果与理论预测结果保持一致。Sambles[3]在真空条件下，利用电子显微镜观察了半径小于 50 nm 的 Au 纳米颗粒在碳基板上的蒸发过程，结合开尔文方程得到颗粒半径与熔化温度之间的函数关系式，两种结果吻合较好。实验数据总结如表 2-1 所示，基于文献调研实验结果，结合 2.3

节介绍的热力学计算模型（本模型中 Au 纳米颗粒的修正因子 $C$ 的优化值为 1.05），拟合得到图 2-3 所示的 Au 纳米颗粒的熔化温度随尺寸变化关系，实验结果与预测结果很好地吻合。

**表 2-1　不同尺寸的 Au 纳米颗粒熔化温度数据结果**

| 半径/nm | $T$/K | 参考文献 |
|---|---|---|
| 4.0 | 1193.92 | [2] |
| 4.4 | 1200.92 | [1] |
| 5.0 | 1213.15 | [1] |
| 约 10.0 | 1275.46 | [3] |
| 10.0 | 1676.50 | [3] |

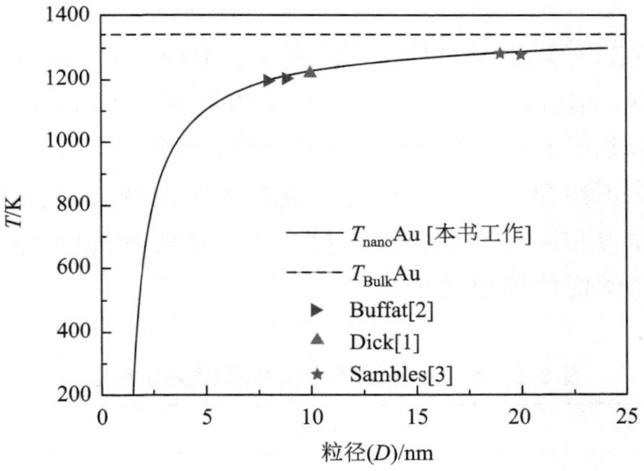


图 2-3　Au 纳米颗粒熔化温度随粒径变化关系

# 2.3　金纳米颗粒热力学性质计算

## 2.3.1　金纳米颗粒热力学性质计算方法

表面效应是由于表面金属原子与内部原子之间的差异造成的，对于块体纯金属（纯元素）来说，这一效应可以忽略；但对于纳米颗粒来说，较小配位数导致其表面原子不稳定，随颗粒尺寸的减小，比表面积急剧增加，进而使纳米颗粒呈现出与块体金属差异较大的物理、化学和电子性能。在这里，纳米颗粒尺寸对其热力学性质的影响是由其表面原子决定的，不可忽视。因此，表面能成为引起纳米结构性质变化的主导因素。

对于纯金属熔化来说，考虑尺寸效应的影响，化学势在固、液两相达到平衡时相等，表示如下：

$$\Delta G_{\text{total},x}^{\text{SL}} = G_{\text{total},x}^{\text{solid}} - G_{\text{total},x}^{\text{liguid}} = 0 \tag{2-1}$$

其中，$G_{\text{total},x}^{\text{solid}}$ 和 $G_{\text{total},x}^{\text{liguid}}$ 为纯元素的固态和液态摩尔自由能，即

$$\mu_i^{\text{s}} = \mu_i^{\text{l}} \tag{2-2}$$

根据吉布斯-亥姆霍兹（Gibbs-Helmholtz）方程，可以得到纳米颗粒的热量焓变：

$$\left(\frac{\partial(\Delta G_{\text{m}}^{\text{s}\to\text{l}}/T)}{\partial T}\right)_P = \frac{-\Delta H_{\text{m}}^{\text{s}\to\text{l}}}{T^2} \tag{2-3}$$

对吉布斯-亥姆霍兹方程关于温度 $T$ 进行积分，从而可以获得

$$\Delta G_{\text{m}}^{\text{s}\to\text{l}} = \Delta H_{\text{m}}^{\text{s}\to\text{l}}\left(1-\frac{T}{T_{\text{m}}}\right) = \Delta S_{\text{m}}^{\text{s}\to\text{l}}\left(T_{\text{m}}-T\right) \tag{2-4}$$

基于纯元素 SGTE 热力学数据库[7]及表 2-2 中纯 Au 元素的表面张力、摩尔体积及原子直径数据，结合纯 Au 元素的相关实验数据，计算 Au 纳米颗粒的相关热力学性质，优化得到了其纳米颗粒熔化温度随粒径变化曲线，并得到了表面吉布斯自由能项中的修正参数。之后，通过上述热力学及热力学性质计算得到 Au 纯元素表面能、表面吉布斯自由能、熔化焓、熔化熵等热力学数据，为 Au 基二元合金纳米颗粒热力学优化提供数据支持。

**表 2-2　纯 Au 元素热力学性质相关参数汇总**

| 变量 | 公式 | 参考文献 |
|---|---|---|
| 表面张力 | $\sigma_{\text{Au}}^{\text{solid}} = 1.947 - 4.3\times10^{-4}\times T$ | [4] |
| | $\sigma_{\text{Au}}^{\text{liquid}} = 1.33 - 1.4\times10^{-4}\times T$ | [5] |
| 摩尔体积 | $V_{\text{Au}}^{\text{solid}} = 1.07109\times10^{-5}$ | [6] |
| | $V_{\text{Au}}^{\text{liquid}} = 1.02582\times10^{-5} + 7.797\times10^{-10}\times T$ | [6] |

## 2.3.2　金纳米颗粒热力学性质计算结果

通过吉布斯-亥姆霍兹方程，结合方程中所用到的相关参数（表 2-2），计算得到了 Au 纳米颗粒熔化焓及熔化熵随颗粒半径变化关系曲线，如图 2-4 所示。由图可知，Au 纳米颗粒的熔化焓值随颗粒半径的增加而增大，其熔化熵值随颗粒半径的增加而降低。

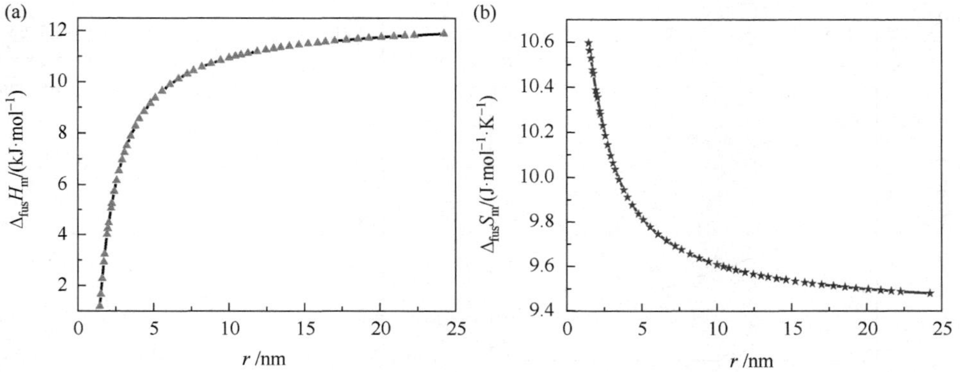


图 2-4　Au 纳米颗粒熔化焓（a）、熔化熵（b）随颗粒半径变化关系曲线[8]

基于表 2-2 中对于 Au 的相关参数描述，计算获得了 Au 纳米颗粒的表面能及表面吉布斯自由能随颗粒半径变化关系，具体如下：考虑纳米颗粒边缘和角上的原子作用，采用修正的表面张力模型 $\sigma_i^r = \sigma_i(1 - 0.725h_i / r)$ 及表面能模型 $\sigma = \sigma_\infty(1 - 2\delta_i / r)$ 计算得到 Au 纳米颗粒的表面能随温度及颗粒半径变化关系曲线。图 2-5（a，b）分别为固相和液相中，不同半径的 Au 纳米颗粒的表面能随温度变化关系，对比两图可以得到，固相和液相时的表面能随温度升高呈现线性降低，对于半径为 2.5 nm、5.0 nm、10.0 nm 的 Au 纳米颗粒，计算其表面张力的斜率，即其温度系数分别为$-3.94\times10^{-4}$、$-4.12\times10^{-4}$、$-4.12\times10^{-4}$，液相为$-1.28\times10^{-4}$、$-1.34\times10^{-4}$、$-1.37\times10^{-4}$。随着颗粒半径的增加，其温度系数的数值呈现降低趋势，表明 Au 纳米颗粒表面张力和表面能的增量降低与颗粒半径的增大有关，与 Fathi 等[9]的研究结果一致。对比图 2-5（c，d）可以得到，随着颗粒半径的降低，其表面能逐渐降低，且在 $r = 10$ nm 处开始剧烈减小；相同温度下，Au 纳米颗粒在固相中的表面能高于液相中的表面能，其随着温度的升高，表面能降低。

基于 Au 纳米颗粒的修正因子 $C$，结合表面吉布斯自由能表达式，计算得到了表面吉布斯自由能随温度、颗粒半径和颗粒半径倒数的变化关系曲线。图 2-6（a，d）分别为固相和液相时不同颗粒半径的 Au 纳米颗粒的 $G^{surface}$ 随温度变化关系，从图中可以总结，液相表面吉布斯自由能具有更高的能量，$G^{surface}$ 随温度线性变化的斜率（即其温度系数）的绝对值随颗粒半径的减小而增大；图 2-6（b，e）分别为固相和液相时不同温度下 Au 纳米颗粒的 $G^{surface}$ 随颗粒半径变化关系曲线，由图可得，相同颗粒半径下，固相和液相表面吉布斯自由能受温度影响不大，但可以得到相同条件下液相 $G^{surface}$ 高于固相的结论；为了进一步探究固定颗粒半径下温度对 $G^{surface}$ 的影响，计算得到了 $G^{surface}$ 与颗粒半径倒数的关系曲线，如图 2-6（c，f）所示，发现 $G^{surface}$ 与颗粒半径倒数呈正比例关系，温度对 $G^{surface}$ 的影响随着颗粒半径倒数的增大而增加，相同颗粒半径下 $G^{surface}$ 随着温度的升高而降低，且液相变化量大于固相[8]。

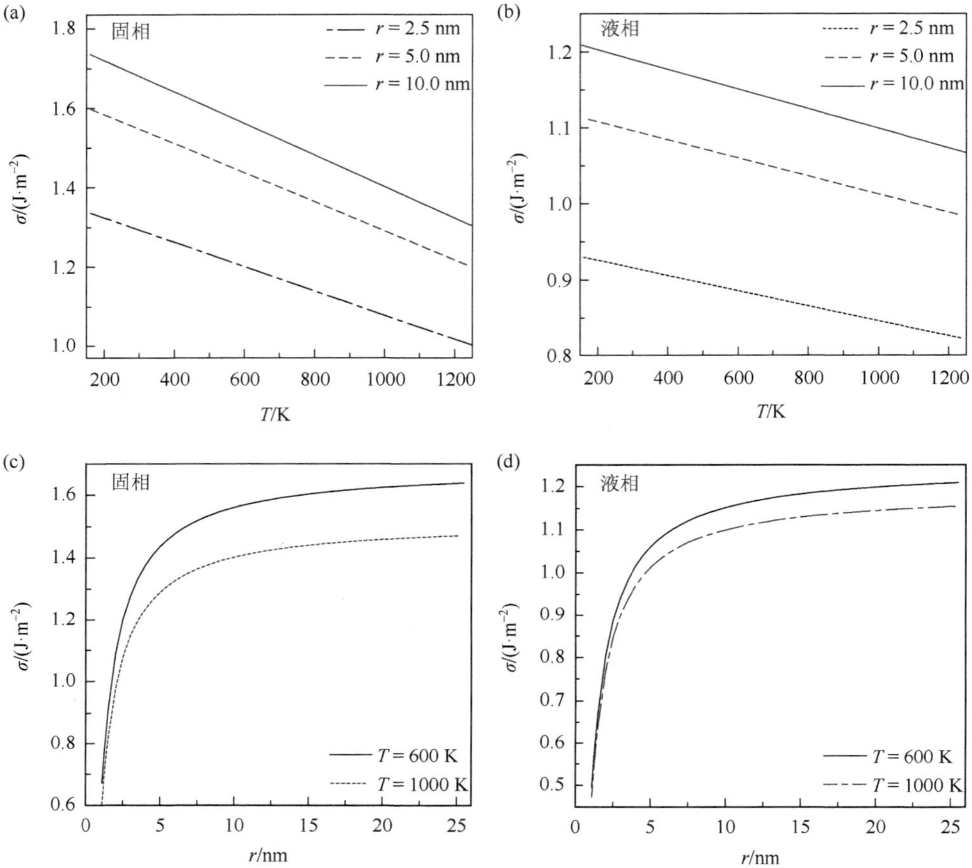


图 2-5　Au 纳米颗粒表面能随温度（a, b）、颗粒半径（c, d）变化关系曲线[8]

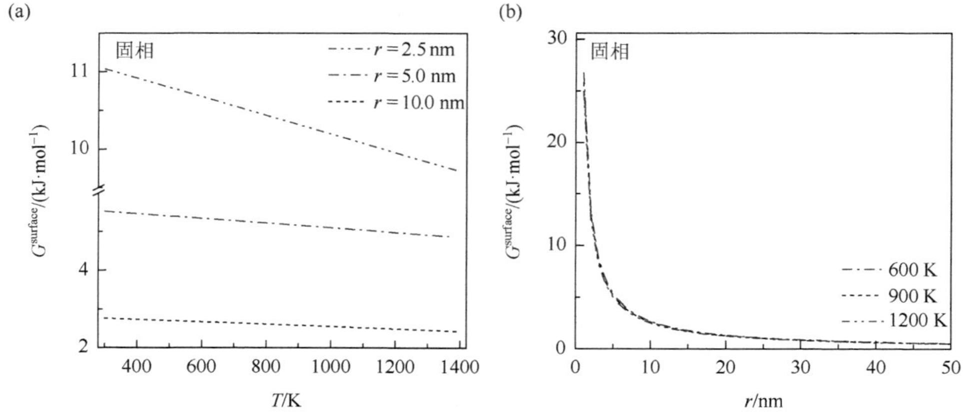

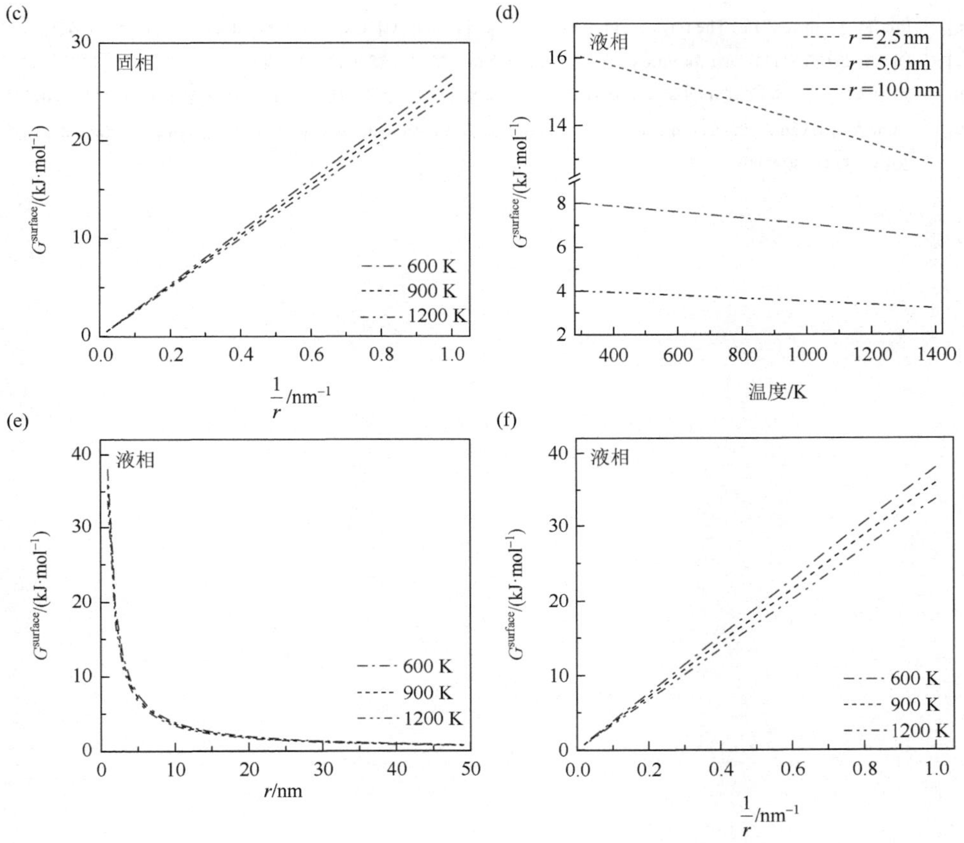


图 2-6　Au 纳米颗粒表面吉布斯自由能 $G^{surface}$ 随温度（a, d）、颗粒半径（b, e）、颗粒半径倒数（c, f）变化关系[8]

## 参 考 文 献

[1] Dick K，Dhanasekaran T，Zhang Z，et al. Size-dependent melting of silica-encapsulated gold nanoparticles[J]. Journal of the American Chemical Society，2002，124（10）：2312-2317.

[2] Buffat P，Borel J P. Size effect on the melting temperature of gold particles[J]. Physical Review A，1976，13（6）：2287-2298.

[3] Sambles J R. An electron microscope study of evaporating gold particles：the kelvin equation for liquid gold and the lowering of the melting point of solid gold particles[J]. Proceedings of the Royal Society A：Mathematical，1971，324：339-351.

[4] Murr L E. Interfacial phenomena in metals and alloys[M]. London：Addison-Wesley Publishing Company，1975.

[5] Lee J，Nakamoto M，Tanaka T. Thermodynamic study on the melting of nanometer-sized gold particles on graphite substrate[J]. Journal of Materials Science，2005，40（9-10）：2167-2171.

[6] Iida T，Guthrie R I L. The physical properties of liquid metals[M]. Oxford：Oxford University Press，1993.
[7] Dinsdale A T. SGTE data for pure elements[J]. Calphad，1991，15（4）：317-425.
[8] 楚孟哲.（Au，Ag）-Cu 纳米合金制备及热力学与电化学性能研究[D]. 桂林：桂林电子科技大学，2021.
[9] Fathi A，Ayyad A. Surface free energy of alkali and transition metal nanoparticles[J]. Applied Surface Science，2014，314：308-313.

# 第 3 章　银纳米颗粒制备、熔化及热力学性质

银纳米颗粒由于其良好的导电性，在微电子领域占有极其重要的地位。银纳米颗粒的表面效应、量子尺寸效应等性能与其粒径有直接关系，使其在表面增强拉曼光谱检测、医学等方面具有一些特殊的用途。关于 Ag 纳米颗粒相稳定性研究，在 Tang 等[1]的工作之前，已有部分银纳米颗粒熔化相关实验[2-5]和分子动力学[6, 7]理论研究报道，但是还没有相关的自洽的理论与实验研究报道。本章主要介绍 Tang 等关于银纳米颗粒的制备、熔化及相应热力学性质与其粒径关系的研究成果。

## 3.1　银纳米颗粒制备与表征

Tang 等[1]报道了银纳米颗粒的制备与表征、熔化实验及理论结果，用 $NaBH_4$ 作还原剂，在冰水、室温溶液中采用化学还原法、种子生长法、柠檬酸盐法制备出平均直径为 15 nm、26 nm、30 nm、42 nm 共四种粒径的球形 Ag 纳米颗粒。随后，这些样品通过二氧化硅包覆、离心收集、真空干燥，用于银纳米颗粒熔化特性实验研究。

### 3.1.1　银纳米颗粒的制备

用 $NaBH_4$ 作为还原剂分别在冰水（制备 15 nm 的 Ag）和室温（制备 26 nm 的 Ag）溶液中用化学还原法、种子生长法（制备 30 nm 的 Ag）和柠檬酸盐法（制备 42 nm 的 Ag）制备了 4 个平均尺寸为 15 nm、26 nm、30 nm、42 nm 的球形 Ag 纳米颗粒样品。然后用二氧化硅包覆这些样品，离心收集，真空干燥。

### 3.1.2　银纳米颗粒表征

使用紫外-可见吸收光谱测试 Ag 纳米颗粒的紫外-可见光吸收特性。使用透射电子显微镜观察 Ag 纳米颗粒的显微形貌，并测定 Ag 纳米颗粒的尺寸。

# 3.2　银纳米颗粒熔化特性测定

## 3.2.1　银纳米颗粒熔化实验测试方法

使用差示扫描量热（differential scanning calorimetry，DSC）仪（法国 SETRAM）测量银纳米颗粒的熔化特性。首先用三种高纯标样（Sn 99.9%、Al 99.999%、Ag 99.99%）在三种加热速度（5 K/min、10 K/min 和 15 K/min）下对 DSC 仪器进行校准。然后，将制备的 $SiO_2$ 包覆的 Ag 纳米颗粒（1.1～1.6 mg）放入 $Al_2O_3$ 坩埚中，在流动的 Ar 气氛（30 mL/min）下进行检测。由于原位高分辨透射电子显微镜（high resolution transmission electron microscopy，HR-TEM）固—液转变直接观察表明，粒径为 8 nm 的 Ag 纳米颗粒的熔化温度 $T_m$ 为 863 K[5]，样品先以 20 K/min 的速度加热到 773 K，在 773 K 下保持 3 min，然后以 10 K/min 的速度加热到 1273 K。通过 DSC 分析得到了在加热过程中热效应开始温度 $T_m$ 随 Ag 纳米颗粒尺寸的变化规律。

## 3.2.2　银纳米颗粒熔化实验测试结果

如图 3-1 所示，在 353 K 的低温下观察到的大吸热归因于留在样品中的水/乙醇共沸物的挥发。虽然纳米颗粒在室温下干燥，但沉淀过程中的溶剂分子仍然滞留在多孔二氧化硅基质中。这种溶剂的损失发生在水/乙醇共沸物沸点附近（353 K），说明尽管乙醇的蒸气压高于水，但乙醇仍是主要残留在硅孔中的组分。在图 3-1 中没有观察到进一步的热事件，直到样品达到约 1070 K，才观察到吸热效

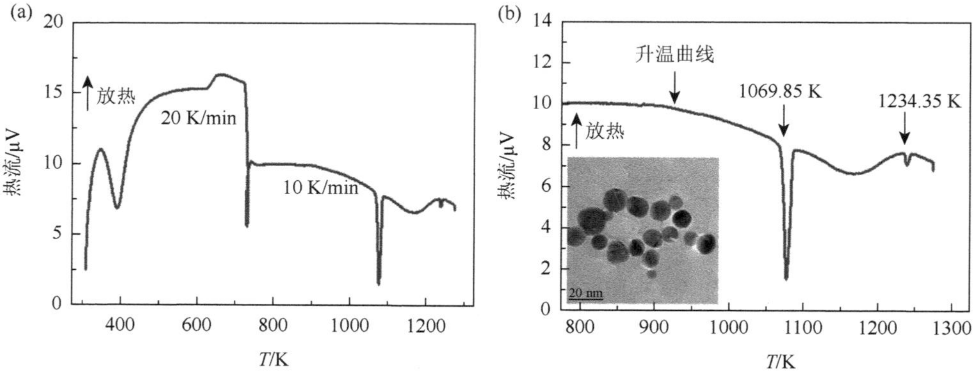


图 3-1　二氧化硅包覆的 15 nm Ag 纳米颗粒的 DSC 曲线（a）；
Ag 纳米颗粒熔化区的详细情况（b）

应。在约 1234 K 时观察到另一个小的热效应。这一吸热效应归因于块体银的熔点校准得很好。通过测量银块和柠檬酸盐稳定但不含二氧化硅壳的 15 nm Ag 纳米颗粒的 DSC 进一步证实了这一点。这是由于二氧化硅的多孔性，它允许熔化的银流动并形成大的相互连接的颗粒。这也表明硅壳内的蒸气压保持在大气压下，与第 2 章对 Au 纳米颗粒的熔化实验热分析测试出现的现象一致。因此，实验测定的 $SiO_2$ 包覆的 15 nm Ag 纳米颗粒的 $T_m$ 值为 1070 K。

图 3-2（a，b）分别是 26 nm 和 42 nm 的 Ag 纳米颗粒热分析实验结果。虽然这两个样品中之前发现的吸热也很明显，但在约 1147 K 和约 1181 K 的恒温峰值随着尺寸的增大而变宽，表明 $T_m$ 在样品中的分布范围更广，而在约 1234 K 的吸热则随着尺寸的增大而变大、变尖。这表明大颗粒的纳米银比小颗粒的纳米银熔化后的流动性好，更容易形成相互连接的大颗粒，也与二氧化硅壳厚度为 2～5 nm 的结果很好地一致，如图 3-2（b）的插入所示。因此，我们得出 $SiO_2$ 包覆的粒径为 26 nm 和 42 nm Ag 纳米颗粒的熔化温度 $T_m$ 值分别为 1147 K 和 1181 K。这一结果表明，$T_m$ 随着粒径的增大而增大。同样，实验测得 $SiO_2$ 包覆的粒径 30 nm 样品的 $T_m$ 为 1159 K。

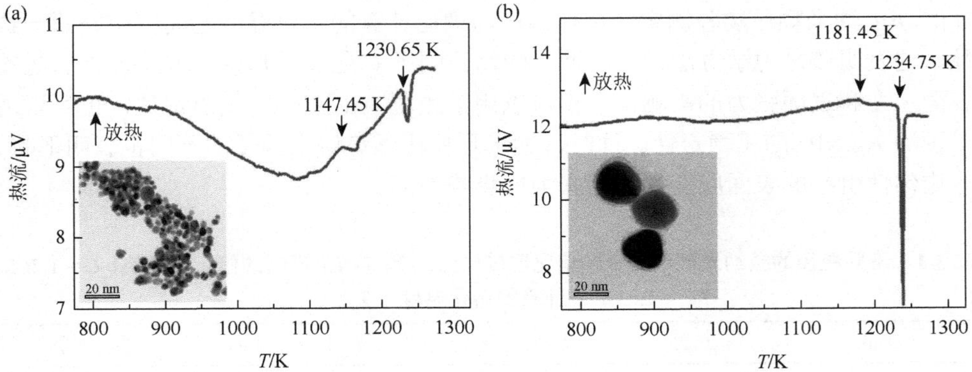


图 3-2　在银熔融区分别得到二氧化硅包覆的 26 nm（a）和 42 nm（b）Ag NPs 的 DSC 曲线

## 3.3　银纳米颗粒热力学性质

### 3.3.1　银纳米颗粒热力学性质计算方法

考虑表面效应，纳米颗粒的化学势可以作为温度和颗粒半径的函数（$\mu_{NP} = \mu^{bulk} + \mu^{surface}$）。表面的化学势用 $\mu^{surface} = \dfrac{2C\sigma V}{r}$ 表示，其中 $\sigma$ 为表面张力，

$V$ 为摩尔体积，$r$ 为颗粒半径。$C$ 是考虑了形状、非均匀性引起的表面应变和表面张力测量不确定性影响的修正因子，根据对 Au 纳米颗粒进行的热力学计算，对液体和固体的修正因子分别为 1 和 1.05，可以重现不同粒径大于 6 nm 的 Au 纳米颗粒熔化实验结果。同样，对于 Ag 纳米颗粒，根据文献中的表面张力 $\sigma$、摩尔体积 $V$，以及固体和液体的化学势数据，采用与 Au 纳米颗粒对液体和固体相同的修正因子 $C$，得到了与熔化实验结果相差 30～94 K 的 $T_m$ 值。实验结果也与以前的分子动力学计算结果不一致。基于 Sutton-Chen 多体势函数，Ao 等[7]利用分子动力学方法模拟了 4 nm、6 nm、8 nm 的 Ag 纳米颗粒的熔化温度 $T_m$ 与尺寸的关系。他们计算的相应纳米颗粒的熔化温度 $T_m$ 值分别为 1018 K、1071 K 和 1100 K。比较分子动力学模拟结果和实验测定结果发现，实验测定的 Ag 纳米颗粒熔化温度比用分子动力学模拟的结果低得多，$SiO_2$ 包覆的 15 nm Ag 纳米颗粒的实验测量 $T_m$ 值仅约等于 6 nm Ag 纳米颗粒的计算 $T_m$ 值。

有趣的是，当我们将表征固体 Ag 纳米颗粒的化学势的修正因子 $C$ 从 1.05 调整到 1.265 时，热力学计算的 $T_m$ 值与各实验测量的不同粒径的 Ag 纳米颗粒的 $T_m$ 值非常吻合，其误差在 1 K 以内。表 3-1 总结了不同粒径银纳米颗粒用不同修正因子 $C$ 计算和测量的熔化温度 $T_{mc}$ 和 $T_{mm}$。从表中可知，当 $C = 1.265$ 时，不同尺寸的 Ag 纳米颗粒实验测定的熔化温度与理论计算的熔化温度之间有很好的一致性。这表明该热力学方法由于所使用的修正因子 $C$ 包含了形状、非均匀性引起的表面应变和表面张力的影响，不仅可以用于预测 Au NPs 的相稳定性，也可以用于预测 Ag NPs 的相稳定性。同时，纳米颗粒化学势修正因子的不同也表明形状、非均匀性引起的表面应变和表面张力的影响不同。

**表 3-1 不同粒径的银纳米颗粒测量的熔化温度（$T_{mm}$）和在两个不同的修正因子值（$C = 1.265$，1.05）下计算的熔化温度（$T_{mc}$）**

| $D$/nm | $T_{mm}$/K | $T_{mc}$/K（$C = 1.265$） | $T_{mc}$/K（$C = 1.05$） | 参考文献 |
|---|---|---|---|---|
| 15.0 | 1070 | 1069.40 | 1163.96 | [1] |
| 26.0 | 1147 | 1146.48 | 1196.25 | [1] |
| 30.0 | 1159 | 1159.35 | 1201.65 | [1] |
| 42.0 | 1181 | 1182.2 | 1211.65 | [1] |
| 8.0 | 863 | 862.65 | 1083.45 | [5] |

为了检验实验和热力学计算工作的可靠性，Tang 等[1]采用上述热力学方法计算得到 8 nm 的 Ag 纳米颗粒的熔化温度，并与 Chen 等[5]利用原位 HR-TEM 技术报道的实验结果进行比较。如前所述，Allen 等[8]计算出的数值与他们的实验数据相差较大，约为 214 K。根据 Tang 等[1]的工作，计算得到 863 K 的 8 nm

Ag 纳米颗粒的熔化温度 $T_m$ 为 862.65 K，与原位 HR-TEM 实验测定的 $T_m$ 值（863 K）非常吻合，结果验证了 Ag 纳米颗粒熔化温度实验数据与热力学计算结果的准确性。图 3-3 总结了实验和计算的银纳米颗粒的熔化温度 $T_m$ 与粒径（$D$）的依赖关系，Ag 纳米颗粒熔化温度 $T_m$ 随粒径的倒数呈显著非线性下降，热力学计算结果与实验结果吻合。

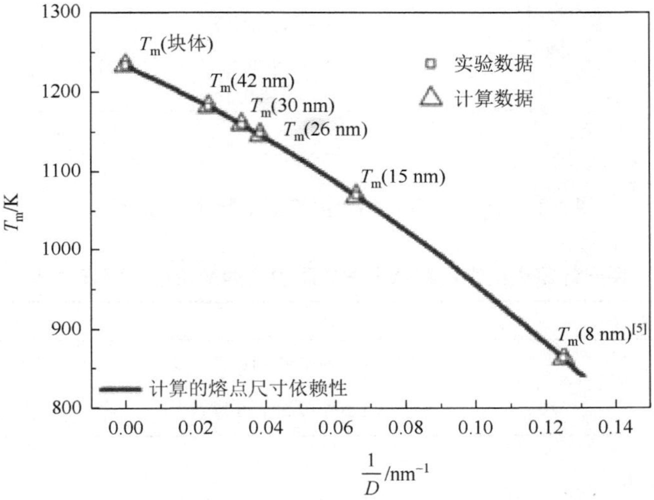


图 3-3　二氧化硅包覆 Ag 纳米颗粒熔化温度（$T_m$）与粒径倒数的关系[1]

### 3.3.2　银纳米颗粒热力学性质计算结果

Chen 等[5]利用高分辨透射电子显微镜研究了 Ag 纳米颗粒在氧化铝衬底上的熔化相变行为，发现氧化铝基底上半径为 4 nm 的 Ag 纳米颗粒的熔化温度为 863.0 K，结合热力学模型讨论了衬底诱导的相变行为的差异。Tang 等[1]通过化学还原法制得 $SiO_2$ 包覆的 Ag 纳米颗粒，利用 DSC 及 TEM 得到了 Ag 纳米颗粒的熔点和颗粒半径分布，以及实验与理论自洽的颗粒熔化温度，如图 3-4 所示。结合纯元素热力学模型，基于表 3-1 中所列不同粒径 Ag 纳米颗粒熔化温度，以及表 3-2 所述用于银纳米颗粒热力学性质计算的银的固相和液相表面张力和摩尔体积数据，优化得到 Ag 纳米颗粒的修正因子为 1.265，进而得到描述不同粒径纳米银的热力学参数，并用于不同尺寸纳米银熔化温度的预测计算，以得到实验与理论自洽的颗粒熔化温度和其他热力学性质与粒径大小之间的关系。

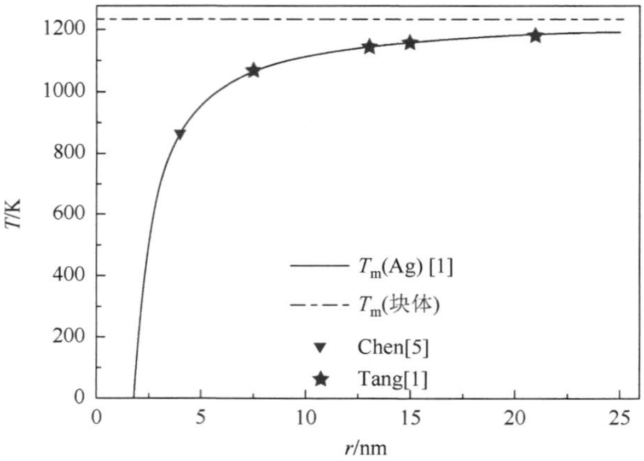


图 3-4 Ag 纳米颗粒熔化温度随颗粒半径变化关系[1]

**表 3-2 用于计算银纳米颗粒热力学性质的银纳米颗粒表面张力和摩尔体积**

| 变量 | 公式 | 参考文献 |
|---|---|---|
| 表面张力 | $\sigma_{Ag}^{solid} = 1.675 - 0.47 \times 10^{-3} T$ | [5] |
| | $\sigma_{Ag}^{liquid} = 1.207 - 2.28 \times 10^{-4} T$ | [6] |
| 摩尔体积 | $V_{Ag}^{solid} = 1.12066 \times 10^{-5}$ | [7] |
| | $V_{Ag}^{liquid} = 1.0198 \times 10^{-5} + 1.1368 \times 10^{-9} T$ | [7] |

在关于 Ag 纳米颗粒的热力学计算过程中，采用了和第 2 章 Au 纳米颗粒热力学计算相同的方法。图 3-5 表示计算的 Ag 纳米颗粒熔化焓、熔化熵随 Ag 纳米颗粒半径的变化关系曲线。由图 3-5 可以得到：随着 Ag 纳米颗粒半径的增加，其熔化焓值降低，熔化熵值增加，且纯 Ag 块体的计算结果与纳米颗粒计算结果符合较好。

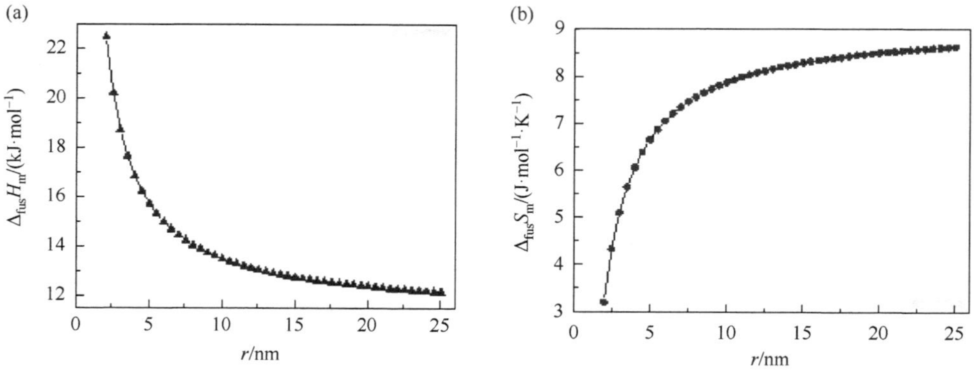


图 3-5 Ag 纳米颗粒熔化焓（a）、熔化熵（b）随颗粒半径变化关系曲线[9]

采用与第 2 章相同的表面能计算方法，图 3-6 为计算获得的 Ag 纳米颗粒固相和液相表面能随温度（a，b）、颗粒半径（c，d）变化关系曲线。由图可得：Ag 纳米颗粒固、液相的表面能随温度、颗粒半径的变化结果与 Au 纳米颗粒相类似，在计算过程中，获得了 Ag 纳米颗粒表面张力的温度系数。对 Ag 纳米固相，随着半径的增加，其值分别为$-4.26\times10^{-4}$、$-4.48\times10^{-4}$、$-4.59\times10^{-4}$；对 Ag 纳米液相，随着半径的增加，其值分别为$-2.61\times10^{-4}$、$-2.74\times10^{-4}$、$-2.81\times10^{-4}$。

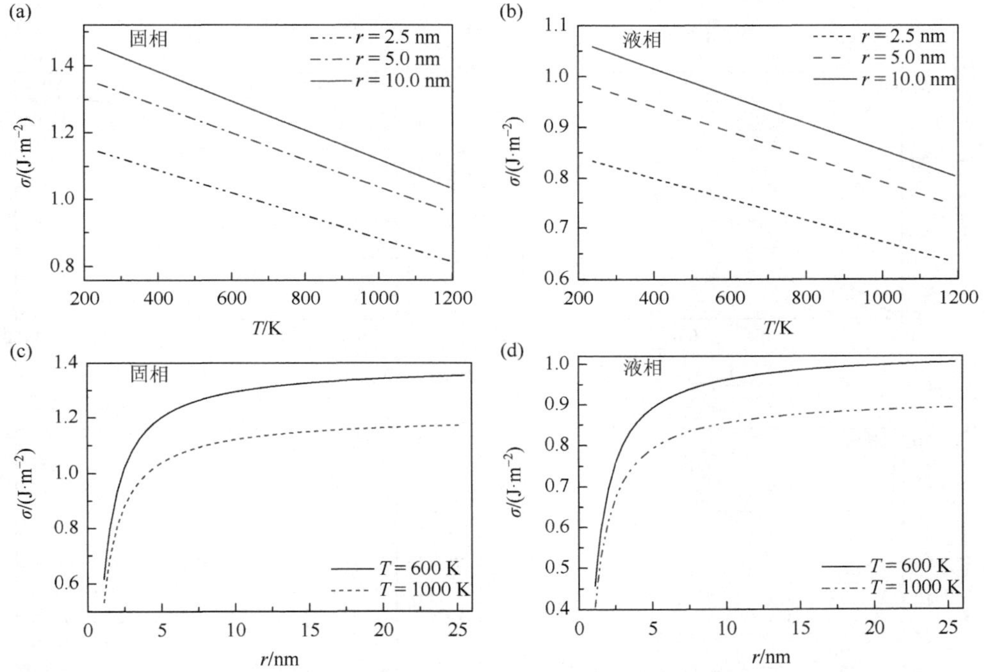


图 3-6　Ag 纳米颗粒固、液相表面能随温度（a, b）、颗粒半径（c, d）变化关系曲线[9]

Ag 纳米颗粒的表面吉布斯自由能 $G^{\text{surface}}$ 计算方法也与第 2 章 Au 纳米颗粒的计算方法相同，图 3-7（a, d）分别为固相和液相时不同颗粒半径下 $G^{\text{surface}}$ 随温度变化关系曲线，Ag 纳米颗粒的表面吉布斯自由能 $G^{\text{surface}}$ 随着温度的升高而降低，随着颗粒半径的减小而增加，但其固相 $G^{\text{surface}}$ 略高于液相，$G^{\text{surface}}$ 温度系数的绝对值随着颗粒半径的增加而降低，最后趋近于 0，所得结果与 Au 纳米颗粒类似；图 3-7（b，e）分别为固相和液相时不同温度下 $G^{\text{surface}}$ 随颗粒半径变化关系，固、液两相的 $G^{\text{surface}}$ 大致相等，随着温度的升高，固相的 $G^{\text{surface}}$ 变化量大于液相；图 3-7（c, f）为进一步探究温度与 $G^{\text{surface}}$ 关系的曲线结果，相同颗粒半径下，$G^{\text{surface}}$ 随着温度的升高而降低，这里固相的变化量高于液相。

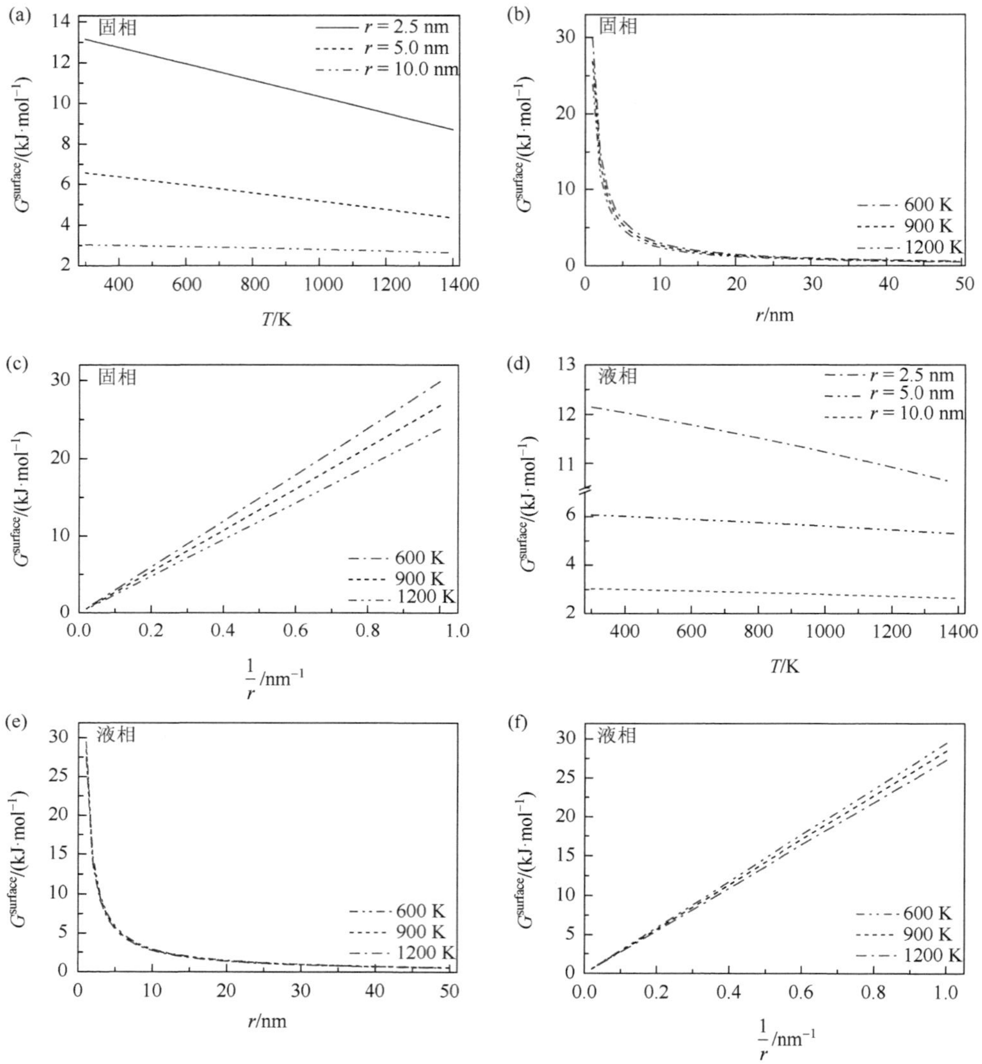


图 3-7 Ag 纳米颗粒表面吉布斯自由能 $G^{surface}$ 随温度（a, d）、颗粒半径（b, e）、颗粒半径倒数（c, f）的变化关系[9]

## 参 考 文 献

[1] Tang C，Sung Y，Lee J. Nonlinear size-dependent melting of the silica-encapsulated silver nanoparticles[J]. Applied Physics Letters，2012，100（20）：201903.

[2] Lee J G，Lee J，Tanaka T，et al. *In situ* HREM observation of crystalline-to-gas transition in nanometer-sized Ag

particles[J]. Physical Review Letters，2006，96（7）：075504.

[3] Castro T，Reifenberger R，Choi E，et al. Size-dependent melting temperature of individual nanometer-sized metallic clusters[J]. Physical Review B，1990，42（13）：8548-8556.

[4] Kim N H，Kim J Y，and Ihn K J，Preparation of silver nanoparticles having low melting temperature through a new synthetic process without solvent[J]. Journal of Nanoscience and Nanotechnology，2007，7（11）：3805-3809.

[5] Chen C L，Lee J G，Arakawa K，et al. *In situ* observations of crystalline-to-liquid and crystalline-to-gas transitions of substrate-supported Ag nanoparticles[J]. Applied Physics Letters，2010，96（25）：253104.

[6] Xiao S，Hu W，Yang J，Melting behaviors of nanocrystalline Ag[J]. The Journal of Physical Chemistry B，2005，109（43）：20339-20342.

[7] Ao Z M，Zheng W T，Jiang Q. Size effects on the Kauzmann temperature and related thermodynamic parameters of Ag nanoparticles[J]. Nanotechnology，2007，18（25）：255706.

[8] Allen G L，Bayles R A，Gile W W，et al. Small particle melting of pure metals[J]. Thin Solid Films，1986，144（2）：297-308.

[9] 楚孟哲.（Au，Ag）-Cu 纳米合金制备及热力学与电化学性能研究[D]. 桂林：桂林电子科技大学，2021.

# 第4章　金-铜纳米颗粒制备、熔化及热力学性质

以尺度为线索，宏观上所能观察到的材料的功能最早起源于纳米尺度，受到表面效应的影响，材料在纳米尺度具有远超块体材料的比表面积，从而具有相比于块体更为优异的物理化学性能，纳米材料的热力学熔化和电化学催化性质便是其中一部分。为了更好地探究材料在纳米尺度的热力学熔化性质，科学家们将传统块体相图扩展到纳米尺度，基于可靠实验数据的相图计算技术（computer calculation of phase diagram，CALPHAD）是获得精确纳米尺度相图最有效的方法之一，纳米颗粒具有更高的表面能，材料为趋于稳定会互相结合以降低其表面能，易出现团聚现象。氧化物 $SiO_2$ 熔化温度为1723℃，作为一种无机材料已被充分应用于日常生产生活，但在纳米尺度下，球形二氧化硅表面可以负载羟基，可以包覆在合金表面形成二氧化硅壳层，有效防止其团聚现象。同时，在 Au-Cu 纳米颗粒热力学熔化的过程中，多孔状的 $SiO_2$ 壳层因其远高于合金纳米颗粒的熔点而稳定存在，不会影响测试进程中的热量变化。高纯去离子水的电阻率需达到18.2 MΩ·cm，以防止异质核的产生。

本章为获得支撑纳米相图的关键粒径及熔化温度实验数据，基于化学共还原法，考虑采用打破水解平衡的偏硅酸钠溶液作为 $SiO_2$ 来源，由四氯金酸和五水硫酸铜两种金属盐作为前驱体，以硼氢化钠（$NaBH_4$）为还原剂，3-氨丙基三甲氧基硅烷（APS）作为连接核壳结构的中间物质，制备得到二氧化硅包覆的 Au-Cu 纳米颗粒。由 TEM 图像得到纳米颗粒的形貌分布与平均粒径，由 DSC 结果得到合金在纳米尺度的固液相线熔化温度及相应热力学性质的相关研究结果[1]。

## 4.1　金-铜纳米颗粒制备与表征

如图4-1所示，基于化学还原方法，利用柠檬酸三钠作为还原剂保持化学反应平衡，在 $NaBH_4$ 还原能力的作用下将 $Au^{3+}$ 和 $Cu^{2+}$ 从溶液中还原出来。同时，为了获得 $SiO_2$ 包覆良好的 Au-Cu 纳米颗粒，需要根据纳米颗粒的大致粒径计算所需添加的 APS 量。在文献调研及课题组前期研究中发现化学共还原法制得纳米颗粒的粒径集中分布在10 nm左右，假设单个纳米颗粒的直径为10 nm，APS 在纳米颗粒表面形成一层厚度为2 nm均匀而致密的膜，模拟计算得到设定体积浓度下 APS 大致用量为 $1.23\times10^{-7}$ mol，为实验具体添加量做理论指导。这里，利用 APS 的交联作用，

使其充分附着在纳米颗粒表面，形成一层胶水膜层。加入降低 pH 后的偏硅酸钠溶液，pH 的降低使偏硅酸钠溶液中水解平衡被打破，溶液中游离 $SiO_2^-$ 增加，从而充分地附着在 APS 膜层的表面，在 Au-Cu 纳米颗粒表面形成一层 $SiO_2$ 壳层，防止团聚。

在金属纳米颗粒制备过程中，APS 作为黏连剂将二氧化硅附在纳米颗粒表面，制得核壳结构的纳米尺度单分散纳米颗粒，二氧化硅壳起到保护作用，能够充分防止金属纳米颗粒的聚集，在一定程度上提高金属纳米颗粒的稳定性和使用寿命。二氧化硅的熔点为 1723℃，远高于块体 Au-Cu 合金的熔化温度。二氧化硅内部多孔，在 DSC 测试中二氧化硅的存在不会对纳米颗粒熔点造成影响，而且熔化的纳米颗粒从孔隙中流出聚集在一起，形成块体合金，随着热力学测试温度的升高，合金再次熔化，此时的温度为块体合金的熔化温度[2]。

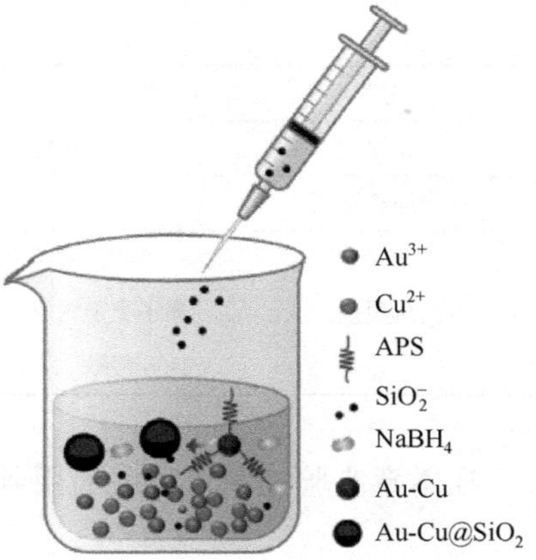


图 4-1　Au-Cu@$SiO_2$ 纳米颗粒制备示意图

利用化学共还原法制备二氧化硅包覆的纳米颗粒过程中，存在如式（4-1）所示的两个反应

$$\begin{aligned} &Au^{3+} + Cu^{2+} + 5BH_4^- \xrightarrow{Ar} Au\text{-}Cu + 2.5H_2\uparrow + 2.5B_2H_6 \\ &BH_4^- + 2H_2O \longrightarrow 4H_2\uparrow + BO_2^- \end{aligned} \tag{4-1}$$

利用氢型阳离子交换树脂降低 $Na_2SiO_3 \cdot 5H_2O$ 溶液 pH 的过程中，阳离子交换树脂提供氢离子与 $Na_2SiO_3 \cdot 5H_2O$ 水解产生的氢氧根离子相互抵消，以达到预期降低 pH 的目标，在这个过程中存在如式（4-2）的反应

$$\begin{aligned} &SiO_3^{2-} + H_2O \longrightarrow SiO_2 + 2OH^- \\ &R\text{-}H + M^+ == R\text{-}M + H^+ \end{aligned} \tag{4-2}$$

### 4.1.1　金-铜纳米颗粒制备原材料与设备

在本章实验中所用到的试剂材料如表 4-1 所示。

**表 4-1　实验原材料**

| 分类 | 药品名称 | 生产厂商 |
|---|---|---|
| 前驱体 | 四氯金酸（$HAuCl_4 \cdot 3H_2O$，99.9%） | Aladdin |
| | 五水硫酸铜（$CuSO_4 \cdot 5H_2O$，99.9%） | Aladdin |

续表

| 分类 | 药品名称 | 生产厂商 |
|---|---|---|
| 还原剂 | 硼氢化钠（$NaBH_4$，≥99%） | Aladdin |
| 表面稳定剂 | 柠檬酸三钠（$C_6H_5O_7Na_3$，99.0%） | Aladdin |
| 包覆剂 | 3-氨丙基三甲氧基硅烷（APS，≥97%） | Aladdin |
| | 离子交换树脂（Dowex® 50WX2 50-100（H）） | Alfa Aesar |
| | 偏硅酸钠［$Na_2SiO_3 \cdot 5H_2O$，≥27%（质量分数）］ | Aladdin |

在本章实验制备过程中所用到的设备如表 4-2 所示。

**表 4-2　实验设备**

| 设备名称 | 用途 |
|---|---|
| 精密电子天平 | 物品称量 |
| 磁力加热搅拌器 | 匀速搅拌溶液 |
| 真空干燥箱 | 容器、溶液干燥 |
| pH 计 | 测量 pH |
| 超声波清洗机 | 超声清洗试样 |
| 高速离心机 | 离心分离样品 |

### 4.1.2　金-铜纳米颗粒制备方法

$SiO_2$ 包覆的 Au-Cu 纳米颗粒 Au-Cu@$SiO_2$ 制备过程如下。

（1）按照配置 50 mL 浓度为 10 mmol/L 前驱体溶液的标准精确称量四氯金酸溶液和五水硫酸铜粉末，之后分别溶于电阻率为 18.2 MΩ·cm 的去离子水中。

（2）按照既定比例与浓度，均匀混合四氯金酸溶液和五水硫酸铜溶液，加入定量的去离子水，得到金属阳离子浓度为 0.2 mmol/L 的前驱体混合液。

（3）配置质量分数为 1%的柠檬酸三钠溶液，在室温恒温的氩气条件下，按照 100∶3 的比例将其加入到步骤（2）所得溶液中，后利用磁力加热搅拌器对其搅拌，转速调至较快，使柠檬酸三钠溶液均匀混合在（2）中所得到的前驱体混合液中，起到表面稳定剂的作用。

（4）按照前驱体的浓度配比，配置较 10 mmol/L 标准浓度稍过量的 $NaBH_4$ 溶液，以 100∶3 比例加入到步骤（3）所得到的溶液中。此时磁力加热搅拌器的转速为较快状态，避免局部反应过快导致团聚。溶液随着还原剂 $NaBH_4$ 的加入开始发生反应，其颜色从淡黄色转变为浅紫色，后随着时间推移变成深紫色。此时继续提供氩气气氛，排出空气及反应释放出的氢气，后避光静置 30 min。

（5）对比前驱体浓度，按照 1∶10 的浓度配置一定量的 3-氨丙基三甲氧基硅烷（APS）溶液（因为 APS 为高分子聚合物，需与去离子水均匀混合且要现用现配）。缓慢搅拌步骤（4）中获得已避光静置 30 min 的混合液，以较为缓慢的速度加入以 1000∶1 的比例定量的混合均匀的 APS 溶液。实验发现随着 APS 的加入，缓慢搅拌的溶液的颜色加深，颜色均匀后停止搅拌，避光静置 20 min。

（6）实验前，将氢型阳离子交换树脂辅以硅胶、石英砂、滤膜装柱，制作成层析柱待用。称取适量 $Na_2SiO_3·5H_2O$ 粉末，制得质量分数为 0.54%的偏硅酸钠溶液，此时溶液的 pH 接近 11.5，$SiO_2^-$ 受到溶液水解平衡的限制，利用装配好的层析柱来降低溶液整体 pH 至 10.5 左右，打破限制，快速获得 $SiO_2^-$。这时，按体积比 50∶1 的比例向步骤（5）得到的溶液中加入 pH 约为 10.5 的偏硅酸钠溶液，缓慢搅拌几分钟后，将溶液转移至避光处密封保存 72 h，令 $SiO_2$ 均匀存在于颗粒表面，防止团聚。

（7）将制得的 Au-Cu@$SiO_2$ 纳米颗粒溶液置于离心管中，在转速为 6500～7000 r/min 的条件下离心去除溶剂，对得到的纳米颗粒经无水乙醇和去离子水多次洗涤后置于烘干炉干燥备用。

### 4.1.3　金-铜纳米颗粒表征设备

1. 紫外-可见分光光度计（UV-Vis）

紫外-可见分光光度计（UV-2600i，岛津）通过在紫外及可见光范围内测量样品的吸收或反射率，可以在部分紫外和全、相邻的可见光区域获得不同的电磁光谱。在给定的光谱区域中，原子和分子发生电子跃迁。表面等离子体共振对贵金属的化学成分和有序程度非常敏感，可以由 UV 光谱的变化研究金属纳米颗粒在合成过程中的还原和聚集，其测试原理如图 4-2 所示。紫外-可见分光光度计测量得到通过样品光路的光强 $I$，并将其与通过空白溶剂的样品光强 $I_0$ 进行对比，吸光度 $A$ 可表示为

$$A = -\lg\frac{I}{I_0} = \lg\frac{I_0}{I} \tag{4-3}$$

分光光度计分为单光束和双光束，前者所有的光路都通过同一个样品室，测量得到空白溶剂数据后需要通过移除更换样品来测量待测样，是目前较为普遍的一种使用方式。后者的光在抵达样品前被分成两束，一束作为参考，设定其吸光度为 0，另一束穿过样品，两束光的比值即样品的吸光度。

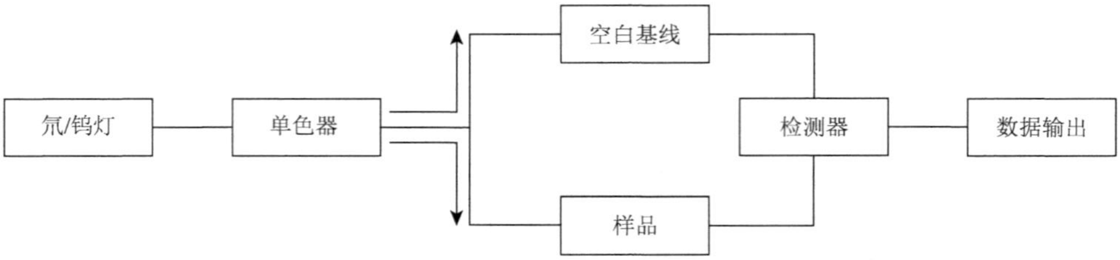


图 4-2　紫外-可见分光光度计简化示意图

2. 傅里叶变换红外光谱仪（FT-IR）

傅里叶变换红外光谱仪（IRTracer-100，岛津）通过一束包含多个频率的光束同时照射样品，并测量样品光束吸收值，被广泛应用于研究金属纳米颗粒吸附小分子的振动光谱。通过包含不同频率光束的组合在较短时间重复多次，依次得到数据点，这些数据点的集合被称为“干涉图”。通过计算机对数据的反向工作（傅里叶变换普通算法），即把反射镜位置（cm）的光转化成光谱中每个波长（μm）的光吸收，从而得到每个波长吸收情况，其工作原理如图 4-3 所示。通过傅里叶变换红外光谱仪对不同成分配比 Au-Cu@$SiO_2$ 纳米颗粒中分子键进行分析，确定核壳状纳米颗粒表面组成和结构。

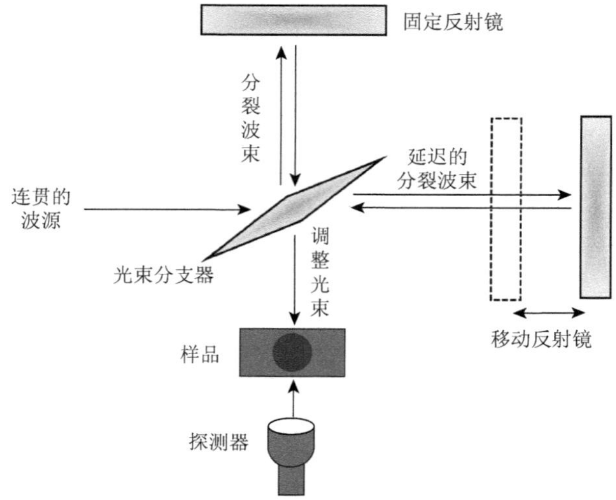


图 4-3　傅里叶变换红外光谱仪（FT-IR）工作示意图

3. 透射电子显微镜（TEM）

透射电子显微镜（FEI Talos F200i）是研究纳米颗粒的有效工具，电子束可以聚焦到非常小的尺寸，电子束透过分散在透明基底上的样品表面，与样品发生相互作用，获得具有样品内部结构与成分配比的特征信号，产生具有样品组织形态与晶体结构的图像。高分辨透射电子显微镜（HR-TEM）的分辨率达到纳米级别，可以在原子尺度上研究单个纳米颗粒。在透射电子显微镜中使用不同的探测器有助于研究单个纳米颗粒的化学信息，其工作原理如图 4-4 所示。透射电子显微镜因其电子具有更小的德布罗意波长而呈现出更高质量的图像，在理论上可以得到物质在原子尺度、种类和原子间结合的精确数据。能量色散 X 射线谱（X-ray energy dispersive spectrum，EDS）是一种高分辨率的 X 射线分析技术，可以获得样品的化学成分信息，一般与 TEM 或 SEM 结合使用。

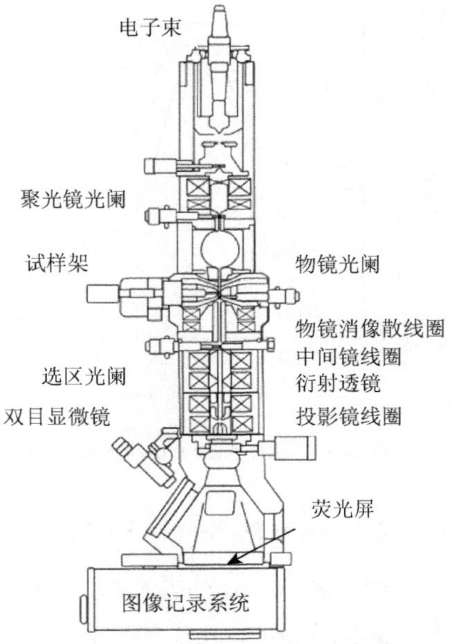

图 4-4　透射电子显微镜原理简化示意图

### 4.1.4　金-铜纳米颗粒表征

1. Au-Cu 纳米颗粒 UV-Vis 光谱图

基于对实验条件和成分配比的探索，选择制备 Au-Cu 纳米颗粒的前驱体金属盐浓度为 0.1 mmol/L，通过紫外-可见吸收光谱对制备得到的 Au-Cu 合金、纯 Au 和纯 Cu 纳米颗粒进行光学特性研究。为方便对比不同成分之间的吸收峰位，对实验所得结果进行归一化处理。如图 4-5（a）所示，所有的样品都表现出典型的单吸收峰，呈现出不同的表面等离子体共振现象，Au-Cu 纳米颗粒的吸收峰分布于 500～600 nm 区域，随着 Cu 在合金中含量的增加，三种纳米颗粒的吸收峰均出现红移现象；图 4-5（b）为 UV-Vis 吸收峰值与纳米颗粒成分关系，UV-Vis 吸收峰值随 Cu 在纳米颗粒中含量增加呈现近似线性增大。

由经验公式：

$$\lambda_{\max} = 515.895 + 0.3421D$$

式中，$\lambda_{\max}$ 为纳米颗粒在 UV-Vis 光谱中共振吸收峰对应的波长，$D$ 为纳米颗粒的粒径大小。结合 UV-Vis 测试结果，对纳米颗粒粒径 $D$ 进行估算，结果表明：计算的纳米颗粒直径较透射电子显微镜观察结果偏大，纳米颗粒对吸收峰的峰位调节能力较差，纳米颗粒的紫外光吸收峰发生红移。

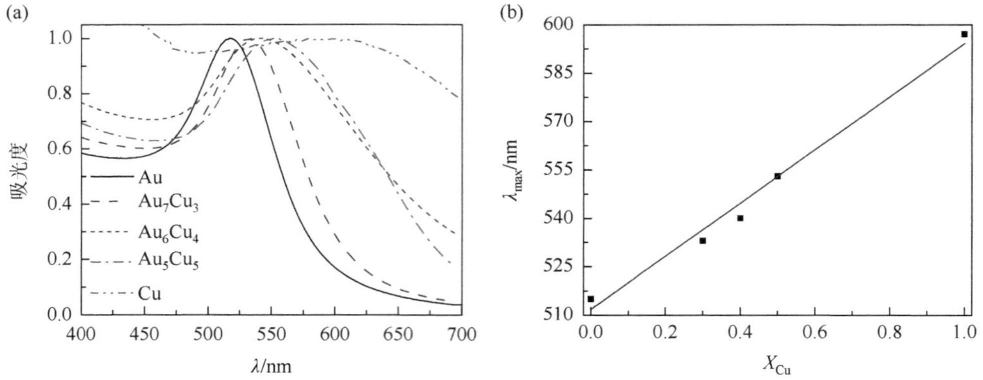


图 4-5　纳米 Au、Cu 及 Au-Cu 纳米颗粒的 UV-Vis 曲线（a）和峰值-成分关系（b）

2. Au-Cu 纳米颗粒 FT-IR 光谱图

图 4-6 为 Au-Cu@$SiO_2$ 纳米颗粒的 FT-IR 光谱图。如图所示，在基团频率区中，3000～3680 $cm^{-1}$ 的位置出现一个宽频带，3500 $cm^{-1}$ 处出现的特征峰为样品中结合水的 O—H 键的伸缩振动所产生；在 2800～3000 $cm^{-1}$ 出现的特征峰为 3-氨丙基三甲氧基硅烷的 C—H 键的伸缩振动产生。在指纹区域，于 1620 $cm^{-1}$ 出现的特征峰为 N—H 键的伸缩振动产生，与文献[3]中报道的特征峰的范围一致；于 1397 $cm^{-1}$ 位置出现的特征峰为 C—O 键的伸缩振动所产生；于 1081 $cm^{-1}$ 和

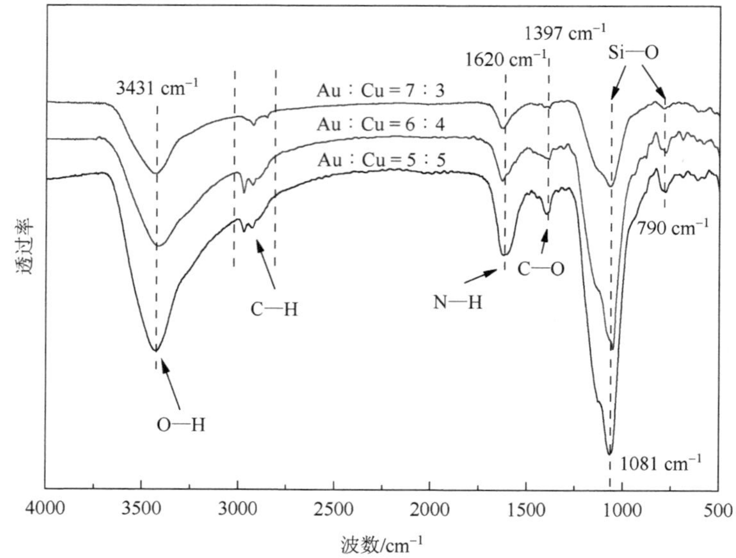


图 4-6　Au-Cu@$SiO_2$ 纳米颗粒的 FT-IR 光谱图

790 $cm^{-1}$ 处出现的特征峰为 Si—O 键的伸缩振动特征吸收峰，与文献[3]中报道的峰值范围大致相同。结果表明，随着反应过程中 Cu 占比的增加，由反应得到的 Au-Cu@$SiO_2$ 纳米颗粒含量越高，所对应的特征峰强度越高。

3. Au-Cu 纳米颗粒 TEM 图像

利用化学共还原法合成了 Au-Cu@$SiO_2$ 的球形纳米颗粒，基于透射电子显微镜结果，绘制了颗粒半径分布的直方图，纳米颗粒的平均半径约为 4.85 nm，由图 4-7（a，d）中的选区电子衍射（selected area electron diffraction，SAED）来对其结构进行详细分析，$Au_7Cu_3$@$SiO_2$ 样品的选区电子衍射图像呈现多环状分布，为典型的多晶态合金，显示纳米颗粒为面心立方结构（FCC），这种结构为典型的 Au-Cu 无序相，Au 和 Cu 原子的化学有序对应球形纳米颗粒结构中随机分布的固溶体，通过对比文献[5]，发现 Au-Cu 合金 FCC 结构的表面能遵循 $\sigma(111) < \sigma(100) < \sigma(110)$。在图 4-7（d）中标出了 Au 和 Cu 的晶格，通过对 10 个单位晶面间距长度的测量，确定晶面间距为 0.22 nm 处为 Cu，0.235 nm 处为 Au。

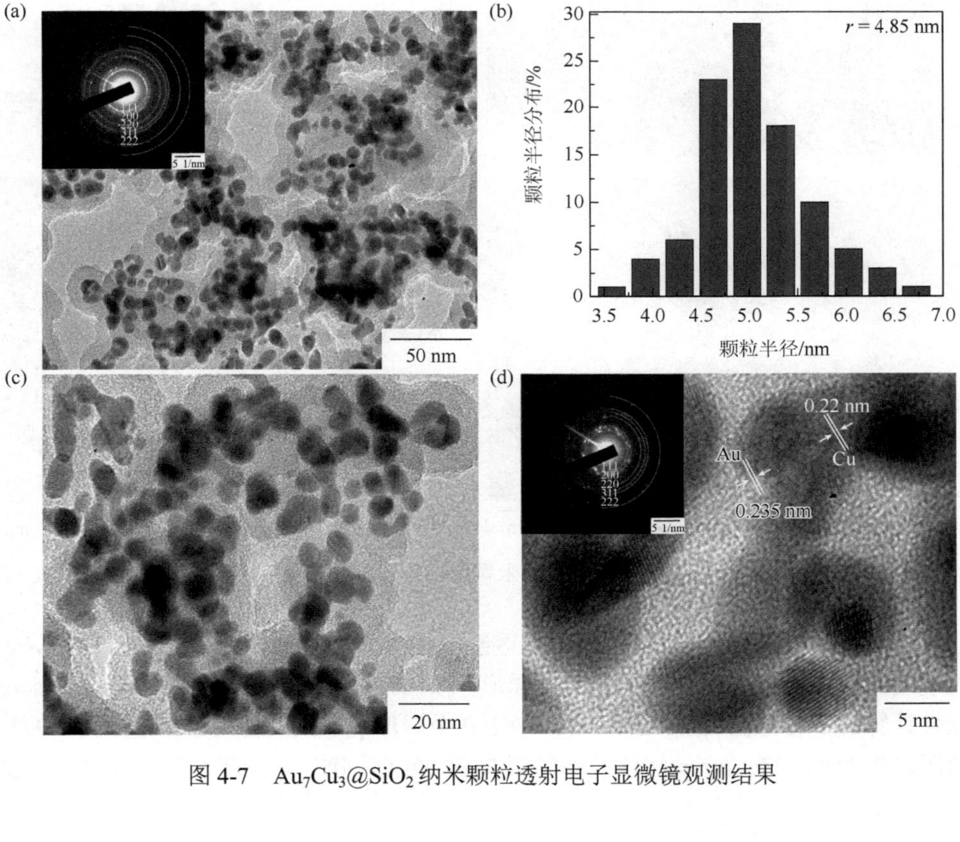


图 4-7　$Au_7Cu_3$@$SiO_2$ 纳米颗粒透射电子显微镜观测结果

图 4-8 为通过透射电子显微镜观测得到的 $Au_6Cu_4@SiO_2$ 纳米颗粒形貌结构结果。图 4-8（a）为低倍下观察到的纳米颗粒整体形貌，结果表明本样品具有较好的分散性和较为均匀的颗粒大小，且纳米颗粒表层具有一层分布较为均匀的 $SiO_2$ 壳层；基于图 4-8（a）中颗粒半径大小分布，利用 Nano Measurer 软件得到了如图 4-8（b）所示的颗粒半径分布情况，纳米颗粒平均半径为 4.90 nm。通过对颗粒半径为 5.0 nm 的纳米颗粒进行的选区电子衍射，发现该区域的 $Au_6Cu_4@SiO_2$ 纳米颗粒衍射图谱呈多晶环状，且在高倍图像的纳米颗粒中发现了代表 Au 和 Cu 的晶格条纹，同样证明了平均半径为 4.90 nm 的 $Au_6Cu_4@SiO_2$ 纳米颗粒的形成，与 UV-Vis 实验结果一致。

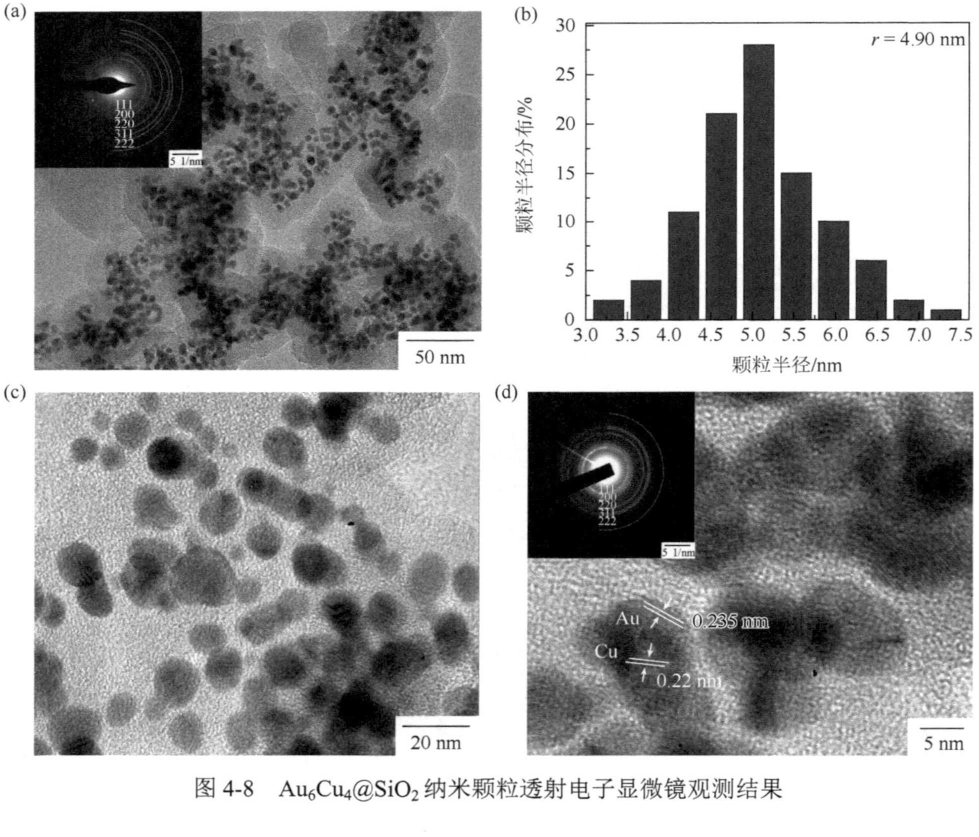

图 4-8　$Au_6Cu_4@SiO_2$ 纳米颗粒透射电子显微镜观测结果

图 4-9 为 $Au_5Cu_5@SiO_2$ 纳米颗粒透射电子显微镜观测结果。由图 4-9（a，c）可以看到，本组合成的纳米颗粒呈椭球形，颗粒分布情况较好，通过 Nano Measurer 软件计算其平均半径大小，图 4-9（a）中 100 个球形纳米颗粒的大小分布如图 4-9（b）所示，由 Nano Measurer 软件统计结果得到 $Au_5Cu_5@SiO_2$ 纳米颗粒的平均半径为

5.0 nm。图 4-9（d）为基于图 4-9（c）的 HR-TEM 结果，结合图 4-9（a，d）中选区电子衍射结果，以及多晶环状的衍射现象和对应的 Au-Cu 纳米颗粒晶面，说明成功合成 $Au_5Cu_5@SiO_2$。

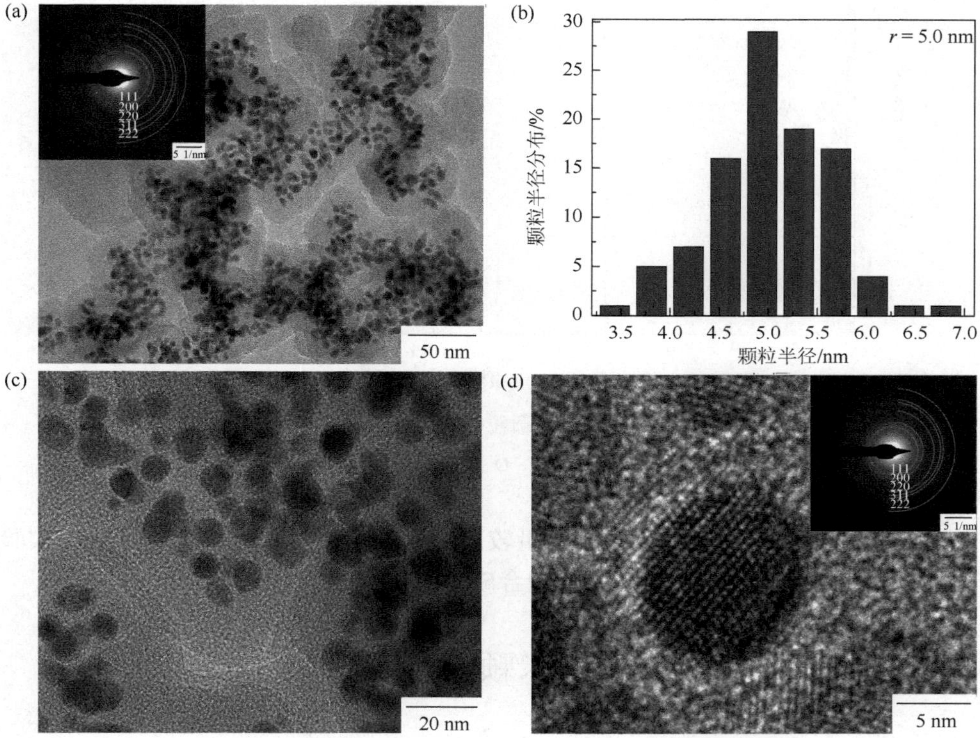


图 4-9　$Au_5Cu_5@SiO_2$ 纳米颗粒透射电子显微镜观测结果

基于制备得到的纳米颗粒，对其进行 EDS 元素的定量点扫描、线扫描分析，如图 4-10 所示。由扫描结果可知，Au、Cu 元素的含量区间大致符合成分配比及

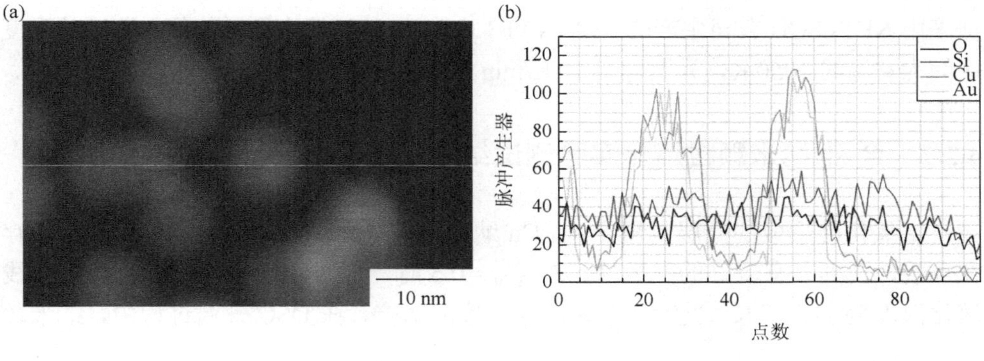

(c)

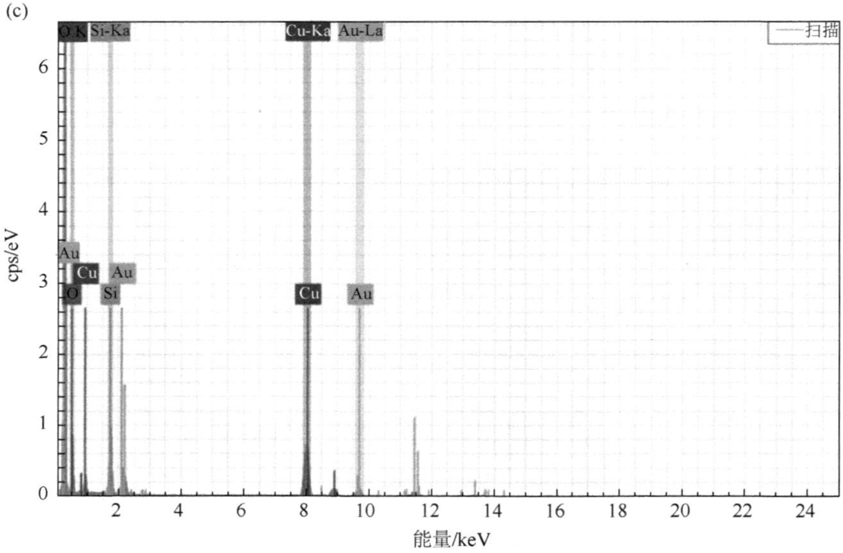


图 4-10　$Au_5Cu_5@SiO_2$ 纳米颗粒中 Au、Cu、Si、O 的 EDS 分析

（a） EDS 线扫描路径；（b）Au、Cu、Si、O 的元素分布图；（c）Au、Cu、Si、O 的能谱图

颗粒分布。但 Si 元素和 O 元素的含量较高，结合合金的 EDS 分析结果，从实验角度证明了 $Au_5Cu_5@SiO_2$ 纳米颗粒的合成。

## 4.2　金-铜纳米颗粒熔化特性测定

### 4.2.1　金-铜纳米颗粒熔化实验设备

使用差示扫描量热仪（DSC）进行合金熔化实验测试，其原理为在相同温度时，程序控温条件下通过测量样品和参比物在升温过程中所需要的热量的差异，得到热量差值和温度间的函数关系，从而得到 DSC 曲线，如图 4-11 所示。本节的测试表征采用 NETZSCH 公司生产的 STA 449 F3 Jupiter®热流恒定型量热仪。测试的温度区间为室温约 1050 K，升温速率 10 K/min。

### 4.2.2　金-铜纳米颗粒熔化实验测试结果

二氧化硅形成的壳层包覆在 Au-Cu 纳米颗粒表面，为其提供了相对稳定的存在环境，使其具有较好的分散性。在 $X_{Cu} = 0.5$ 时，根据文献[6]Au-Cu 合金液相线熔化温度为 1185.7 K。受纳米颗粒尺寸效应的影响，在 DSC 升温过程中，纳米颗

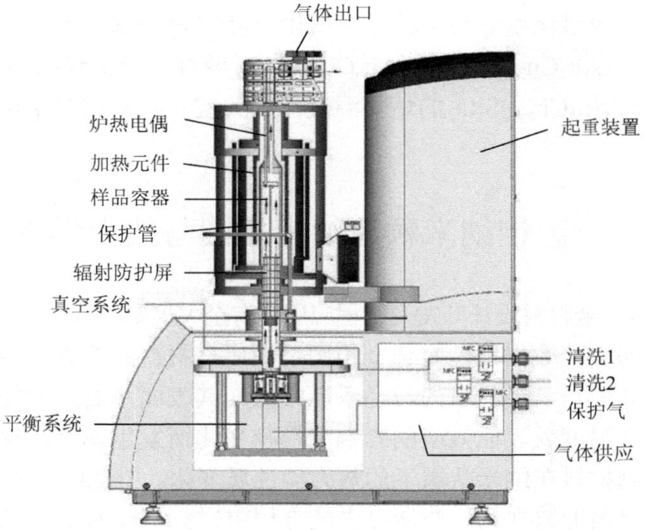


图 4-11　差示扫描量热仪结构示意图

粒吸收热量发生熔化，在 DSC 曲线上产生第一个吸热峰，得到固相线和液相线熔化温度，分别为 1028.6 K 和 1041.3 K。二氧化硅呈多孔状，此时已熔化的纳米液态合金流出 $SiO_2$ 壳层凝聚在一起，由纳米颗粒转变为传统意义上的块体合金。随着温度的继续升高，块体 Au-Cu 合金发生熔化，在 DSC 中为产生第二个吸热峰，此时为块体合金的熔化温度，相对于文献[6]记载的熔化温度误差在 5 K 以内。如图 4-12 所示，在 $X_{Cu} = 0.3$ 时，峰宽度较大，且未出现纳米态吸热峰，其 DSC 结果不佳；在 $X_{Cu} = 0.4$ 时，纳米颗粒的液相线熔化温度为 1103.0 K，与文献相差 20 K，

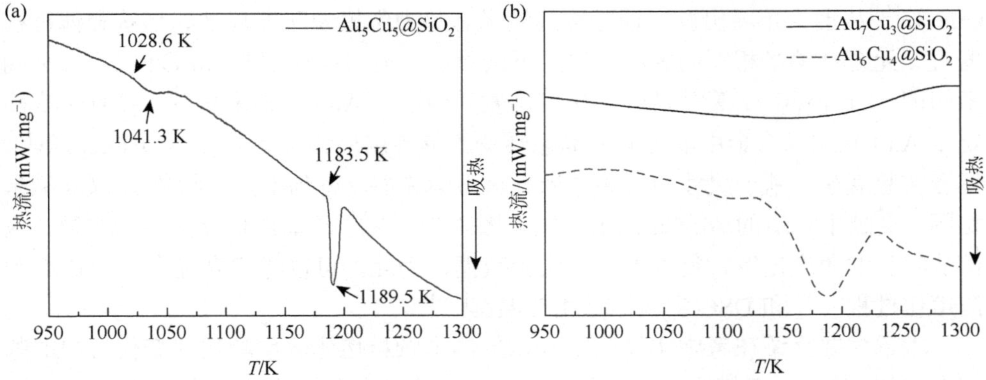


图 4-12　（a）$Au_5Cu_5$ 和（b）$Au_7Cu_3$、$Au_6Cu_4$ 纳米颗粒 DSC 测试结果

块体合金的液相线熔化温度与文献记载熔化温度相差 15 K，但其固相线熔化温度相差 40 K 以上。$Au_7Cu_3@SiO_2$ 和 $Au_6Cu_4@SiO_2$ 两种纳米颗粒的 DSC 表现不佳，故在本节中选用 $Au_5Cu_5@SiO_2$ 的熔化温度作为关键实验数据对 Au-Cu 纳米体系进行热力学计算。

## 4.3　金-铜纳米颗粒纳米相图与热力学性质

合金相图对合金材料设计开发及工程应用具有至关重要的意义，通过 CALPHAD，可以利用更少的实验数据来确定合金相图，在研究材料的热力学性质变化中呈现出重要的作用。但是，当材料的粒径不断降低，其表面所贡献的能量占比不断增大，合金相转变温度受表面效应的影响随粒径变化而发生偏移，现有的热力学模型无法准确预测材料在纳米状态下的热力学性质变化。Tanaka 等[7]通过引入正确的表面吉布斯自由能数据到吉布斯自由能方程中，将 CALPHAD 扩展到纳米相图。后来 Kaptay 等[8]讨论了材料热力学的尺寸效应问题，引入一个独立的热力学变量，考虑表面能与表面曲率的关系界面能对界面间分离的依赖性（包括表面熔化的问题）以及与其他界面如衬底的关系，并将这种方法定义为 Nano-CALPHAD。然而，纳米尺度下的量热测量仍然具有相当的挑战性，从实验角度测定纳米颗粒的热力学数据是比较困难的，导致纳米相图的实验测定较为稀缺。

Au-Cu 块体相图已经从实验和理论的角度被人们深入研究[8]，但 Au-Cu 体系在纳米尺度上相图的计算结果还有待实验证明。考虑 Au-Cu 纳米颗粒的表面效应及尺寸效应，在其块体合金的基础上构建纳米尺度的热力学模型，通过文献调研发现：Martínez-Muñoz 等[9]通过分子动力学模拟研究了二十面体、十面体和立方面体 Au-Cu 纳米颗粒的熔化现象，并构建了不同形状的 Au-Cu 纳米相图。Cui 等[10]从理论角度出发，通过构建纳米态热力学模型研究尺寸、形状和偏析程度对二元合金纳米相图的影响，得到不同形状、不同粒径下的 Au-Cu 二元合金纳米相图。Chernyshev 等[11]从理论角度出发，构建了 Au-Cu 纳米相图，并且首次确定了 Au-Cu 纳米合金由晶态向非晶态转变的临界温度和临界尺寸。Guisbiers 等[12]结合实验观察，基于尺寸相关的纳米态热力学模型，得到不同形状的 Au-Cu 纳米相图。文献中报道的 Au-Cu 纳米相图见图 4-13。为了验证或优化热力学参数，应该从实验的角度出发，得到准确的实验数据，为此，可以考虑高温原位 TEM 观测熔化过程[13-14]和 DSC 实验测量相变温度[15-16]。

本章主要介绍在考虑实验测定 Au-Cu 纳米颗粒熔化温度随尺寸变化规律的基础上，使用热力学建模方法，获得描述 Au-Cu 纳米合金体系的自洽的热力学参数。以块体 Au-Cu 体系的热力学描述和相关热力学参数为基础，进行纳米相图的计算，

第 3 章总结了纯组分的热力学参数并获得了相关热力学性质关系式，结合纯组分的熔化性质及实验所得的熔化温度，对 Au-Cu 纳米相图进行热力学优化，得到 Au-Cu 二元合金纳米体系自洽的热力学数据集。基于实验所得纳米颗粒粒径分布情况，构建半径为 5 nm 和 10 nm 的 Au-Cu 纳米相图，并获得与尺寸相关的 Au-Cu 二元合金纳米体系热力学性质图。

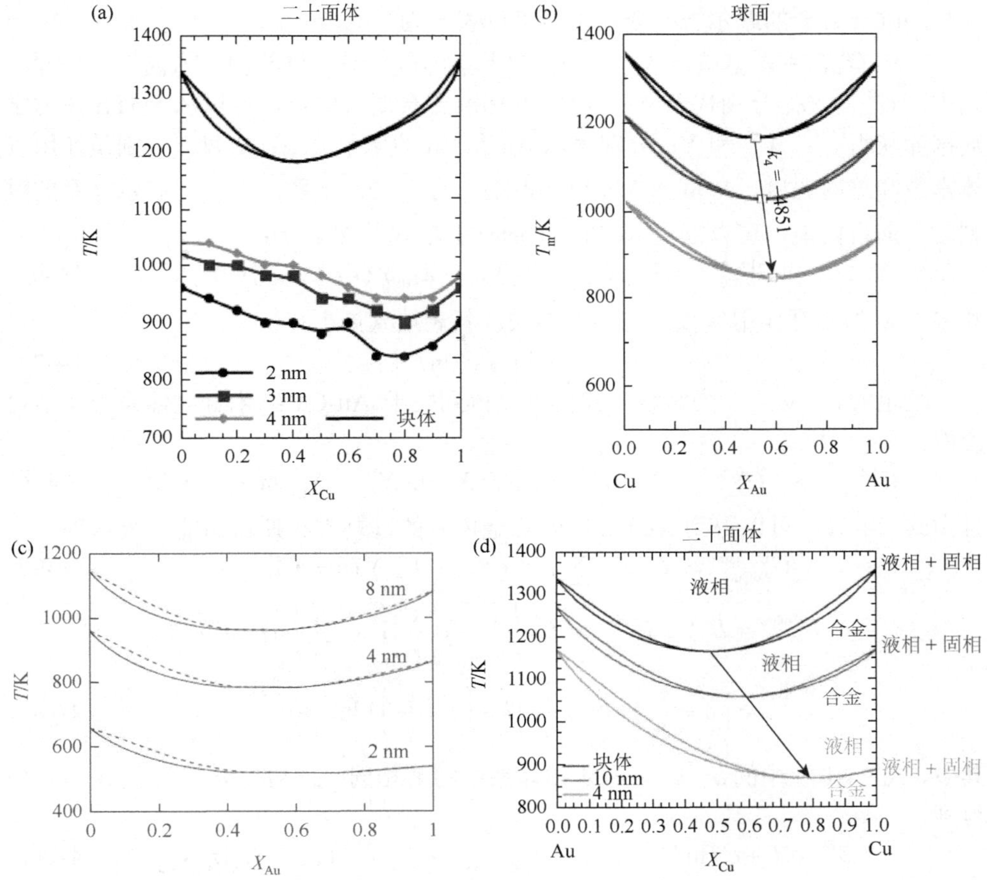


图 4-13　文献报道的 Au-Cu 纳米相图[9-10, 12-13]

### 4.3.1　金-铜纳米颗粒纳米相图与热力学性质计算方法

计算纳米合金吉布斯自由能的方法多种多样，但对于粒径大于 5 nm 的纳米颗粒，基于 CALPHAD 扩展得到的热力学模型可以有效地预测其熔点和相平衡关系[17]。

对于贵金属二元合金纳米体系，以 Au-Cu 体系为例：其吉布斯自由能可以由 Au-Cu 合金的摩尔吉布斯自由能与 Au-Cu 纳米合金中由表面效应所贡献的表面吉布斯自由能相加得到。

$$G^{\text{total}} = G^{\text{bulk}} + G^{\text{surface}} \tag{4-4}$$

式中，$G^{\text{bulk}}$ 代表 Au-Cu 合金的摩尔吉布斯自由能；$G^{\text{surface}}$ 为表面吉布斯自由能；$G^{\text{total}}$ 代表纳米合金体系总的吉布斯自由能。

Au-Cu 合金的摩尔吉布斯自由能可以表示为

$$G_{\text{AuCu}}^{\text{bulk}} = X_{\text{Au}} G_{\text{Au}}^{0} + X_{\text{Cu}} G_{\text{Cu}}^{0} + RT(X_{\text{Au}} \ln X_{\text{Au}} + X_{\text{Cu}} \ln X_{\text{Cu}}) + G_{\text{AuCu}}^{\text{Ex, bulk}} \tag{4-5}$$

式中，$G_{\text{Au}}^{0}$、$G_{\text{Cu}}^{0}$ 分别代表 Au 和 Cu 的标准吉布斯自由能，可以从 SGTE 热力学数据库获得[18]；$X_{\text{Au}}$ 和 $X_{\text{Cu}}$ 分别表示 Au 和 Cu 的摩尔分数；$R$ 和 $T$ 分别是通用气体常数和绝对温度，$R$ 取 8.314 J/(mol·K)。对于二元体系，$G_{\text{AuCu}}^{\text{Ex, bulk}}$ 表示体系的过剩吉布斯自由能，可以通过 Redlich-Kister 多项式[18]来表示：

$$G_{\text{AuCu}}^{\text{Ex, bulk}} = X_{\text{Au}} X_{\text{Cu}} \sum L^{\nu} (X_{\text{Cu}} - X_{\text{Au}})^{\nu} (\nu = 0, 1, 2, \cdots) \tag{4-6}$$

其中，$L^{\nu}$ 为相互作用参数，与温度相关。其表达式如下：

$$L^{\nu} = a + bT + cT\ln T + \cdots \tag{4-7}$$

这里的 $a$，$b$，$c$ 为常数。我们可以得到关于 Au-Cu 纳米合金体系吉布斯自由能：

$$G_{\text{AuCu}}^{\text{total}} = X_{\text{Au}} G_{\text{Au}}^{0,\text{ nano}} + X_{\text{Cu}} G_{\text{Cu}}^{0,\text{ nano}} + RT(X_{\text{Au}} \ln X_{\text{Au}} + X_{\text{Cu}} \ln X_{\text{Cu}}) + G_{\text{AuCu}}^{\text{Ex, nano}} \tag{4-8}$$

且由式（4-5），可以得到 Au-Cu 纳米合金体系的过剩吉布斯自由能，表示为

$$G_{\text{AuCu}}^{\text{Ex, nano}} = X_{\text{Au}} X_{\text{Cu}} \sum L_{\nu}^{\text{nano}} (X_{\text{Cu}} - X_{\text{Au}})^{\nu} (\nu = 0, 1, 2, \cdots) \tag{4-9}$$

$$\begin{aligned} L^{\nu,\text{ nano}} &= L^{\text{bulk}} + L^{\text{surface}} = f_1\left(\frac{1}{r}\right) + f_2\left(\frac{1}{r}\right)T + f_3\left(\frac{1}{r}\right)T\ln T + \cdots \\ &= \left(a + \frac{a'}{r}\right) + \left(b + \frac{b'}{r}\right)T + \left(c + \frac{c'}{r}\right)T\ln T + \cdots \end{aligned} \tag{4-10}$$

其中，式（4-10）中的 $a$、$b$、$c$ 和块体体系中的值相同，$a'$、$b'$、$c'$ 可以由式（4-11）得到

$$a' + b'T + c'T\ln T + \cdots = 2C(\sigma_{\text{alloy}} v_{\text{alloy}} - X_{\text{Au}} \sigma_{\text{Au}} V_{\text{Au}} - X_{\text{Cu}} \sigma_{\text{Cu}} V_{\text{Cu}}) \tag{4-11}$$

从热力学的角度考虑纳米颗粒的表面效应时，对于 Au-Cu 纳米颗粒任意组分配比的吉布斯自由能可以表示为

$$G_{\text{AuCu}}^{\text{nano}} = G_{\text{AuCu}}^{\text{bulk}} + \frac{2C\sigma_{\text{AuCu}} V_{\text{AuCu}}}{r} \tag{4-12}$$

纳米颗粒的表面吉布斯自由能由式（4-4）表示如下：

$$G_{\text{AuCu}}^{\text{surface}} = \frac{2C\sigma_{\text{AuCu}} V_{\text{AuCu}}}{r} \tag{4-13}$$

其中，参数 $r$ 表示 Au-Cu 纳米合金颗粒半径；$\sigma_{\mathrm{AuCu}}$ 和 $V_{\mathrm{AuCu}}$ 分别表示 Au-Cu 纳米合金颗粒的表面张力及摩尔体积。对于各向同性的球形纳米颗粒来说，需要考虑形状效应和表面效应，对实验数据进行优化拟合，从而确定式（4-13）中的 $C$ 值。对于 Au-Cu 二元体系来说，$V_{\mathrm{AuCu}}$ 由两组分的分数之和组成。

$$V_{\mathrm{AuCu}} = X_{\mathrm{Au}}V_{\mathrm{Au}} + X_{\mathrm{Cu}}V_{\mathrm{Cu}} \tag{4-14}$$

其中，$V_{\mathrm{Au}}$ 和 $V_{\mathrm{Cu}}$ 分别代表 Au 和 Cu 的摩尔体积。

在上述模型的基础上，将表面效应纳入到二元合金纳米体系总吉布斯自由能中，从而使总吉布斯自由能成为与温度、成分、粒径相关的函数关系式，粒径大小将作为变量，对体系总的吉布斯自由能产生影响，从而导致相平衡温度的下降及各相的变化，令相图产生偏移。

### 4.3.2　金-铜纳米颗粒纳米相图

基于 SGTE 热力学数据库和文献调研及热力学优化结果，得到 Au、Cu 及 Au-Cu 纳米合金的吉布斯自由能和固液相的相互作用参数，汇总如表 4-3 所示。

**表 4-3　Au、Cu 及 Au-Cu 纳米合金的吉布斯自由能和固液相的过剩吉布斯自由能**

| Au |
|---|
| 298.15～924.4 K |
| $G_{\mathrm{Au}}^{0,\,\mathrm{solid}} = \left(-6938.856 + \frac{4.38\times10^{-5}}{r}\right) + \left(106.830098 - \frac{9.672\times10^{-9}}{r}\right)\times T - 22.75455\times T\times\ln T - 3.85924\times10^{-3}\times T^{3} - 0.379625\times10^{-6}\times T^{3} - 25097\times T^{-1}$ |
| $G_{\mathrm{Au}}^{0,\,\mathrm{liquid}} = \left(5613.144 + \frac{2.729\times10^{-5}}{r}\right) + \left(97.444232 - \frac{7.983\times10^{-10}}{r}\right)\times T - 22.75455\times T\times\ln T - \left(3.85924\times10^{-3} + \frac{2.18\times10^{-13}}{r}\right)\times T^{2} + 0.379625\times10^{-6}\times T^{3} - 25097\times T^{-1}$ |
| 929.4～1337.3 K |
| $G_{\mathrm{Au}}^{0,\,\mathrm{solid}} = \left(-93586.481 + \frac{4.38\times10^{-5}}{r}\right) + \left(1021.69543 - \frac{9.672\times10^{-9}}{r}\right)\times T - 155.7067449\times T\times\ln T + 87.56015\times10^{-3}\times T^{2} - 11.518713\times10^{-6}\times T^{3} + 10637210\times T^{-1}$ |
| $G_{\mathrm{Au}}^{0,\,\mathrm{liquid}} = \left(-81034.481 + \frac{2.729\times10^{-5}}{r}\right) + \left(1012.309564 - \frac{7.983\times10^{-10}}{r}\right)\times T - 155.7067449\times T\times\ln T - \left(87.56015\times10^{-3} + \frac{2.18\times10^{-13}}{r}\right)\times T^{2} - 11.518713\times10^{-6}\times T^{3} + 67999832\times T^{-1}$ |
| 1337.3～1735.8 K |
| $G_{\mathrm{Au}}^{0,\,\mathrm{solid}} = \left(314067.827 + \frac{4.38\times10^{-5}}{r}\right) - \left(2016.378254 - \frac{9.672\times10^{-9}}{r}\right)\times T + 263.2522595\times T\times\ln T - 118.216828\times10^{-3}\times T^{2} + 8.923844\times10^{-6}\times T^{3} - 67999832\times T^{-1}$ |

续表

| Au |
| --- |
| $G_{\mathrm{Au}}^{0,\,\mathrm{liquid}}=\left(326619.829+\dfrac{2.729\times10^{-5}}{r}\right)-\left(2025.76412-\dfrac{7.983\times10^{-10}}{r}\right)\times T+263.2522592\times T\times\ln T-\left(-118.216828\times10^{-3}+\dfrac{2.18\times10^{-13}}{r}\right)\times T^{2}+8.923844\times10^{-6}\times T^{3}-67999832\times T^{-1}$ |
| 1735.8～3200.0 K |
| $G_{\mathrm{Au}}^{0,\,\mathrm{solid}}=\left(-12133.783+\dfrac{4.38\times10^{-5}}{r}\right)+\left(165.272524-\dfrac{9.672\times10^{-9}}{r}\right)\times T-30.9616\times T\times\ln T$ |
| $G_{\mathrm{Au}}^{0,\,\mathrm{liquid}}=\left(418.217+\dfrac{2.729\times10^{-5}}{r}\right)+\left(155.886658-\dfrac{7.983\times10^{-10}}{r}\right)\times T-30.9616\times T\times\ln T-\dfrac{2.18\times10^{-13}}{r}\times T^{2}$ |
| **Cu** |
| 298.15～1358.02 K |
| $G_{\mathrm{Cu}}^{0,\,\mathrm{solid}}=\left(-7770.458+\dfrac{3.0457\times10^{-5}}{r}\right)+\left(130.485403-\dfrac{4.37539\times10^{-9}}{r}\right)\times T-24.112392\times T\ln T-\left(0.00265684-\dfrac{2.08066\times10^{-13}}{r}\right)\times T^{2}+\left(1.29223\times10^{-7}-\dfrac{8.21245\times10^{-17}}{r}\right)\times T^{3}+52478\times T^{-1}$ |
| $G_{\mathrm{Cu}}^{0,\,\mathrm{liquid}}=\left(5194.382+\dfrac{2.3846\times10^{-5}}{r}\right)+\left(120.97516-\dfrac{1.92408\times10^{-9}}{r}\right)\times T-24.112392\times T\ln T-\left(0.00265684-\dfrac{4.99325\times10^{-13}}{r}\right)\times T^{2}+\left(1.29223\times10^{-7}-\dfrac{6.70045\times10^{-17}}{r}\right)\times T^{3}+52478\times T^{-1}-5.83932\times10^{-21}\times T^{7}$ |
| 1358.02～3200.00 K |
| $G_{\mathrm{Cu}}^{0,\,\mathrm{solid}}=\left(-13542.33+\dfrac{3.0457\times10^{-5}}{r}\right)+\left(183.804197-\dfrac{4.37539\times10^{-9}}{r}\right)\times T-31.38\times T\ln T+3.64643\times10^{29}\times T^{-9}+\dfrac{2.08066\times10^{-13}}{r}\times T^{2}-\dfrac{8.21245\times10^{-17}}{r}\times T^{3}$ |
| $G_{\mathrm{Cu}}^{0,\,\mathrm{liquid}}=\left(-46.93+\dfrac{2.3846\times10^{-5}}{r}\right)+\left(173.883734-\dfrac{1.92408\times10^{-9}}{r}\right)\times T-31.38\times T\ln T+\dfrac{4.99325\times10^{-13}}{r}\times T^{2}-\dfrac{6.70045\times10^{-17}}{r}\times T^{3}$ |
| **过剩吉布斯自由能** |
| $G_{\mathrm{solid}}^{\mathrm{Ex,\,nano}}=X_{\mathrm{Au}}X_{\mathrm{Cu}}\times\left\{\left(-28000+\dfrac{C\times1.718\times10^{-6}}{r}\right)+\left(78.8+\dfrac{C\times1.78425\times10^{-10}}{r}\right)\times T-\left(10+\dfrac{C\times1.0056\times10^{-11}}{r}\right)\times T\ln T+\left[\left(6000-\dfrac{C\times4.2966\times10^{-7}}{r}\right)+\dfrac{C\times6.888\times10^{-9}}{r}\times T\right]\times(X_{\mathrm{Au}}-X_{\mathrm{Cu}})\right\}$ |
| $G_{\mathrm{liquid}}^{\mathrm{Ex,\,nano}}=X_{\mathrm{Au}}X_{\mathrm{Cu}}\times\left\{\left(-28230-\dfrac{8.935\times10^{-6}}{r}\right)+\left(3+\dfrac{4.244\times10^{-9}}{r}\right)\times T+\left[\left(3200-\dfrac{6.2246\times10^{-7}}{r}\right)+\left(2+\dfrac{4.65465\times10^{-9}}{r}\right)\times T\right]\times(X_{\mathrm{Au}}-X_{\mathrm{Cu}})+\left[\left(3900-\dfrac{2.95635\times10^{-8}}{r}\right)+\left(-5+\dfrac{1.021563\times10^{-11}}{r}\right)\times T\right]\times(X_{\mathrm{Au}}-X_{\mathrm{Cu}})^{2}\right\}$ |

基于 SGTE 热力学数据库中对 Au、Cu 纯元素的热力学描述和 Au-Cu 块体相图三阶参数，结合本章计算所得的 Au-Cu 纳米合金表面能及表面偏析相关性质及数据，优化得到 $r = 5.0$ nm 和 $r = 10.0$ nm 时的二元合金纳米相图，如图 4-14 所示。对比 Au、Cu 纯元素实验所得熔化数据：在 Au-Cu 纳米相图中 $X_{Cu} = 0$ 即纯 Au 成分时，半径为 5.0 nm 的纳米颗粒计算熔化温度与 Dick[21]的实验数据点相差 6.2 K；

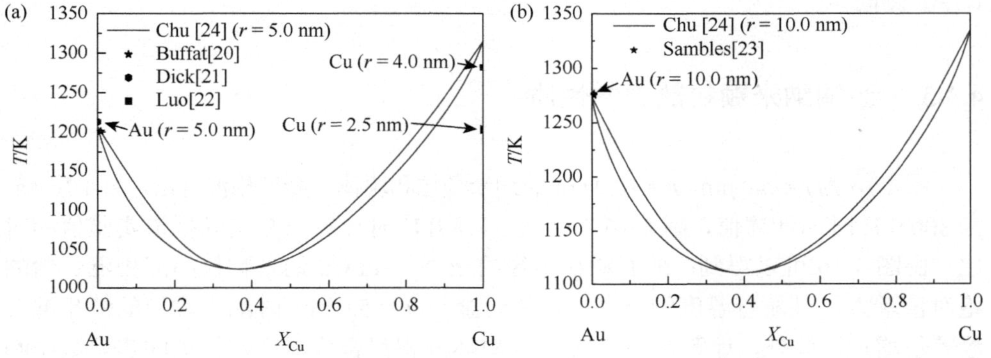


图 4-14　Au-Cu 纳米相图

半径为 10.0 nm 的纳米颗粒计算熔化温度与 Sambles[23]的实验数据点相差 2.2 K，两个粒径下的误差处于合理范围内，相图中纯 Au 一端计算数据与实验数据吻合较好。文献调研中获得半径为 4.0 nm 的 Cu 纳米颗粒熔化温度为 1282.0 K，与相图趋势较为吻合。

基于尺寸相关的吉布斯自由能模型，结合第 3 章实验测得的 $Au_5Cu_5@SiO_2$ 纳米颗粒熔化温度，通过尺寸和形状相关的纳米热力学模型来研究二元合金纳米相图随粒径变化关系。由图 4-15 可以得到，尺寸变化对纳米合金固-液相变的影响

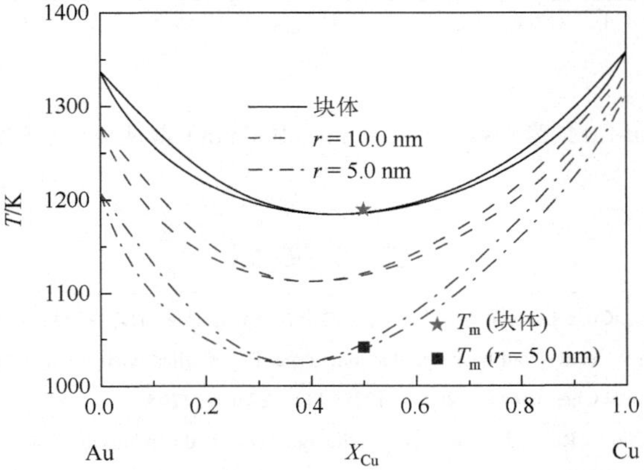


图 4-15　不同颗粒半径的 Au-Cu 纳米相图与实验数据对比结果[24]

较大，由于比表面积急剧增大，表面能对吉布斯自由能的贡献越来越重要。随着纳米颗粒半径的减小，其对应的纳米相图液相线和固相线温度降低，Au-Cu 纳米相图的下降趋势增大，表面偏析程度减小。Au-Cu 纳米颗粒的同成分点和组成与块体合金不同，由图 4-15 可以看到，半径减小，其最低熔点下降，此外，随着颗粒半径的减小，Au-Cu 纳米相图的同成分点均向 Au 一侧偏移，整体 Cu 侧的熔点比 Au 侧高。

### 4.3.3 金-铜纳米颗粒热力学性质

图 4-16 为 $r = 5.0$ nm、$r = 10.0$ nm 的纳米颗粒和块体合金液相混合焓，图 4-16（a）为 800.0 K 时的计算值，图 4-16（b）为 1378.0 K 时计算值与文献报道实验值的对比。由图 4-16 可以得到：随着颗粒半径的减小，Au-Cu 纳米颗粒的液相混合焓的绝对值增大，且随着温度的升高，块体合金与 $r = 5.0$ nm 时纳米颗粒的液相混合焓差值增加。此外，计算得到的 Au-Cu 块体液相混合焓与文献报道的实验数据吻合较好。

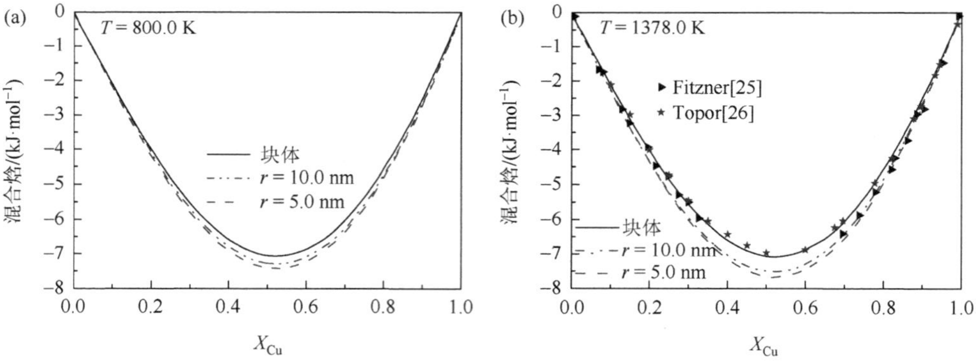


图 4-16 Au-Cu 纳米颗粒（$r = 5.0$ nm，10.0 nm）与块体合金的液相混合焓

## 参 考 文 献

[1] 楚孟哲.（Au，Ag）-Cu 纳米合金制备及热力学与电化学性能研究 [D]. 桂林：桂林电子科技大学，2021.

[2] Su T, Xiao H, Shen W, et al. Nonlinear size-dependent melting of silica-encapsulated Ag-Cu alloy nanoparticles[J]. The Journal of Physical Chemistry C，2018，122（48）：27761-27768.

[3] Peña-Alonso R, Rubio F, Rubio J, et al. Study of the hydrolysis and condensation of γ-aminopropyltriethoxysilane by FT-IR spectroscopy[J]. Journal of Materials Science，2007，42（2）：595-603.

[4] Lv C，Hu L，Yang Y，et al. Waterborne UV-curable polyurethane acrylate/silica nanocomposites for thermochromic coatings[J]. RSC Advances，2015，5（33）：25730-25737.

[5] Vitos L，Ruban V A，Skriver L H，et al. The surface energy of metals[J]. Surface Science，1998，411：186-202.

[6] Okamoto H，Chakrabarti D J，Laughlin D E，et al. The Au-Cu（Gold-Copper）system[J]. Journal of Phase Equilibria，1987，8（5）：454-474.

[7] Tanaka T，Hara S. Thermodynamic evaluation of binary phase diagrams of small particle systems[J]. Zeitschrift für Metallkunde，2001，92（5）：467-472.

[8] Kaptay G. Nano-Calphad：extension of the Calphad method to systems with nano-phases and complexions[J]. Journal of Materials Science，2012，47（24）：8320-8335.

[9] Martínez-Muñoz H R，Mejía-Rosales S. The AuCu phase diagram at the nano scale：a molecular dynamics approach[J]. Journal of Cluster Science，2022，33：785-793.

[10] Cui M，Lu H，Jiang H，et al. Phase diagram of continuous binary nanoalloys：size，shape，and segregation effects[J]. Scientific Reports，2017，7：41990.

[11] Chernyshev A P. The influence of the size effect on the transition of Au-Cu alloy nanoparticles to the dynamic amorphous state[J]. Materials Today：Proceedings，2020，25（3）：370-372.

[12] Guisbiers G，Mejia-Rosales S，Khanal S，et al. Gold-Copper nano-alloy，"Tumbaga"，in the era of nano：phase diagram and segregation[J]. Nano Letters，2014，14（11）：6718-6726.

[13] Jesser W A，Shiflet G J，Allen G L. Equilibrium phase diagrams of isolated nano-phases[J]. Materials Research Innovations，1999，2（4）：211-216.

[14] Lee J G，Mori H. In-situ observation of alloy phase formation in nanometre-sized particles in the Sn-Bi system[J]. Philosophical Magazine，2004，84（25-26）：2675-2686.

[15] Zhang M，Yu M，Efremov F，et al. Size-dependent melting point depression of nanostructures：nanocalorimetric measurements[J]. Physical Review B，2000，62（15）：10548-10557.

[16] Bao T T，Kim Y，Lee J，et al. Preparation and thermal analysis of Sn-Ag nano solders[J]. Materials Transactions，2010，51（12）：2145-2149.

[17] Lee J，Sim K J. General equations of calphad-type thermodynamic description for metallic nanoparticle systems[J]. Calphad，2013，44（1）：129-132.

[18] Dinsdale A T. SGTE data for pure elements[J]. Calphad，1991，15（4）：317-425.

[19] Redlich O，Kister A T. Algebraic representation of thermodynamic properties and the classification of solutions[J]. Industrial & Engineering Chemistry，1948，40（2）：345-348.

[20] Buffat P，Borel J P. Size effect on the melting temperature of gold particles[J]. Physical Review A，1976，13（6）：2287-2298.

[21] Dick K，Dhanasekaran T，Zhang Z，et al. Size-dependent melting of silica-encapsulated gold nanoparticles. Journal of the American Chemical Society，2002，124（10）：2312-2317.

[22] Luo W，Deng L，Su K，et al. Gibbs free energy approach to calculate the thermodynamic properties of copper nanocrystals[J]. Physica B：Condensed Matter，2011，406（4）：859-863.

[23] Sambles J R. An electron microscope study of evaporating gold particles：the Kelvin equation for liquid gold and the lowering of the melting point of solid gold particles[J]. Proceedings of the Royal Society A：Mathematical，1971，324：339-351.

[24] Chu M Z，Zhang C，Liang X H，et al. Melting and phase diagram of Au-Cu alloy at nanoscale[J]. Journal of Alloys and Compounds，2022，891：162029.

[25] Fitzner K，Guo Q，Wang J，et al. Enthalpies of liquid-liquid mixing in the systems Cu-Ag，Cu-Au and Ag-Au by using an in-situ mixing device in a high temperature single-unit differential calorimeter[J]. Journal of Alloys and Compounds，1999，291（1-2）：190-200.

[26] Topor L，Kleppa O J. Thermochemistry of binary liquid gold alloys：the systems gold-copper and gold-silver at 1379 K[J]. Metallurgical and Materials Transactions A，1984，15（1）：203-208.

# 第 5 章　金-钴纳米颗粒制备、熔化及热力学性质

1857 年 2 月 5 日，法拉第（Faraday）在讲座中描述了用磷元素的 $CS_2$ 溶液还原 $AuCl_3$ 水溶液的过程，Au 在水和 $CS_2$ 界面上缓慢还原，最终的产品是透明的红宝石色的溶液，引起了科学界的极大兴趣，这便是现代“纳米科学”的开端[1]。看起来纳米材料的历史很短，但人类使用纳米材料已经有几千年的历史。如图 5-1 所示，公元四世纪的莱克格斯（Lycurgus）杯是历史上最著名的例子，制作杯子的玻璃是二色性的，当被直射时，杯子拥有不透明的黄绿色，但在透射光下颜色则变为透明红宝石色。这种现象是由金-银合金造成的，合金尺寸在 50～100 nm 范围内，这已被透射电子显微镜所证实。中国古代铜镜可以做到千年不锈，研究者们发现，在铜镜表面有一层纳米氧化锡薄膜[2]。

纳米颗粒以其特定的属性在孤立的原子或小分子与块体之间架起了一座桥梁。这就是为什么研究、描述和理解这种物质对未来技术和应用至关重要。纳米技术已经成为科学、工业、商业和技术的一个发展迅速的、有前景的关键领域。对纳米颗粒的研究可以打开现代技术的大门，并开启工业生产的新时代。这种比例赋予了它们非常特殊的属性，有广泛的应用领域，如医学、药学、化妆品、电子、运输、油漆、光学、表面改性、催化等[3-6]。纳米颗粒可以通过改变前驱体的组成和原子顺序以及尺寸的大小来调整它们的化学和物理性质。此外，纳米颗粒不仅可以显示出神奇的尺寸依赖的性质，也可以显示出特殊的结构，即纳米颗粒会存在多种结构。因为纳米颗粒的表面结构、组成和偏析特性决定了材料的化学反应活性和材料加工性能，值得对其关注研究[7]。

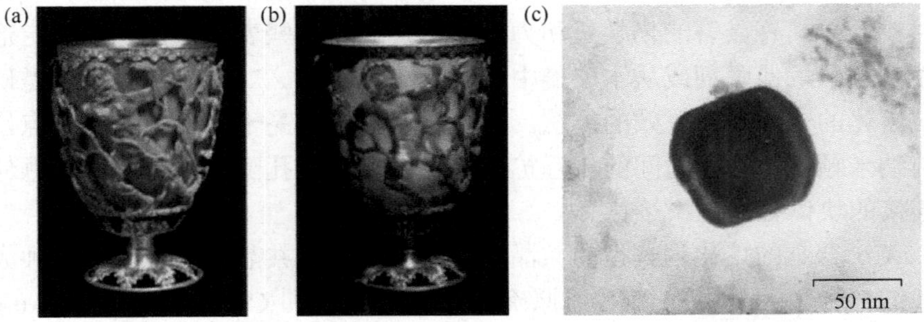


图 5-1　莱克格斯杯在不同角度光照及 TEM 图像[8]（后附彩图）

由两种不同金属组成的双金属纳米颗粒具有二组分的共同能带，通过改变合金的组成，能够连续地改变颗粒表面的电子结构和几何构型，通过调节金属的导带位置与费米能级之间的距离，能够改变纳米颗粒对反应物和生成物的吸附能力，进而影响催化剂的活性、选择性和稳定性。贵金属纳米材料（Au、Ag）与过渡金属（Cu、Co 等）的双金属纳米颗粒由于价格便宜、稳定性高兼顾安全环保等优点，同时两种元素会产生的协同作用在生物、检测、储能方面具有优异的性能。Co 作为一种储量丰富的过渡金属，属于元素周期表中的 VIII-B 族，具有独特的特性，如高导电性、热稳定性、独特的电子特性、化学稳定性和高催化性能，这使得 Co 成为催化剂应用的理想材料，是 Pt、Ir、Ru 等贵金属的理想替代品。

## 5.1 金-钴纳米颗粒制备与表征

近些年来，人们对二元合金纳米颗粒的制备进行了许多尝试，这种合金表现出不同于相应的单金属纳米颗粒的异常性能，制备这些纳米颗粒的目的是改善各种材料的性能，如电催化剂、化学反应催化剂和磁性材料。相比于物理制备方法如化学气相沉积（CVD）、物理气相沉积（PVD）等，化学制备方法具有时间短、简便、价格低、易制备等优点。本章通过化学共还原法，在通风橱内完成制备金-钴纳米颗粒，快速便捷。

由于纳米颗粒具有较高的表面能，同时制备的纳米颗粒表面会积累大量的电荷，使得纳米颗粒间往往相互吸引产生团聚而达到稳定状态，因此如果对于纳米颗粒表面进行合适的保护可以避免团聚的发生。从制备时加入 PVP、柠檬酸三钠等稳定剂，到合成后对颗粒进行碳[9]、二氧化硅[10]和有机框架 MOFs[11]等包覆，都可以防止纳米颗粒团聚。$SiO_2$ 作为自然界中稳定性高的氧化物，其中单分散的 $SiO_2$ 颗粒球形度较为规整，容易通过湿化学将其包覆到材料外壳，同时其尺寸易于控制，因而备受人们的青睐[12]。有许多纳米材料表面可以直接涂上二氧化硅是因为材料表面具有显著的化学亲和力，然而，还有一些表面只能通过稳定剂、表面活性剂、硅烷偶联剂或从水玻璃中快速沉淀来涂覆。二氧化硅壳包覆是研究纳米颗粒熔化的一种非常有效的方法。由于硅壳的熔点高于纳米颗粒的熔点，且在熔化前纳米颗粒与硅壳之间的相互扩散很小。硅壳内孔隙的存在使熔融颗粒形成相互连接的块体合金再次熔化[13]。

Au-Co 合金的熔化为典型的共晶反应，因此基于共晶点附近设计三种成分的 Au-Co 纳米合金，采用 $NaBH_4$ 还原确定浓度的 $Au^{3+}$ 和 $Co^{2+}$ 前驱体制备 Au-Co 纳米颗粒，在弱碱性条件下催化正硅酸四乙酯（TEOS）水解对纳米颗粒包覆 $SiO_2$。通过 UV-Vis 得到 Au-Co 纳米颗粒的紫外吸收光谱；通过 TEM 和 HR-TEM 对其形貌、粒径进行表征；通过 EDS 分析 Au、Co 和 Si 元素分布及通过 DSC 记录不同粒径的 Au-Co 纳米颗粒的熔化信息。

### 5.1.1　金-钴纳米颗粒制备原材料与设备

在本章实验中合成 Au-Co 纳米颗粒及 $SiO_2$ 包覆所用到的试剂材料如表 5-1 所示。

**表 5-1　实验原材料**

| 分类 | 药品名称 | 生产厂商 |
| --- | --- | --- |
| 前驱体 | 四氯金酸（$HAuCl_4 \cdot 3H_2O$，99.9%） | Aladdin |
| | 氯化钴（$CoCl_2$，99.7%） | Aladdin |
| 还原剂 | 硼氢化钠（$NaBH_4$，≥99%） | Aladdin |
| 表面稳定剂 | 柠檬酸三钠（$C_6H_5O_7Na_3$，99.0%） | Aladdin |
| 包覆剂 | 氨水（$NH_3 \cdot H_2O$） | Aladdin |
| | 异丙醇 | Aladdin |
| | 正硅酸四乙酯（$(C_2H_5O)_4Si$） | Aladdin |
| 清洗 | 浓硝酸 | 西陇科学 |
| | 浓硫酸 | 西陇科学 |
| | 无水乙醇 | 西陇科学 |

在本章实验合成 Au-Co 纳米颗粒及包覆过程中所用到的设备如表 5-2 所示。

**表 5-2　实验设备**

| 设备名称 | 用途 |
| --- | --- |
| 精密电子天平 | 物品称量 |
| 磁力加热搅拌器 | 匀速搅拌溶液 |
| 真空干燥箱 | 容器、溶液干燥 |
| pH 计 | 测量 pH |
| 超声波清洗机 | 超声清洗试样 |
| 高速离心机 | 离心分离样品 |

### 5.1.2　金-钴纳米颗粒制备方法

本章中球形 Au-Co 纳米颗粒胶体采用化学共还原法合成，通过改变还原剂与前驱体的比例，得到不同尺寸和成分的 Au-Co 纳米颗粒[14]。下面对 $Au_8Co_2$ 纳米颗粒的制备和包覆进行介绍，包覆机理如图 5-2 所示，其他配比的纳米颗粒通过改变前驱体原子配比来获得，$Au_8Co_2@SiO_2$ 的合成流程如下：

（1）分别称取 0.197 g 的 $HAuCl_4·3H_2O$ 和 0.065 g 的 $CoCl_2$ 移入两个烧杯中，分别加入 50 mL 的超纯水，溶解后得到浓度为 10 mmol/L 的前驱体盐溶液，方便以后取用。

（2）将 2.4 mL 的 $HAuCl_4·3H_2O$（10 mmol/L）和 0.6 mL 的 $CoCl_2$（10 mmol/L）溶液混合加入到量取 77 mL 超纯水的锥形瓶中，得到 $C_{(Au^{3+}、Co^{2+})}=0.375$ mmol/L 的前驱体混合液。搅拌 30 min 后，转移至水浴锅中继续搅拌至 70℃。

（3）前驱体盐溶液中加入 5 mL 质量分数 1%的柠檬酸三钠溶液，并将锥形瓶放入冰水中冷却至室温。持续通入氩气防止纳米颗粒在还原过程中发生氧化，继续搅拌后一次性快速加入 8 mL 浓度为 1 mmol/L 的 $NaBH_4$ 溶液，颜色稳定后停止搅拌即获得 $Au_8Co_2$ 纳米颗粒胶体。随后取出转子，因为 Au-Co 纳米颗粒具有磁性，长时间搅拌会吸附在转子上。

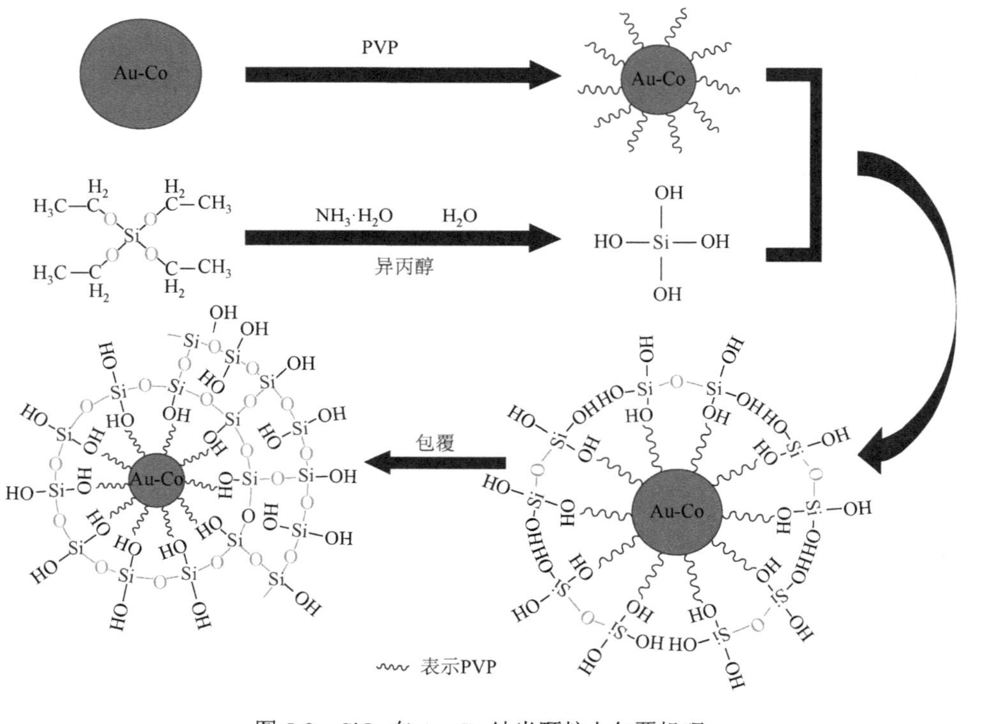


图 5-2　$SiO_2$ 在 Au-Co 纳米颗粒上包覆机理

（4）$SiO_2$ 对纳米颗粒的包覆包括 PVP 的吸附和 $SiO_2$ 的生长两个过程[15]，包覆机理如图 5-2 所示。在制备的 $Au_8Co_2$ 纳米颗粒胶体中加入 0.1152 g PVP 作为偶联剂，搅拌 24 h，使其充分吸附在纳米颗粒上。将纳米颗粒溶液以 9000 r/min 离心 2 次，然后转移到 80 mL 异丙醇中。

（5）正硅酸四乙酯在碱性条件下会水解产生 $SiO_2$ 包覆在纳米颗粒上。超声将纳米颗粒均匀分散 1 h 后分别加入 20 mL 去离子水和 2 mL 氨水（28% $NH_3$），然后，在 40℃超声 30 min 后，分 2 批加入 80 μL 浓度为 10%（分散在乙醇中）的正硅酸四乙酯溶液，然后继续超声至少 3 h 后纳米颗粒表面会被 $SiO_2$ 包覆。

### 5.1.3　金-钴纳米颗粒表征设备

1. 紫外-可见分光光度计（UV-Vis）

UV-Vis 是一种光学分析仪器，用于测量在 200～800 nm 范围内与参考样品相比，被样品吸收或透射的紫外光或可见光的离散波长的量，可以提供有关样品中的内容和浓度的信息。常见的 UV-Vis 由光源、衍射光栅、波长选择器、探测器等几部分构成。当紫外光被吸收时，这导致电子从基态激发到更高的能量状态，吸收的紫外线辐射的能量实际上等于较高能量状态和基态之间的能量差。UV-Vis 遵循朗伯-比尔（Lambert-Beer）定律，表示为

$$A = \lg\frac{I_0}{I} = \varepsilon c L$$

其中，$A$ 表示吸光度；$I_0$ 代表给定波长下的强度；$I$ 代表是透射光强度；$c$ 代表溶质的浓度；$L$ 代表样品池的长度；$\varepsilon$ 代表摩尔吸收率。根据朗伯-比尔定律，在一定波长下吸收光的分子数量越多，光的吸收程度就越大。

根据前文所述，由于金属及合金纳米颗粒的 SPR 性质，使得纳米颗粒具有独特的吸收光谱，通过表征二元纳米颗粒合金化的过程。在本研究中使用 UV-Vis（UV-2600i，岛津），测试范围为 300～800 nm，测试前仪器使用超纯水测量基线。工作原理如图 5-3 所示。

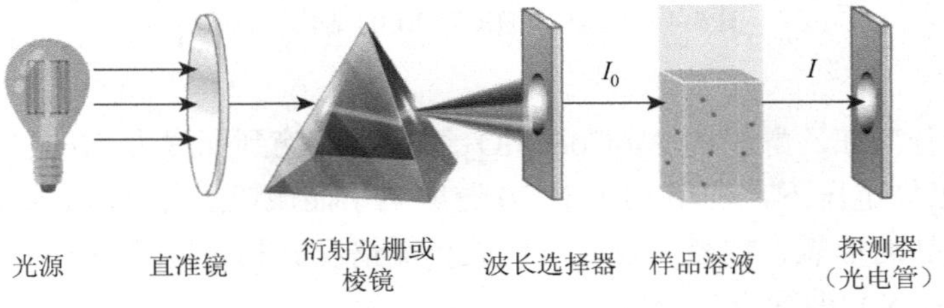


图 5-3　UV-Vis 工作原理图

2. 透射电子显微镜（TEM）

TEM 是材料科学中用来表征材料结构与形貌的重要工具之一，可用于观察纳米尺度下样品的晶体结构、形貌等特征以及结构中的特征，如位错、孪晶和晶界等。HR-TEM 可用于分析量子点的质量、形状、大小和密度。结构原理如图 5-4 所示。成像是通过使用聚光凸透镜，来自电子枪的电子束被聚焦成一个小的相干光束，受到聚光孔径的限制后撞击试样，并根据试样的厚度和电子透明度传输试样的某些部分，该透射部分由物镜聚焦到成像并产生图像中。图像的明暗区域表示样品中电子传输的多少。衍射是当电子通过样品时，它们被样品中组成元素设置的静电势分散。通过样品后，它们通过电磁物镜，电磁物镜将所有从标本的一点散射到图像平面中的一个点，沿同一方向散射的电子被收集到单个点中，在物镜的后焦平面形成衍射图案。

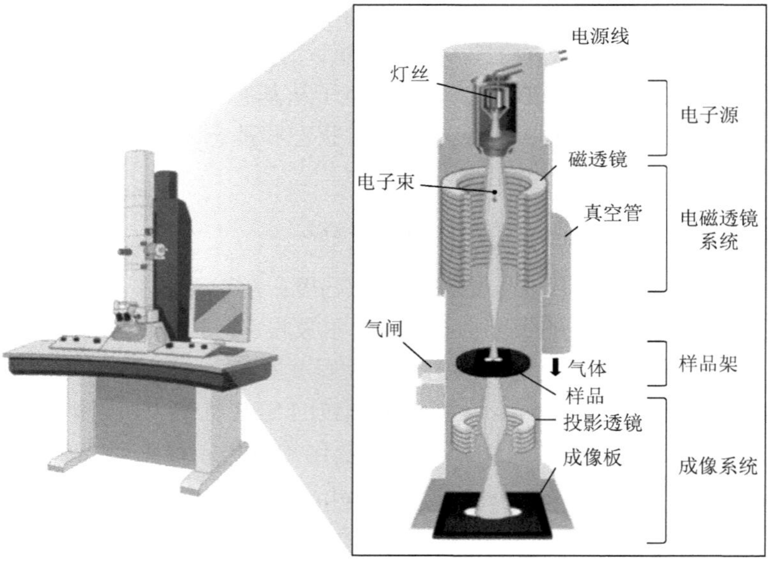


图 5-4　TEM 和 HR-TEM 的结构原理图

本章将分散在乙醇中的 Au-Co@$SiO_2$ 纳米颗粒滴到铜膜上，在空气中干燥后，在 200 kV 工作电压下，利用 FEI TF20 透射电子显微镜进行 TEM 和 HR-TEM 表征，研究样品的形貌、粒径以及二氧化硅包覆情况。利用能量色散 X 射线光谱仪（EDS，Super-X）进行成分分析。

### 5.1.4 金-钴纳米颗粒表征

1. Au-Co 纳米颗粒 UV-Vis 吸收光谱

制备的 Au-Co 纳米颗粒和 Au 纳米颗粒的 UV-Vis 吸收光谱如图 5-5（a）所示。由于表面等离子体共振的存在，Au-Co 纳米颗粒胶体在可见光区表现出不同的吸收峰。为了数据更加直观，对样品的吸收峰进行归一化处理。Au 纳米颗粒的 UV-Vis 吸收光谱在 522 nm 处有一个等离子体吸收峰，这与文献[16]报道的结果一致。对于纳米颗粒，$Au_8Co_2$、$Au_7Co_3$ 和 $Au_6Co_4$ 分别在 516 nm、513 nm 和 509 nm 处表现出明显的吸收峰。可以看出，在 Au-Co 纳米颗粒中随着 Co 含量的增加，它们的等离子体吸收向短波方向移动，表明纳米颗粒的等离子体吸收峰的偏移受合金成分的影响。

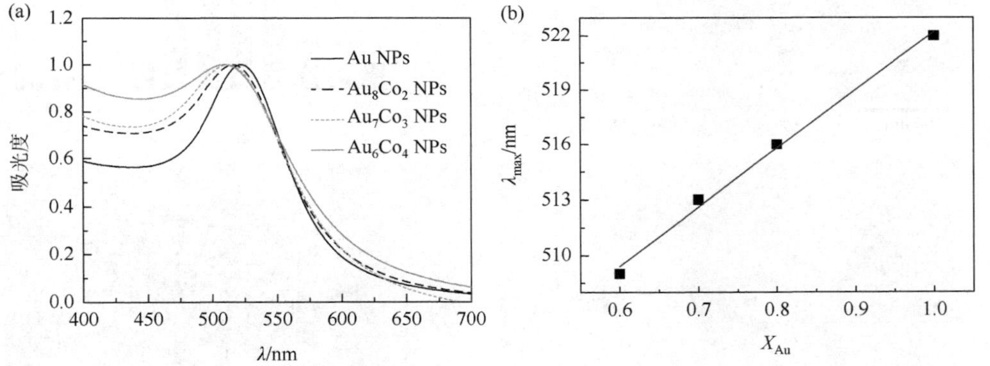


图 5-5　Au、Au-Co 纳米颗粒的 UV-V 吸收光谱（a），吸收峰值与合金中 Au 含量的关系（b）

图 5-5（b）是光谱吸收峰值与 Au 元素含量的关系和线性拟合，吸收峰值所处波长随 Au 在纳米颗粒中含量增加的关系近似线性。此外，很明显，Au-Co 合金的吸收光谱（范围在 450～600 nm）比 Au 纳米颗粒宽，产生原因是 Au-Co 具有磁性，部分在紫外光谱表征时部分纳米颗粒发生团聚，还有可能因为 Co 原子扩散到 Au 纳米颗粒的晶体中，形成金属间化合物或合金结构，抑制了表面等离子体共振[17]。

2. Au-Co 纳米颗粒 TEM、HR-TEM 图

通过改良 Stöber 物理法对化学还原法制备的 Au-Co 纳米颗粒进行二氧化硅包

覆，透射电子显微镜被用来分析纳米颗粒形貌及包覆情况。图 5-6 为 $Au_8Co_2@SiO_2$ 纳米颗粒 TEM、HR-TEM 图像及颗粒半径分布，由图 5-6（a，c）看出大部分样品为球形，粒径分布和形状的均匀性都很高。使用 Nano Measurer 软件统计纳米颗粒的半径，可以看出 $Au_8Co_2$ 纳米颗粒半径分布较窄，整体呈现正态分布，纳米颗粒平均半径为 10.20 nm。图 5-6（d）可以看出 $Au_8Co_2$ 纳米颗粒在部分区域明显的晶格条纹，使用 Digital Micrograph 软件对 HR-TEM 观测到 Au-Co 纳米颗粒的晶格间距进行测量，分别为 0.236 nm 和 0.205 nm，这与 Au [111]（0.2355 nm）和 Co [111]（0.2046 nm）的晶面间距一致。

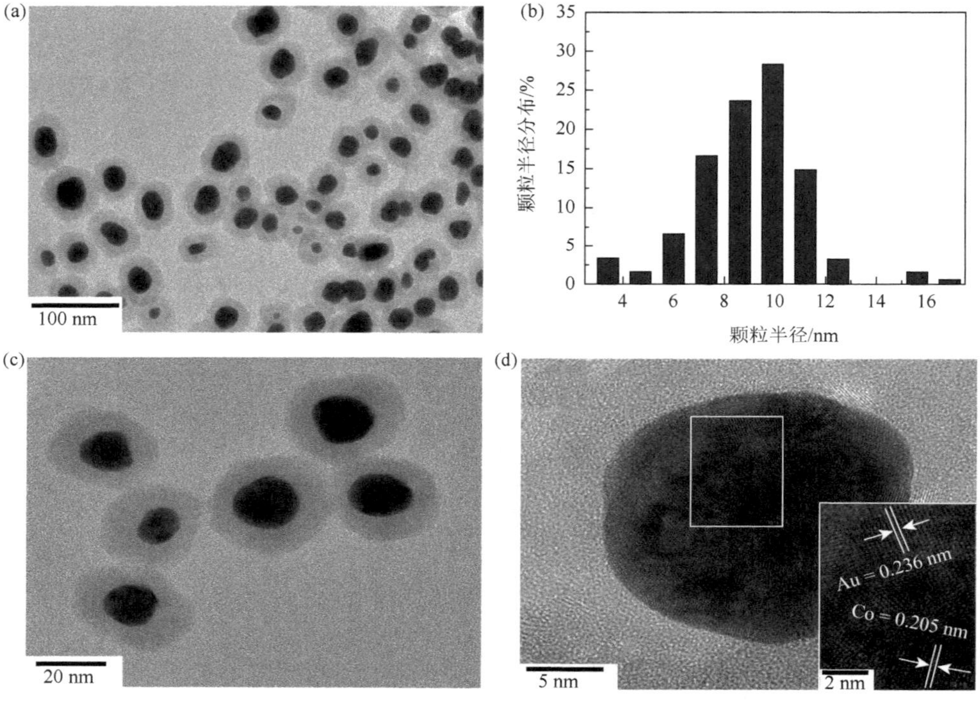


图 5-6　$Au_8Co_2@SiO_2$ 纳米颗粒 TEM（a、c）、HR-TEM（d）图像及颗粒半径分布（b）

图 5-7 为被二氧化硅包覆的 $Au_7Co_3$ 纳米颗粒的透射电子显微镜图像及颗粒半径分布统计，从 5-7（a，c）可以看出被二氧化硅包覆 $Au_7Co_3$ 纳米颗粒具有较好的分散性，没发生团聚，同时形貌均匀，近似球形。同时可以看出每个纳米颗粒均被完整包覆在 $SiO_2$ 里面，形成完整的核壳结构，这使得纳米颗粒加热过程中不会发生团聚而形成块体。图 5-7（b）使用 Nano Measurer 软件统计了 $Au_7Co_3$ 纳米颗粒尺寸，平均半径为 14.30 nm。

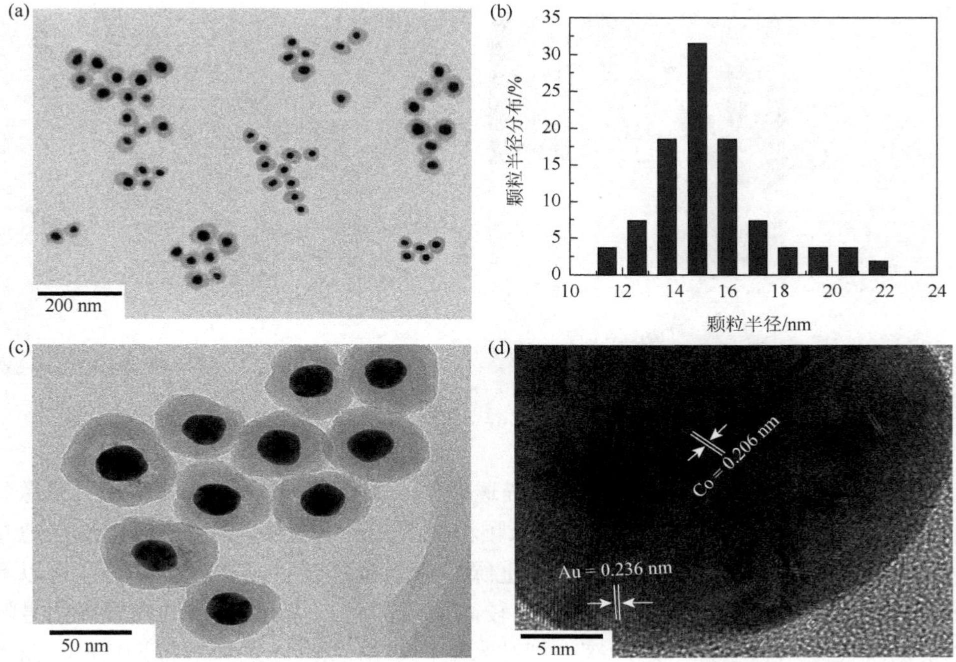


图 5-7　$Au_7Co_3@SiO_2$ 纳米颗粒 TEM（a，c）、HR-TEM（d）及颗粒半径分布（b）

通过降低 TEOS 的加入量来控制减小 $SiO_2$ 壳的厚度，图 5-8 展示了厚度约为 1 nm 的 $SiO_2$ 包覆的 $Au_6Co_4$ 纳米颗粒的 TEM、HR-TEM 及颗粒半径分布，在热分析过程中较薄的硅壳内的纳米颗粒所处气压和标准大气压相近。可以看出使用 Nano Measurer 软件统计了 $Au_6Co_4$ 纳米颗粒半径为 8.83 nm。纳米颗粒在电子显微镜下展现多为球状或扁球状并不是严格的球形，这是因为纳米颗粒在晶界表面产生孪晶[18]。

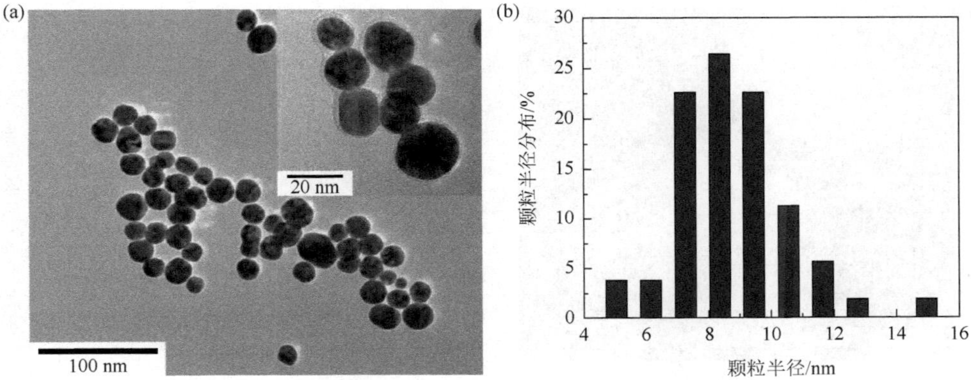

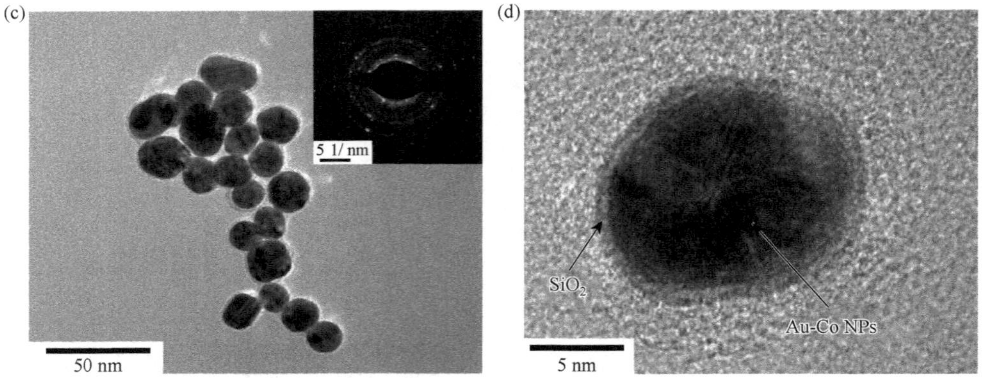


图 5-8　$Au_6Co_4@SiO_2$ 纳米颗粒 TEM（a，c）、HR-TEM（d）及颗粒半径分布（b）

图 5-9 显示了高角度环形暗场扫描透射电子显微镜（HAADF-STEM）图像和粒径为 24.60 nm 的 $Au_8Co_2@SiO_2$ 纳米颗粒上的成分线扫图。暗场下可以清晰地看出纳米颗粒，线扫轨迹如图 5-9（a）上绿线所示从左至右。从图 5-9（b）可以看出，在纳米颗粒上 Au 和 Co 元素具有较高信号，而 Si 和 O 元素的高强度信号峰主要出现在纳米颗粒外，因此核壳型纳米结构是由 Au-Co 纳米颗粒为核心，$SiO_2$ 为完整外壳组成。基本映射图 5-9（c，d）显示纳米颗粒中 Au（紫色）和 Co（青色）的分布，表明二元合金的形成，但也存在一些 Au-Co 颗粒的偏析，这与 Samsonov 等[19]的模拟计算结果一致。主要原因是与 Au 的表面能（96.8 meV·Å$^{-2}$）相比[20]，Co 的表面能（159 meV·Å$^{-2}$）更高[20]，使得 Co 更可能存在于纳米颗粒内部而不是表面。从图 5-9（e）可以看出，Au-Co 纳米颗粒中心几乎没有 Si 和 O 的信号，表面完全被 $SiO_2$ 所包裹，这可以避免在热分析中纳米颗粒产生聚集。图 5-9（g）可以计算出纳米颗粒中 Au 和 Co 元素原子比例，计算后符合 Au∶Co 为 8∶2 的结果。

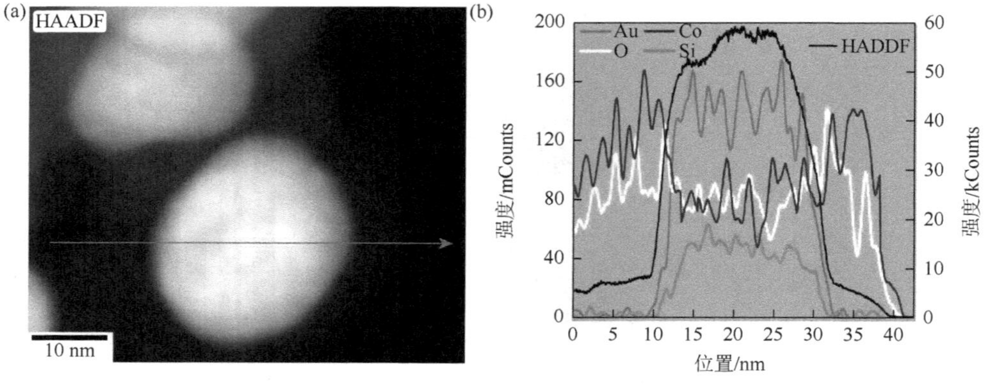

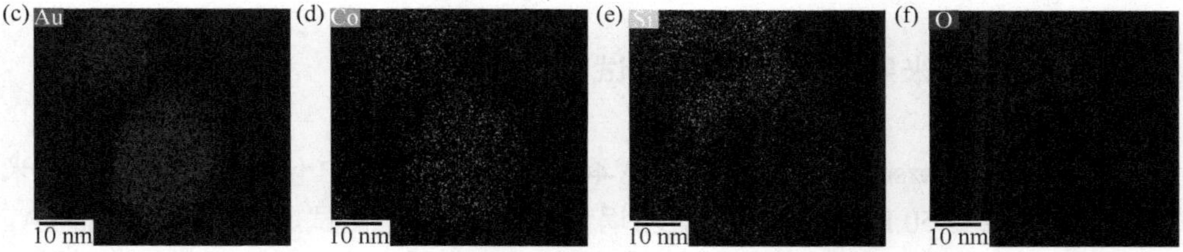


(g)

| 元素 | 原子分数/% | 质量分数/% |
|---|---|---|
| Au | 12.16 | 55.67 |
| Co | 2.90 | 3.90 |
| Si | 31.99 | 20.51 |
| O | 54.56 | 19.92 |

图 5-9　单个 24.60 nm $Au_8Co_2@SiO_2$ 纳米颗粒成分线扫图和 HAADF-STEM 图像（后附彩图）

## 5.2　金-钴纳米颗粒熔化特性测定

### 5.2.1　金-钴纳米颗粒熔化实验设备

DSC 仪是热分析的主要设备之一，其结构示意图如图 5-10 所示。DSC 仪可以用于测量样品的物理性质如何随时间变化以及温度的变化，确定与材料转变相关的温度和热流，作时间和温度的函数。在热通量 DSC 仪中，封闭在锅中的样品材料和空的参考坩埚被放置在加热元件上，以设定速率加热，热量通过热电盘传递到样品和参比锅。在发生吸热或放热效应时，样品和参考侧之间将存在温差，温差给出了样品的热容以及有关样品的热量释放和消耗的信息会被系统记录储存。

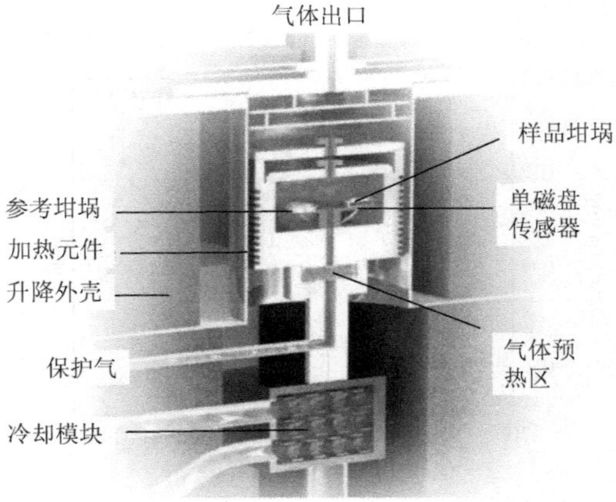


图 5-10　DSC 仪结构示意图

### 5.2.2　金-钴纳米颗粒熔化实验测试方法

本章使用 Netzsch 公司生产的 STA 449 F3 Jupiter，DSC 仪测定了 Au-Co 纳米颗粒在室温至 1450 K 的熔化行为，坩埚为 $Al_2O_3$ 坩埚。测试前用高纯度样品（Ag 99.99%，Al 99.99%，Sn 99.99%）对 DSC 仪进行校准，然后在测量前得到不含样品的基线。

### 5.2.3　金-钴纳米颗粒熔化实验测试结果

图 5-11 显示了制备的 $Au_6Co_4@SiO_2$、$Au_7Co_3@SiO_2$ 和 $Au_8Co_2@SiO_2$ 分别在 700.0～1350.0 K 范围内的 DSC 曲线。使用 Proteus®软件分析结果发现，在这个区间内它们的 DSC 曲线上分别观察到了两个吸热峰，可以清晰地看出它们熔化温度的起始点（Onset）分别在 1193.6 K、1239.9 K 和 1211.5 K 处，即第一个明显

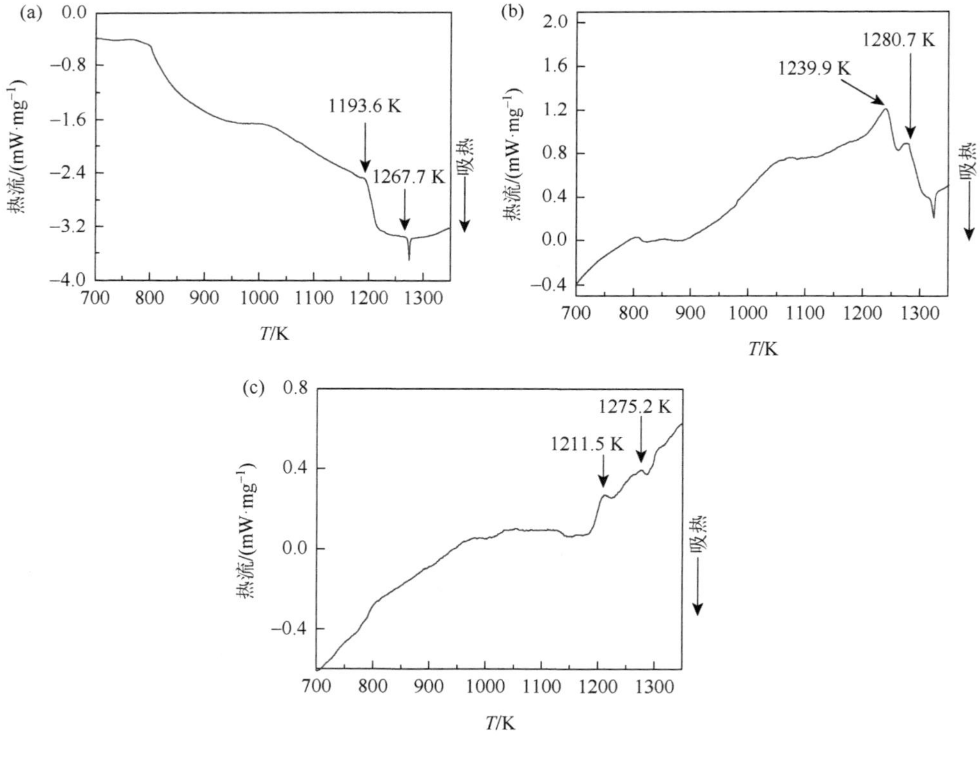


图 5-11　（a）～（c）分别 $Au_6Co_4@SiO_2$、$Au_7Co_3@SiO_2$ 和 $Au_8Co_2@SiO_2$ 在 700.0～1350.0 K 的 DSC 曲线

的吸热开始温度，这是由于 Au-Co 纳米颗粒在二氧化硅壳中的熔化。在 1270.0 K 附近观察到第二个吸热峰，这与 Au-Co 块体合金的共晶熔化温度相近[21]，原因是颗粒的蒸气压是在标准大气压下，这表明 $SiO_2$ 壳对纳米颗粒的熔化影响不大。纳米颗粒的二氧化硅包覆是一种非常有效的方法，它已被成功用于纳米 Au、Ag 的熔化特性实验研究。

## 5.3　金-钴纳米颗粒纳米相图与热力学性质

由于纳米材料在基础低维物理中的重要性，以及在现代技术中的潜在应用，近几十年来，纳米材料引起了越来越多学者的研究兴趣。由于表面效应，纳米材料的性能取决于材料尺寸，材料的表面吉布斯自由能是表征表面效应的一个极其重要的热力学量，它可以很好地理解大量的基本和应用现象，如晶体生长、表面切面、薄膜生长和薄膜稳定性等。由于表面效应，纳米材料的大多数其他热力学性质（如熔化和过热、内聚能、比热容等）也与相应的块体材料不同[22, 23]。从块体合金到纳米尺度，比表面积呈非线性增大，在小尺度下表面能不可忽略，因此纳米合金体系的吉布斯自由能会增大，纳米相图的相平衡随之发生改变，因此对 Au-Co 合金的纳米热力学研究离不开对表面性质的研究。

表面张力是熔体表面状态的基本参数，它与铸型结晶和润湿性密切相关。例如这些因素影响着铸件的成形过程，直接决定着铸件的质量。因此，金属或合金的表面性能一直是许多研究的主题。Au-Co 合金在纳米尺度下会产生混溶，因此它们的表面偏析和结构受到了广泛研究。Train 等[24]在 1997 年研究了超薄磁性结构 $Au_{50}Co_{50}$ 层，发现在沉积过程中 Au 原子在 Co 层的顶部偏析。Bhattarai 等[25]报道了 Au 向磁等离子体 Au-Co 纳米颗粒表面的偏析。Sato 等[26]研究了外延 Au-Co 纳米颗粒中表面偏析诱导的相分离。研究发现，随着颗粒尺寸的减小，具有 Au 壳层的纳米颗粒数量增加，也就是说，发现了形成 $Co_{core}Au_{shell}$ 结构的趋势。Sobal 等[27]制备了单分散双金属 Ag/Co 复合纳米晶体，通过透射电子显微镜和电子能量损失谱观察到双金属纳米晶体中 Ag 会偏析在表面。

随着计算机技术的发展，CALPHAD、密度泛函理论、分子动力学、蒙特卡罗模拟等计算技术被用来模拟计算材料性能和结构[28-30]。Mendoza-Pérez 等[28]采用分子动力学的技术结合纳米热力学方法，研究了纳米颗粒的尺寸和形状对 Mo-M（M = Nb，Ta 和 W）纳米相图的影响。研究了不同形状纳米颗粒的偏析。近年来，研究者通过蒙特卡罗模拟计算了不同形状的纳米颗粒对于相图的变化，北京化工大学的 Zhao 等[31]运用此方法预测了具有多种多面体形态（四面体、立方体、八面体、截断八面体、立方八面体、十面体、十二面体、斜十二面体和二十面体）的 Ag-Co 纳米合金的相图，在 14 nm 的纳米尺度上，与分子动力学模拟结果吻合良好，但是没有开展对于球形纳米颗粒的研究。此外，CALPHAD 为基于纯物质热力学中的吉布斯自由能表达式和溶液混合特性的相图计算提供了一个强大的工具。最近的研究表明，由于组分的化学势被描述为颗粒大小、组成和温度的函数，CALPHAD 可以应用于二元合金纳米体系[32, 33]。

基于巴特勒（Butler）方程计算出 Au-Co 二元合金体系的表面张力、偏析等性质，结合液滴模型，对不同尺寸的纳米颗粒表面能进行计算。通过对 Nano-CALPHAD 的模型的修正，得到 Au-Co 合金在纳米尺度下吉布斯自由能和纳米颗粒尺寸的关系，构建了纳米体系热力学数据库，结合实验数据对纳米相图进行优化，从而评估了 Au-Co 合金的纳米相图。

### 5.3.1　金-钴纳米颗粒纳米相图与热力学性质计算方法

1. 热力学模型

近年来，对纳米合金进行 CALPHAD 热力学模拟和关键实验数据相结合，成功地应用于 Ag-Cu[34]、Ag-Sn[35]、Au-Cu[36]等纳米合金体系的研究，但是对于颗粒为球形的 Au-Co 合金系统还没有人进行研究。相对于其他多面体等形状，球形比表面积最小，因此表面效应对体系总吉布斯自由能的影响最小，产生相平衡变化最小。对于 Au-Co 合金体系尺寸大于 5.0 nm 的纳米颗粒，在表面能影响下的总吉布斯自由能可表示为

$$G^{\text{total}} = G^{\text{bulk}} + G^{\text{surface}} \tag{5-1}$$

这里的 $G^{\text{total}}$ 是指 Au-Co 纳米合金总吉布斯自由能，$G^{\text{bulk}}$ 和 $G^{\text{surface}}$ 代表块体和表面对于纳米体系的吉布斯自由能贡献量。

Au-Co 块体合金的摩尔吉布斯自由能 $G_{\text{AuCo}}^{\text{bulk}}$ 可以被表示为

$$G_{\text{AuCo}}^{\text{bulk}} = X_{\text{Au}} G_{\text{Au}}^{0} + X_{\text{Co}} G_{\text{Co}}^{0} + RT(X_{\text{Au}} \ln X_{\text{Au}} + X_{\text{Co}} \ln X_{\text{Co}}) + G_{\text{AuCo}}^{\text{Ex, bulk}} \tag{5-2}$$

式（5-2）中，$X_{\text{Au}}$、$X_{\text{Co}}$、$G_{\text{Au}}^{0}$、$G_{\text{Co}}^{0}$ 分别为纯组分 Au、Co 的摩尔分数和标准吉布斯自由能；$R$ 为通用气体常数，8.314 J/(mol·K)；$T$ 是绝对温度；$G_{\text{AuCo}}^{\text{Ex, bulk}}$ 是 Au-Co 系统的过剩吉布斯自由能，用 Redlich-Kister 多项式表示[37]

$$G_{\text{AuCo}}^{\text{Ex, bulk}} = X_{\text{Au}} X_{\text{Co}} \sum L^{v} (X_{\text{Au}} - X_{\text{Co}})^{v} (v = 0, 1, 2, \cdots) \tag{5-3}$$

$$L^{v} = a + bT + cT\ln T + \cdots \tag{5-4}$$

其中，$L^{v}$ 表示式（5-3）中的相互作用参数，被表达为温度和常数 $a$、$b$、$c$ 的函数。当纳米颗粒为球形时，摩尔表面吉布斯自由能 $G_{\text{AuCo}}^{\text{surface}}$ 可以表示为[32]

$$G_{\text{AuCo}}^{\text{surface}} = \frac{2C\sigma_{\text{AuCo}} V_{\text{AuCo}}}{r} \tag{5-5}$$

其中，$r$ 为纳米颗粒的半径；$\sigma_{\text{AugCo}}$、$V_{\text{AuCo}}$ 分别为 Au-Co 合金的表面张力和摩尔体积。

当忽略过量摩尔体积的变化时，Au-Co 合金的摩尔体积可视为各组分 Au 和 Co 体积贡献的总和，即

$$V_{\text{AuCo}} = X_{\text{Au}}V_{\text{Au}} + X_{\text{Co}}V_{\text{Co}} \tag{5-6}$$

其中，$V_{\text{Au}}$ 和 $V_{\text{Co}}$ 分别表示组分 Au 和 Co 的摩尔体积。因此纳米合金体系的吉布斯自由能被表示为

$$G_{\text{AuCo}}^{\text{total}} = X_{\text{Au}}G_{\text{Au}}^{0,\text{ nano}} + X_{\text{Co}}G_{\text{Co}}^{0,\text{ nano}} + RT(X_{\text{Au}}\ln X_{\text{Au}} + X_{\text{Co}}\ln X_{\text{Co}}) + G^{\text{Ex, nano}} \tag{5-7}$$

纳米尺度下 Au 和 Co 的标准吉布斯自由能($G_{\text{Au}}^{0,\text{ nano}}$、$G_{\text{Co}}^{0,\text{ nano}}$)被重新定义为粒径和温度的函数。因此，半径为 $r$ 的纯组元 $i$（Au 或 Co）的化学势为

$$G_i^{0,\text{ nano}} = G_i^0 + \frac{2C\sigma_i V_i}{r} \tag{5-8}$$

式（5-7）中纳米颗粒的过剩吉布斯自由能可以表示为

$$G_{\text{AuCo}}^{\text{Ex, nano}} = G_{\text{AuCo}}^{\text{Ex, nano}} = X_{\text{Au}}X_{\text{Co}}\sum L^{v,\text{ nano}}(X_{\text{Au}} - X_{\text{Co}})^v \, (v = 0,1,2,\cdots) \tag{5-9}$$

其中

$$\begin{aligned}L^{v,\text{ nano}} &= L^{v,\text{ bulk}} + L^{\text{suface}} \\ &= f_1\left(\frac{1}{r}\right) + f_2\left(\frac{1}{r}\right)T + f_3\left(\frac{1}{r}\right)T\ln T + \cdots \\ &= \left(a + \frac{a'}{r}\right) + \left(b + \frac{b'}{r}\right)T + \left(c + \frac{c'}{r}\right)T\ln T + \cdots\end{aligned} \tag{5-10}$$

其中，$a$、$b$、$c$ 是式（5-4）中过剩吉布斯自由能的参数，而 $a'$、$b'$和 $c'$由式（5-11）得到

$$a' + b'T + c'T\ln T + \cdots = 2(\sigma_{\text{AuCo}}V_{\text{AuCo}} - X_{\text{Au}}\sigma_{\text{Au}}V_{\text{Au}} - X_{\text{Co}}\sigma_{\text{Co}}V_{\text{Co}}) \tag{5-11}$$

2. Butler 方程

二元合金体系的表面能取决于其组成，Butler 方程常用于二元金属合金表面性质的计算。根据这个方程，可以根据合金纯组分的表面能、其摩尔面积（体积）和过剩吉布斯自由能来计算此二元合金的表面张力、偏析等。根据 Butler 方程，Au-Co 合金的表面张力 $\sigma_{\text{AuCo}}$ 为[38]

$$\begin{aligned}\sigma_{\text{AuCo}} &= \sigma_{\text{Au}} + \frac{RT}{A_{\text{Au}}}\ln\left(\frac{X_{\text{Au}}^{\text{surface}}}{X_{\text{Au}}^{\text{bulk}}}\right) + \frac{1}{A_{\text{Au}}}\left[G_{\text{Au}}^{\text{Ex, surface}}(T, X_{\text{Au}}^{\text{surface}}) - G_{\text{Au}}^{\text{Ex, bulk}}(T, X_{\text{Au}}^{\text{bulk}})\right] \\ &= \sigma_{\text{Co}} + \frac{RT}{A_{\text{Co}}}\ln\left(\frac{X_{\text{Co}}^{\text{surface}}}{X_{\text{Co}}^{\text{bulk}}}\right) + \frac{1}{A_{\text{Co}}}\left[G_{\text{Co}}^{\text{Ex, surface}}(T, X_{\text{Co}}^{\text{surface}}) - G_{\text{Co}}^{\text{Ex, bulk}}(T, X_{\text{Co}}^{\text{bulk}})\right]\end{aligned} \tag{5-12}$$

其中 $\sigma_{\mathrm{Au}}$ 和 $\sigma_{\mathrm{Co}}$ 分别为纯组分 Au 和 Co 的表面张力。$A_{\mathrm{Au}}$ 和 $A_{\mathrm{Co}}$ 是 Au-Co 二元体系中不同组分的摩尔表面积，对于金属组分 $i$，摩尔面积 $A_i$ 计算为

$$A_i = 1.091 N_0^{\frac{1}{3}} V_i^{\frac{2}{3}} \tag{5-13}$$

式（5-13）[39]中，$N_0$ 和 $V_i$ 分别代表组分 $i$ 的阿伏伽德罗常数和摩尔体积。$G_{\mathrm{Au}}^{\mathrm{Ex,\,surface}}(T, X_{\mathrm{Au}}^{\mathrm{surface}})$、$G_{\mathrm{Au}}^{\mathrm{Ex,\,bulk}}\left(T, X_{\mathrm{Au}}^{\mathrm{bulk}}\right)$、$G_{\mathrm{Co}}^{\mathrm{Ex,\,surface}}(T, X_{\mathrm{Co}}^{\mathrm{surface}})$ 和 $G_{\mathrm{Co}}^{\mathrm{Ex,\,bulk}}(T, X_{\mathrm{Co}}^{\mathrm{bulk}})$ 为组分 Au、Co 相对于表面相块体的剩余吉布斯自由能。如式（5-14）所示，Yeum 等[40]定义了组分 $i$ 的 $G_i^{\mathrm{Ex,\,surface}}(T, X_i^{\mathrm{surface}})$ 和 $G_i^{\mathrm{Ex,\,bulk}}(T, X_i^{\mathrm{bulk}})$ 之间的关系。

$$G_i^{\mathrm{Ex,\,surface}}(T, X_i^{\mathrm{surface}}) = \beta G_i^{\mathrm{Ex,\,bulk}}(T, X_i^{\mathrm{bulk}}) \tag{5-14}$$

一般情况下，$\beta$ 由表面和体相的配位数比值表示。液相 $\beta$ 值为 0.85，固相 $\beta$ 值为 0.84[41]。

对于球形 Au-Co 纳米颗粒，根据液滴模型表面能 $\sigma$ 为[42]

$$\sigma = \sigma_{\mathrm{AuCo}}(1 - 2c\delta_{\mathrm{AuCo}} / r) \tag{5-15}$$

式中，$\sigma$ 为纳米合金的表面能，$c$ 为形状因子，$\delta_{\mathrm{AB}}$ 为合金组分的 Tolman 长度与成分的函数，由式（5-16）确定。

$$\delta_{\mathrm{AuCo}} = X_{\mathrm{Au}}\delta_{\mathrm{Au}} + X_{\mathrm{Co}}\delta_{\mathrm{Co}} \tag{5-16}$$

Nanda 测定的 Au 和 Co 的 Tolman 长度的值分别为 0.282 和 0.235[42]。

## 5.3.2 金-钴纳米颗粒纳米相图

1. Au、Co 及合金热力学相关数据

基于上述计算模型需要对金属 Au、Co 及合金的热力学相关数据进行汇总，汇总结果如表 5-3 所示。

**表 5-3　Au、Co 的热物理性数据和合金过剩吉布斯自由能汇总**

| 性质 | 公式 | 文献 |
|---|---|---|
| 表面张力 | $\sigma_{\mathrm{Au}}^{\mathrm{solid}} = 1.947 - 4.3\times10^{-4}\times T$ | [43] |
| | $\sigma_{\mathrm{Au}}^{\mathrm{liquid}} = 1.33 - 1.4\times10^{-4}\times T$ | [43] |
| | $\sigma_{\mathrm{Co}}^{\mathrm{solid}} = 2.55 - 2\times10^{-4}\times T$ | [44] |
| | $\sigma_{\mathrm{Co}}^{\mathrm{liquid}} = 2.514 - 3.3\times10^{-4}\times T$ | [45] |

续表

| 性质 | 公式 | 文献 |
| --- | --- | --- |
| 摩尔体积 | $V_{\text{Au}}^{\text{solid}} = 1.00902\times10^{-5} + 3.9293\times10^{-10}\times T + 7.6657\times10^{-14}\times T^2$ | [46] |
| | $V_{\text{Au}}^{\text{liquid}} = 1.02582\times10^{-5} + 7.797\times10^{-10}\times T$ | [47] |
| | $V_{\text{Co,FCC}}^{\text{solid}} = 6.64\times10^{-6} + 1.65\times10^{-10}\times T + 9.0987\times10^{-14}\times T^2$ | [46] |
| | $V_{\text{Co,HCP}}^{\text{solid}} = 6.6049\times10^{-6} + 2.31921\times10^{-10}\times T$ | [46] |
| | $V_{\text{Co}}^{\text{liquid}} = 6.64\times10^{-6} - 3.63\times10^{-10}\times T + 1.16\times10^{-13}\times T^2$ | [48] |
| 过剩吉布斯自由能 | $G_{\text{HCP}}^{\text{Ex,solid}} = X_{\text{Au}}X_{\text{Co}}\times[(31876.94-4.16399\times T)+(2149.78-10.02798\times T)\times(X_{\text{Au}}-X_{\text{Co}})-1117.93\times(X_{\text{Au}}-X_{\text{Co}})^2]$ | [21] |
| | $G_{\text{FCC}}^{\text{Ex,solid}} = X_{\text{Au}}X_{\text{Co}}\times30000$ | [21] |
| | $G^{\text{Ex,liquid}} = X_{\text{Au}}X_{\text{Co}}\times[(18493.31-2.00847\times T)-(825.79+3.33314\times T)\times(X_{\text{Au}}-X_{\text{Co}})-2178.1\times(X_{\text{Au}}-X_{\text{Co}})^2]$ | [21] |

2. Au-Co 纳米合金热力学数据库

通过热力学模型计算，在此基础上，重新计算了块体 Au-Co 体系中相的标准吉布斯自由能和过剩吉布斯自由能。将纳米体系相的吉布斯自由能描述为颗粒尺寸、温度和成分的函数，得到了颗粒尺寸对二元纳米合金相变温度的影响。基于 SGTE 热力学数据库[49]和文献调研和关键实验结果，热力学优化后的 Au、Co 及 Au-Co 纳米合金的吉布斯自由能和固液相的相互作用参数[55, 56]，汇总如表 5-4 所示。

**表 5-4　Au、Co 及 Au-Co 纳米合金的吉布斯自由能和固液相的过剩吉布斯自由能**

| Au |
| --- |
| 298.15～929.40 K |
| $G_{\text{Au}}^{0,\text{solid}} = \left(-6938.856+\dfrac{4.1256\times10^{-5}}{r}\right)+\left(106.830098-\dfrac{7.505\times10^{-9}}{r}\right)\times T-22.75455\times T\ln T-\left(3.85924\times10^{-3}+\dfrac{4.1387\times10^{-14}}{r}\right)\times T^2+\left(3.79625\times10^{-7}+\dfrac{6.922\times10^{-17}}{r}\right)\times T^3-25097\times T^{-1}$ |
| $G_{\text{Au}}^{0,\text{liquid}} = \left(5613.144+\dfrac{2.9225\times10^{-5}}{r}\right)+\left(97.444232-\dfrac{7.984\times10^{-10}}{r}\right)\times T-22.75455\times T\times\ln T-\left(3.85924\times10^{-3}+\dfrac{2.18\times10^{-13}}{r}\right)\times T^2+0.379625\times10^{-6}\times T^3-25097\times T^{-1}$ |

续表

| Au |
| --- |
| 929.40～1337.33 K |
| $G_{\text{Au}}^{0,\text{solid}}=\left(-93586.481+\frac{4.1256\times10^{-5}}{r}\right)+\left(1021.69543-\frac{7.505\times10^{-9}}{r}\right)\times T-155.7067449\times T\times\ln T+\left(87.56015\times10^{-3}-\frac{4.1387\times10^{-14}}{r}\right)\times T^2-\left(11.518713\times10^{-6}+\frac{6.922\times10^{-17}}{r}\right)\times T^3+10637210\times T^{-1}$ |
| $G_{\text{Au}}^{0,\text{liquid}}=\left(-81034.481+\frac{2.9225\times10^{-5}}{r}\right)+\left(1012.309564-\frac{7.984\times10^{-10}}{r}\right)\times T-155.7067449\times T\times\ln T-\left(87.56015\times10^{-3}+\frac{2.18\times10^{-13}}{r}\right)\times T^2-11.518713\times10^{-6}\times T^3+67999832\times T^{-1}$ |
| 1337.3～1735.8 K |
| $G_{\text{Au}}^{0,\text{solid}}=\left(314067.827+\frac{4.1256\times10^{-5}}{r}\right)-\left(2016.378254+\frac{7.505\times10^{-9}}{r}\right)\times T+263.2522595\times T\times\ln T-\left(118.216828\times10^{-3}+\frac{4.1387\times10^{-14}}{r}\right)\times T^2+\left(8.923844\times10^{-6}-\frac{6.922\times10^{-17}}{r}\right)\times T^3-67999832\times T^{-1}$ |
| $G_{\text{Au}}^{0,\text{liquid}}=\left(326619.829+\frac{2.9225\times10^{-5}}{r}\right)-\left(2025.76412+\frac{7.984\times10^{-10}}{r}\right)\times T+263.2522592\times T\times T\times\ln T-\left(118.216828\times10^{-3}+\frac{2.18\times10^{-13}}{r}\right)\times T^2+8.923844\times10^{-6}\times T^3-67999832\times T^{-1}$ |
| 1735.80～3200.00 K |
| $G_{\text{Au}}^{0,\text{solid}}=\left(-12133.783+\frac{4.1256\times10^{-5}}{r}\right)+\left(165.272524+\frac{7.505\times10^{-9}}{r}\right)\times T-30.9616\times T\times\ln T-\frac{4.1387\times10^{-14}}{r}\times T^2-\frac{6.922\times10^{-17}}{r}\times T^3$ |
| $G_{\text{Au}}^{0,\text{liquid}}=\left(418.217+\frac{2.9225\times10^{-5}}{r}\right)+\left(155.886658-\frac{7.984\times10^{-10}}{r}\right)\times T-30.9616\times T\times\ln T-\frac{2.18\times10^{-13}}{r}\times T^2$ |
| **Co** |
| 298.15～1768.00 K |
| $G_{\text{Co, FCC}}^{0,\text{solid}}=\left(737.832+\frac{3.316712\times10^{-5}}{r}\right)+\left(132.750762-\frac{1.7782\times10^{-9}}{r}\right)\times T-25.0861\times T\times\ln T-\left(2.6547387\times10^{-3}+\frac{3.90074\times10^{-13}}{r}\right)\times T^2-\left(1.7348\times10^{-7}+\frac{3.56669\times10^{-17}}{r}\right)\times T^3-72526.9\times T^{-1}$ |
| $G_{\text{Co, HCP}}^{0,\text{solid}}=\left(310.241+\frac{3.30113\times10^{-5}}{r}\right)+\left(133.36601-\frac{1.429985\times10^{-9}}{r}\right)\times T-25.0861\times T\times\ln T-\left(2.6547387\times10^{-3}+\frac{9.09125\times10^{-14}}{r}\right)\times T^2-1.7348\times10^{-7}\times T^3-72526.9\times T^{-1}$ |
| $G_{\text{Co}}^{0,\text{liquid}}=\left(15395.278+\frac{3.33793\times10^{-5}}{r}\right)+\left(124.434078-\frac{6.2072\times10^{-9}}{r}\right)\times T-\left(2.6547387\times10^{-3}+\frac{8.227\times10^{-13}}{r}\right)\times T^2-\left(1.7348\times10^{-7}+\frac{7.656\times10^{-17}}{r}\right)\times T^3-72526.9\times T^{-1}-2.198\times10^{-21}\times T^7-25.0861\times T\times\ln T$ |

续表

| Co |
| --- |
| 1768.00～6000.00 K |
| $G_{\text{Co, FCC}}^{0,\text{solid}}=\left(-16770.075+\frac{3.316712\times10^{-5}}{r}\right)+\left(252.668487-\frac{1.7782\times10^{-9}}{r}\right)\times T-40.5\times T\times\ln T+\frac{3.90074\times10^{-13}}{r}\times T^2-\left(\frac{3.56669\times10^{-17}}{r}\right)\times T^3+9.348\times10^{30}\times T^{-9}$ |
| $G_{\text{Co}}^{0,\text{liquid}}=\left(-846.61+\frac{3.33793\times10^{-5}}{r}\right)+\left(243.59994-\frac{6.2072\times10^{-9}}{r}\right)\times T-40.5\times T\times\ln T+\frac{8.227\times10^{-13}}{r}\times T^2+\frac{7.656\times10^{-17}}{r}\times T^3$ |
| $G_{\text{Co, HCP}}^{0,\text{solid}}=\left(310.241+\frac{3.30113\times10^{-5}}{r}\right)+\left(133.36601-\frac{1.429985\times10^{-9}}{r}\right)\times T-25.0861\times T\times\ln T-\left(2.6547387\times10^{-3}+\frac{9.09125\times10^{-14}}{r}\right)\times T^2-1.7348\times10^{-7}\times T^3-72526.9\times T^{-1}$ |
| 过剩吉布斯自由能 |
| $G_{\text{FCC}}^{\text{Ex, nano, solid}}=X_{\text{Au}}X_{\text{Co}}\times\left\{\begin{array}{l}\left[\left(31876.94+\frac{3\times10^{-6}}{r}\right)-\left(4.16399-\frac{3.19164\times10^{-10}}{r}\right)\times T\right]+\\ \left[\left(2149.78-\frac{3.9175\times10^{-7}}{r}\right)-\left(10.02798-\frac{2.07965\times10^{-9}}{r}\right)\times T\right]\times(X_{\text{Au}}-X_{\text{Co}})+\\ \left(-1117.93-\frac{2.2105\times10^{-6}}{r}\right)\times(X_{\text{Au}}-X_{\text{Co}})^2\end{array}\right\}$ |
| $G^{\text{Ex, nano, liquid}}=X_{\text{Au}}X_{\text{Co}}\times\left\{\begin{array}{l}\left[\left(1849.31+\frac{4.40705\times10^{-5}}{r}\right)-\left(2.00847-\frac{1.3377\times10^{-9}}{r}\right)\times T\right]+\\ \left[\left(-825.79-\frac{2.7185\times10^{-6}}{r}\right)-\left(3.33314-\frac{8.6645\times10^{-9}}{r}\right)\times T\right]\times(X_{\text{Au}}-X_{\text{Co}})+\\ \left(-2178.1-\frac{1.571\times10^{-6}}{r}\right)\times(X_{\text{Au}}-X_{\text{Co}})^2\end{array}\right\}$ |
| $G_{\text{HCP}}^{\text{Ex, nano, solid}}=X_{\text{Au}}X_{\text{Co}}\times\left[\left(30000+\frac{2.966\times10^{-5}}{r}\right)-\frac{2.95997\times10^{-9}}{r}\times T\right]$ |

### 3. Au-Co 纳米相图

根据优化后的热力学数据库，可计算得到如图 5-12 所示的不同纳米尺度下的 Au-Co 纳米相图[50, 51]。

图 5-12（a）分别是半径为 8.83 nm、10.20 nm 和 14.30 nm 的 Au-Co 纳米相图和体相图。首先发现纳米相图中随着尺寸的降低，共晶点会向 Au（合金中熔点低的元素）的方向发生移动，这一规律符合 Lee 等[53]的预测，同时 Ag-Cu 纳米相图也发现同样的变化[34]。此外，8.83 nm、10.20 nm 和 14.30 nm 的 Au-Co 纳米颗粒计算的共晶反应温度依次为 1197.42 K、1207.64 K 和 1224.15 K，合金的

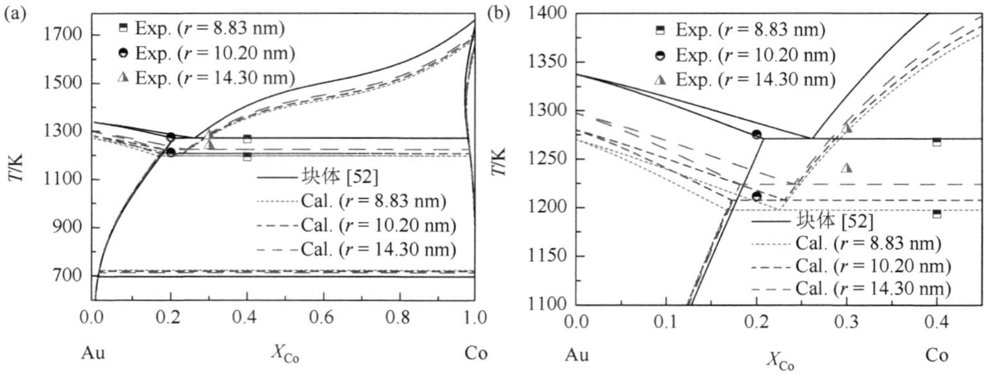


图 5-12　(a)不同粒径下的 Au-Co 纳米相图与 DSC 实验结果，(b)富金区 Au-Co 纳米相图[50, 51]

固液相转变温度随着尺寸的减小而降低。与 DSC 得到的熔化温度进行对比，可以看出计算结果与实验结果吻合较好。在优化的纳米 Au-Co 相图中，共析反应发生 ($\alpha$Co $\leftrightarrow$ Au + $\varepsilon$Co) 在 723.9 K（8.83 nm）、720.1 K（10.20 nm）和 713.33 K（14.30 nm），但在 DSC 中没有发生明显的吸热效应信号，可能是由于纳米颗粒中 Co 在室温下的晶体结构为 FCC，且在加热过程中与 Au 之间没有相变。从图 5-12（b）可以看出，当合金半径从 14.30 nm 减小到 8.83 nm 时，Co 在 Au（FCC）中的最大溶解度从 18.08%下降到 16.6%，这是由于原子迁移率升高，更小的纳米颗粒比表面积增加位错缺陷，因此原子更有可能迁移[54]。

### 5.3.3　金-钴纳米颗粒热力学性质

1. *活度*

合金的热力学参数影响着工艺开发、过程优化及应用等方面，因此研究合金的热力学性质研究也是必不可少的。根据热力学关系中过剩吉布斯自由能与混合焓、过剩熵之间的关系，通过热力学软件可以计算出合金关于成分的活度。图 5-13（a）计算了 Au-Co 合金在 1150 K 和 1573 K 的合金活度，可以看出本章工作与 Taskinen[55]和 Mader 等[56]的实验值偏差很小，表明计算模型的准确性。分别计算了粒径为 8.83 nm、10.20 nm 和 14.30 nm 的 Au-Co 纳米颗粒的活度，图 5-13（b）所示，与块体相比从插图可以发现在同一合金成分下粒径的减小会造成活度的降低，主要体现在当 Co 含量大于 40%这个区间内，也表明在纳米尺度下，Co 的含量对于活度也存在一定影响。

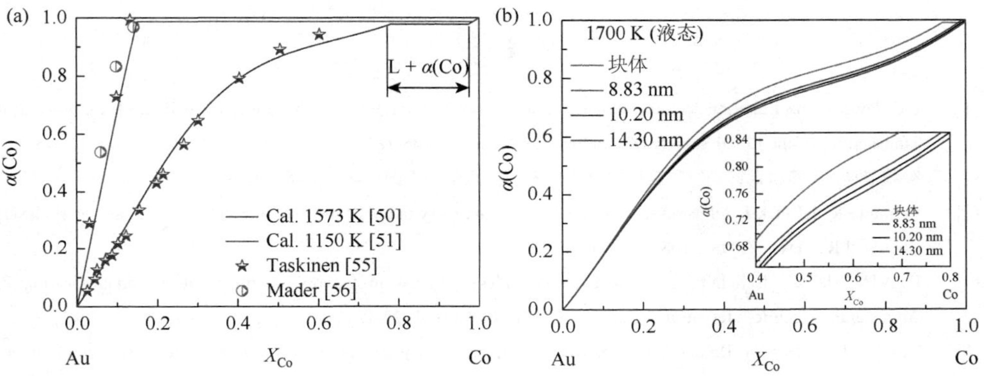


图 5-13　（a）Au-Co 合金在 1150 K 和 1573 K 下的活度计算，（b）1700 K 时 Au-Co 纳米颗粒不同粒径下的活度[50, 51]（后附彩图）

2. 热焓与混合焓

通过热力学模型计算块体和粒径为 14.30 nm、10.20 nm、8.83 nm 的 Au-Co 合金系统在 500～2000 K 的热焓，如图 5-14（a）所示。可以看出纳米颗粒的热焓曲线都出现一个缺口，分别为 1270.9 K、1224.15 K、1207.64 K 和 1197.42 K，是 Au-Co 纳米颗粒在对应粒径的熔化温度，纳米颗粒在熔化时会发生一个等温相变，而在此温度下焓的差值则为纳米颗粒的相变焓。XZ 面的投影则反映出不同粒径纳米颗粒系统的热焓变化，可以看出随着粒径的减小，跃迁的缺口呈现变小的规律，可以得出粒径越小的纳米相图的固液两相区越小。5-14（b）为计算了 Au-Co 纳米颗粒在不同半径下的混合焓，可以看出随着粒径的减小，Au-Co 纳米合金体系的混合焓降低[51]。

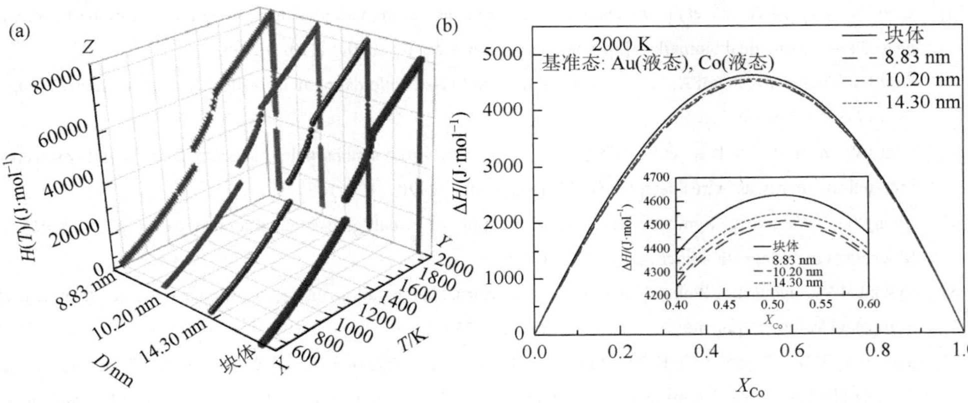


图 5-14　Au-Co 合金及不同粒径下纳米颗粒的热焓与混合焓计算

# 参 考 文 献


[1] Faraday M. The Bakerian lecture：experimental relations of gold（and other metals）to light[J]. Philosophical Transactions of the Royal Society of London，1857，147：145-181.

[2] 高魏梦佳. 黑漆古铜镜表面防腐层的科技研究[D]. 北京：中国科学院大学，2009.

[3] Ferrando R，Jellinek J，Johnston R L. Nanoalloys：from theory to applications of alloy clusters and nanoparticles[J]. Chemical Reviews，2008，108（3）：845-910.

[4] Lu A H，Salabas E L，Schüth F. Magnetic nanoparticles：synthesis，protection，functionalization，and application[J]. Angewandte Chemie International Edition，2007，46（8）：1222-1244.

[5] Di P C，D'Agosta R，Baletto F. Geometrical effects on the magnetic properties of nanoparticles[J]. Nano Letters，2016，16（4）：2885-2889.

[6] Yang F，Deng D，Pan X，et al. Understanding nano effects in catalysis[J]. National Science Review，2015，2（2）：183-201.

[7] Perrin A E，Schuh C A. Stabilized nanocrystalline alloys：the intersection of grain boundary segregation with processing science[J]. Annual Review of Materials Research，2021，51：241-268.

[8] Freestone I，Meeks N，Sax M，et al. The lycurgus cup-a roman nanotechnology[J]. Gold Bulletin，2007，40（4）：270-277.

[9] Zhao H，Cui H J，Fu M L. A general and facile method for improving carbon coat on magnetic nanoparticles with a thickness control[J]. Journal of Colloid and Interface Science，2016，461：20-24.

[10] Ow H，Larson D R，Srivastava M，et al. Bright and stable core-shell fluorescent silica nanoparticles[J]. Nano Letters，2005，5（1）：113-117.

[11] Liu Y，Tang Z. Multifunctional nanoparticle@MOF core-shell nanostructures[J]. Advanced Materials，2013，25（40）：5819-5825.

[12] Kosari M，Borgna A，Zeng H C. Transformation of Stöber silica spheres to hollow nanocatalysts[J]. ChemNanoMat，2020，6（6）：889-906.

[13] Su T，Xiao H，Shen W，et al. Nonlinear size-dependent melting of silica-encapsulated Ag-Cu alloy nanoparticles[J]. The Journal of Physical Chemistry C，2018，122（48）：27761-27768.

[14] Lian X，Feng Z，Tan R，et al. Direct electrochemiluminescent immunosensing for an early indication of coronary heart disease using dual biomarkers[J]. Analytica Chimica Acta，2020，1110：82-89.

[15] Graf C，Vossen D，Imhof A，et al. A general method to coat colloidal particles with silica[J]. Langmuir，2003，19（17）：6693-6700.

[16] Kim J W，Kim M，Lee K K，et al. Effects of graphene oxide-gold nanoparticles nanocomposite on highly sensitive foot-and-mouth disease virus detection[J]. Nanomaterials，2020，10（10）：1921.

[17] Cheng G，Walker A. Synthesis and characterization of cobalt/gold bimetallic nanoparticles[J]. Journal of Magnetism and Magnetic Materials，2007，311（1）：31-35.

[18] Vykoukal V，Sopoušek J，Pinkas J，et al. Ag-Cu nanoparticle preparation，characterisation and thermal treatment[J]. European Urology Supplements，2014，4（3）：248-255.

[19] Samsonov V M，Talyzin I V，Kartoshkin A，et al. Surface segregation in binary Cu-Ni and Au-Co nanoalloys and the core-shell structure stability/instability：thermodynamic and atomistic simulations[J]. Applied Nanoscience，2018，9（1）：119-133.

[20] Wu X，Liu Q，Sun Y，et al. Structural characterization of metal dopants（M = Ag or Au）in trimetallic M-Pd-Pt clusters[J]. RSC Advances，2015，5（63）：51142-51148.

[21] Dong H Q，Jin S，Zhang L G，et al. Thermodynamic assessment of the Au-Co-Sn ternary system[J]. Journal of Electronic Materials，2009，38（10）：2158-2169.

[22] Wang B X，Zhou L P，Peng X F. Surface and size effects on the specific heat capacity of nanoparticles[J]. International Journal of Thermophysics，2006，27（1）：139-151.

[23] Golovnev I，Golovneva E. A study of the radius dependence of thermodynamic parameters for metal nanospheres[J]. Physical Mesomechanics，2020，23（3）：189-192.

[24] Train C，Nývlt M，Bartenlian B，et al. Spectroscopic evidence of Au/Co segregation in a $Au_{50}Co_{50}$ cover layer deposited on Co（001）/Au（111）with perpendicular anisotropy[J]. Journal of Magnetism and Magnetic Materials，1997，165（1-3）：417-420.

[25] Bhattarai N，Casillas G，Khanal S，et al. Structure and composition of Au/Co magneto-plasmonic nanoparticles[J]. MRS Communications，2013，3（3）：177-183.

[26] Sato K，Matsushima Y，Konno T J. Surface-segregation-induced phase separation in epitaxial Au/Co nanoparticles：formation and stability of core-shell structures[J]. AIP Advances，2017，7（6）：065309.

[27] Sobal N S，Hilgendorff M，Moehwald H，et al. Synthesis and structure of colloidal bimetallic nanocrystals：the non-alloying system Ag/Co[J]. Nano Letters，2002，2（6）：621-624.

[28] Mendoza-Pérez R，Muhl S. Phase diagrams of refractory bimetallic nanoalloys[J]. Journal of Nanoparticle Research，2020，22（10）：1-15.

[29] Atanasov I，Ferrando R，Johnston R L. Structure and solid solution properties of Cu-Ag nanoalloys[J]. Journal of Physics：Condensed Matter，2014，26（27）：275301.

[30] Sopousek J，Vrestal J，Pinkas J，et al. Cu-Ni nanoalloy phase diagram-prediction and experiment[J]. Calphad，2014，45：33-39.

[31] Zhao Z，Fisher A，Cheng D. Phase diagram and segregation of Ag-Co nanoalloys：insights from theory and simulation[J]. Nanotechnology，2016，27（11）：115702.

[32] Lee J，Sim K J. General equations of CALPHAD-type thermodynamic description for metallic nanoparticle systems[J]. Calphad，2014，44：129-132.

[33] Eichhammer Y，Roeck J，Moelans N，et al. Calculation of the Au-Ge phase diagram for nanoparticles[J]. Archives of Metallurgy and Materials，2008，53（4）：1133-1139.

[34] Chu M，Qin Y，Xiao T，et al. Thermodynamic reassessment of the Ag-Cu phase diagram at nano-scale[J]. Calphad，2021，72：102233.

[35] Sim K，Lee J. Phase stability of Ag-Sn alloy nanoparticles[J]. Journal of Alloys and Compounds，2014，590：140-146.

[36] Chu M，Zhang C，Liang X，et al. Melting and phase diagram of Au-Cu alloy at nanoscale[J]. Journal of Alloys and Compounds，2022，891：162029.

[37] Redlich O，Kister A. Algebraic representation of thermodynamic properties and the classification of solutions[J]. Industrial & Engineering Chemistry，1948，40（2）：345-348.

[38] Butler J A V. The thermodynamics of the surfaces of solutions[J]. Proceedings of the Royal Society of London. Series A，Containing Papers of a Mathematical and Physical Character，1932，135（827）：348-375.

[39] Tanaka T，Hack K，Iida T，et al. Application of thermodynamic databases to the evaluation of surface tensions of molten alloys，salt mixtures and oxide mixtures[J]. Zeitschrift für Metallkunde，1996，87（5）：380-389.

[40] Yeum K，Speiser R，Poirier D R. Estimation of the surface tensions of binary liquid alloys[J]. Metallurgical Transactions B，1989，20（5）：693-703.

[41] Park J，Lee J. Phase diagram reassessment of Ag-Au system including size effect[J]. Calphad，2008，32（1）：135-141.

[42] Nanda K K. Liquid-drop model for the surface energy of nanoparticles[J]. Physics Letters A，2012，376（19）：1647-1649.

[43] Lee J，Nakamoto M，Tanaka T. Thermodynamic study on the melting of nanometer-sized gold particles on graphite substrate[J]. Journal of Materials Science，2005，40（9）：2167-2171.

[44] Alonso J A，March N H. Electrons in metals and alloys[M]. London：Academic Press Limited，1989.

[45] Yao W，Han X，Chen M，et al. Surface tension of undercooled liquid cobalt[J]. Journal of Physics：Condensed Matter，2002，14（32）：7479-7485.

[46] Lu X G，Selleby M，Sundman B. Assessments of molar volume and thermal expansion for selected bcc，fcc and hcp metallic elements[J]. Calphad，2005，29（1）：68-89.

[47] Iida T，Guthrie R. The physical properties of liquid metals[M]. Oxford：Clarendon Press，1993.

[48] Wang H P，Wei B. Thermophysical properties and structure of stable and metastable liquid cobalt[J]. Physics Letters A，2010，374（8）：1083-1087.

[49] Dinsdale A T. SGTE data for pure elements[J]. Calphad，1991，15（4）：317-425.

[50] Zhang C，Wan Y，Liang X H，et al. Melting and phase diagram of Au-Co alloy at nanoscale by thermodynamic modeling and key experiments[J]. Calphad，2022，78：102438.

[51] 张聪.（Au，Ag）-Co 纳米合金热力学性质及电化学性能研究[D]. 桂林：桂林电子科技大学，2022.

[52] Dong H Q，Jin S，Zhang L G，et al. Thermodynamic assessment of the Au-Co-Sn ternary system[J]. Journal of Electronic Materials，2009，38（10）：2158-2169.

[53] Lee J，Park J，Tanaka T. Effects of interaction parameters and melting points of pure metals on the phase diagrams of the binary alloy nanoparticle systems：a classical approach based on the regular solution model[J]. Calphad，2009，33（2）：377-381.

[54] Lee J G，Mori H. Solid solubility in isolated nanometer-sized alloy particles in the Sn-Pb system[J]. The European Physical Journal D，2005，34（1）：227-230.

[55] Taskinen P. Activities and phase equilibria in Au-Co alloys at 1073-1673 K[J]. Scandinavian Journal of Metallurgy，1984，13（1）：39-45.

[56] Mader S，Nowick A. Metastable evaporated thin films of Cu-Ag and Co-Au alloys—II kinetics of the transformations[J]. Acta Metallurgica，1967，15（2）：215-222.

# 第 6 章 银-铜纳米颗粒制备、熔化及热力学性质

由于银合金纳米颗粒尺寸的微小化变化，表面积与体积之比增加，表面效应和小尺寸效应增强，使纳米颗粒各方面显现出既不同于宏观物体，也不同于单个原子的特殊的电性能[1]、磁性能[2]、光性能[3]、催化性能[4]、热力学性质[5]、溶解度[6]以及热稳定性能[7]。在银合金纳米颗粒的这些优异性能中，关系到银合金纳米颗粒使用温度范围的热稳定性能显得尤其重要，而它本质上是由纳米颗粒的热力学性质决定的。因此，研究银合金纳米颗粒的相稳定性和相应的热力学性质具有重要的理论意义和实际价值。

$SiO_2$无机材料日益受到人们的重视，特别是由于单分散$SiO_2$颗粒球形度规整，表面可以富含羟基，容易加工制备一些中空材料和负载纳米金属，因此备受人们的青睐。$SiO_2$颗粒表面经过硅烷偶联剂的功能化后，可以制备出以$SiO_2$为壳，纳米金属为核的核壳结构的纳米复合材料，而且$SiO_2$壳很容易制备成多孔状的，在吸附、分离和催化方面具有广阔的应用前景[8]。

为了获得稳定相的 Ag-Cu 纳米颗粒，以便对 Ag-Cu 纳米颗粒的热力学进行研究，本章采用液相化学还原法制备 Ag-Cu 纳米颗粒，然后利用 $Na_2SiO_3$ 作为 $SiO_2$ 的来源，对形成的纳米颗粒进行物理包覆，采用紫外-可见分光光度计、透射电子显微镜、差示扫描量热仪对其光学特性、形貌尺寸及其熔化温度进行表征和测定。

## 6.1 银-铜纳米颗粒制备与表征

### 6.1.1 银-铜纳米颗粒制备原材料与设备

试剂：硝酸银粉末（$AgNO_3$，99.9999%，Aldrich），无水硫酸铜粉末（$CuSO_4$，Aldrich），3-氨丙基三甲氧基硅烷（APS，97%，Aldrich），硅酸钠溶液（$Na_2SiO_4$，质量分数≥27%的 $SiO_2$，Sigma-Aldrich），柠檬酸三钠（99.0%，Sigma-Aldrich），硼氢化钠（$NaBH_4$，≥99%，Fluka），无水乙醇，去离子水，等等。

设备：采用上海元析仪器有限公司的 UV-6000PC 型紫外-可见分光光度计测试样品的吸光度；采用高分辨透射电子显微镜（HR-TEM）观察纳米颗粒形貌尺寸；采用湖南星科公司的 TGL-16G-B 型高速离心机将颗粒从溶液中分离。

### 6.1.2　银-铜纳米颗粒制备方法

1. 制备方法

采用化学还原法制备了 Ag-Cu 纳米颗粒，并用 Stöber 物理法在合金表面包覆一层 $SiO_2$ 形成核壳结构的纳米颗粒的实验步骤如下，图 6-1 为反应过程离子转化示意图。

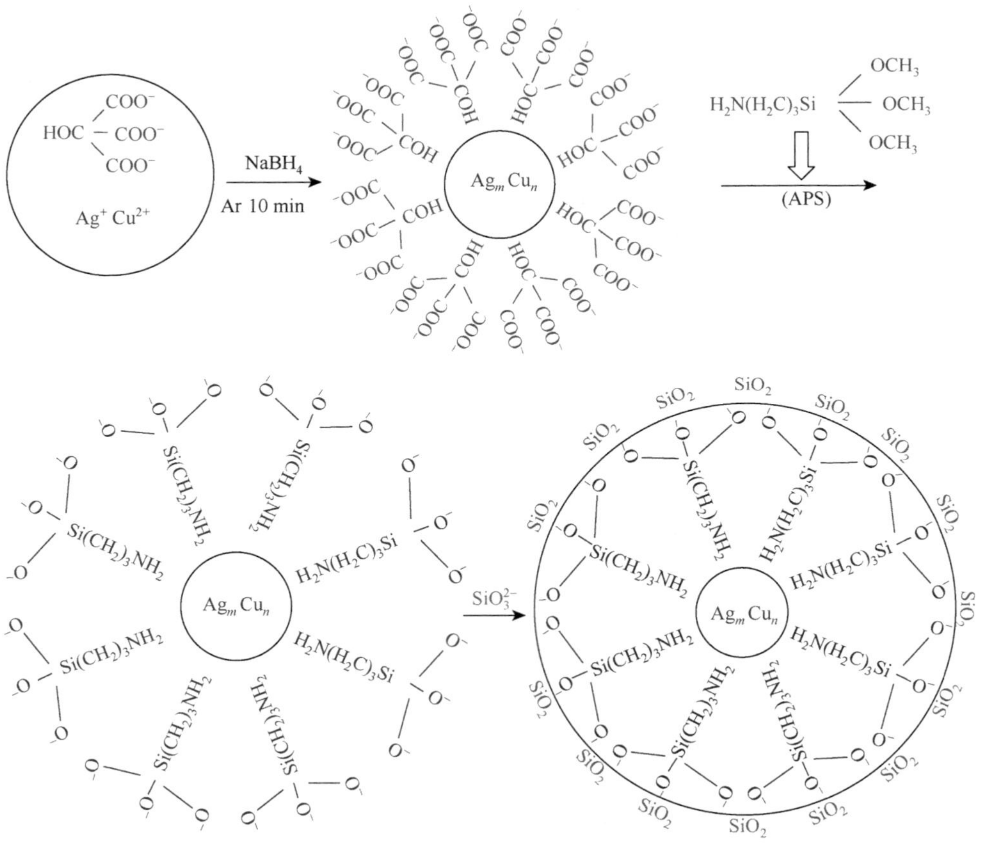


图 6-1　包覆 Ag-Cu 纳米颗粒制备实验过程的离子转化示意图

（1）用电子天平准确称量 $AgNO_3$ 粉末，然后加入去离子水溶解，配制出 100 mL 0.01 mol/L 的 $AgNO_3$ 溶液放入棕色容量瓶中备用，用同样方法配制出 100 mL 的 0.01 mol/L 的 $CuSO_4$ 溶液放入白色容量瓶中备用。

（2）按照设定的 Ag 离子和 Cu 离子的比例从配制好的溶液中取出适量的溶液

进行混合，加入去离子水稀释，并加入质量分数 1%的柠檬酸三钠溶液 3 mL 作为稳定剂，最终配制出 100 mL 混合溶液。

（3）给配制好的混合溶液加热至沸腾（同时搅拌），再通入 10 min 一定流量的氩气到混合溶液中（同时快速水冷并搅拌），当混合溶液的温度降低至室温以后，调慢搅拌速度，一次性地将现配的 3 mL 浓度 1 mmol/L 的 $NaBH_4$ 溶液迅速加到混合溶液中，使还原剂快速还原金属离子，当溶液的颜色均匀以后停止搅拌。

（4）将溶液静置 1 h，打开搅拌器缓慢搅拌溶液，加入 0.1 mL 浓度为 1 mmol/L 的 3-氨丙基三甲氧基硅烷（APS）溶液（现配），搅拌均匀后停止搅拌。

（5）将混合溶液再次静置 15 min 后，再次打开搅拌器调整搅拌速度，缓慢加入 2 mL 二氧化硅的质量分数为 0.54%的 $Na_2SiO_3$ 溶液（实验前用氢型阳离子交换树脂将溶液的 pH 调节到 10.5），数分钟后停止搅拌，将溶液密封避光保存不少于 4 d。

（6）用高速离心机（6000～9000 r/min）将溶液中金属纳米颗粒分离出来，并用去离子和无水乙醇洗涤数遍，然后在室温下真空干燥，即可得到黑色的粉体样品。

2. 实验的注意事项

（1）实验的整个过程中所用到的玻璃仪器，全部要用浓盐酸和浓硝酸体积比为 3∶1 配制的王水反复清洗，再用去离子水冲洗干净，并烘干备用。因为混合溶液的浓度很低，纳米颗粒的粒径很小活性很高，当溶液中混有其他杂质的时候很容易发生纳米颗粒的团聚现象。

（2）整个实验过程中用到的 $NaBH_4$ 溶液、APS 溶液以及 $Na_2SiO_3$ 溶液要现配现用。$NaBH_4$ 是一种高效还原剂，很容易潮解，一般成粉末状在阴暗处密封保存，$NaBH_4$ 遇水很容易发生反应，并放出很多氢气，长期放置的 $NaBH_4$ 溶液会失去还原性；3-氨丙基三甲氧基硅烷（APS）溶液是一种高效的表面剂，溶于水以后能够生成一种黏性的二氧化硅贴在纳米颗粒表面，配制出的溶液若长期不用，生成的黏性的二氧化硅会沉淀下来，失去作用；$Na_2SiO_3$ 溶液很容易发生水解反应，释放出 $SiO_2$，长期放置的 $Na_2SiO_3$ 水溶液会产生 $SiO_2$ 沉淀。

（3）$Na_2SiO_3$ 溶液是 $SiO_2$ 的来源，刚配制的 $SiO_2$ 质量分数为 0.54%的 $Na_2SiO_3$ 溶液的 pH 为 11 左右，为了较快地获得 $SiO_2$，就要打破 $Na_2SiO_3$ 的水解平衡（降低 pH），因此用氢型阳离子交换树脂将溶液 pH 调到 10～10.5 非常关键，如果将 pH 调得更低，水解出 $SiO_2$ 太快，不容易让其在纳米颗粒表面沉淀下来。图 6-2 为离子交换树脂的工作示意图。

（4）实验过程中，不同的步骤所需要的搅拌速度不同。加入 $NaBH_4$ 溶液之前，搅拌速度可以很快，这样能更好地让溶液中金属离子分布均匀，也能更好地排出溶液中的氧气，当快速加入 $NaBH_4$ 溶液之后，要降低搅拌速度，如果继续快速搅拌，形成的纳米颗粒之间的接触概率会增大，容易导致团聚，尤其是滴加 3-氨丙基三甲氧基硅烷（APS）溶液的时候，极易导致纳米颗粒团聚。

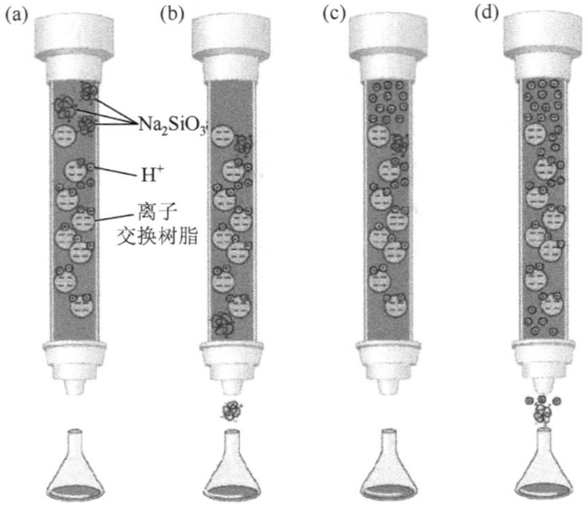


图 6-2 离子交换树脂的工作示意图

3. 制备机理

直接用强还原剂 $NaBH_4$ 还原 Ag 和 Cu 的混合离子，在柠檬酸三钠作为稳定剂情况下，可获得小粒径的 Ag-Cu 纳米颗粒，其反应化学方程式为

$$\begin{cases} AgNO_3 + CuSO_4 + 3NaBH_4 \xrightarrow{Ar} Ag\text{-}Cu + 1.5H_2\uparrow + 1.5B_2H_6 + NaNO_3 + Na_2SO_4 \\ NaBH_4 + 2H_2O \longrightarrow 4H_2\uparrow + NaBO_2 \\ Na_2SiO_3 + H_2O \rightleftharpoons SiO_2 + 2NaOH \end{cases}$$

研究表明：反应过程中颗粒的大小主要由成核速率和核增长速率决定，其中二者既依赖反应物浓度，也与反应温度有关，因此为了制备粒径均匀细小的颗粒，采用反应物浓度较低，并且反应在常温下进行。此外，为了能够制得纳米颗粒，我们采用柠檬酸三钠作为稳定剂，并且严格控制溶液的搅拌速度；另外，反应过程中有气泡产生，这些气泡一部分被纳米颗粒吸收，另一部分被通入的氩气带出，这些气泡一定程度上阻止了核的长大，从而使得反应产物粒径细小。

### 6.1.3 银-铜纳米颗粒表征设备

1. 紫外-可见分光光度计（UV-Vis）

分光光度法分析的原理是利用物质对不同波长光的选吸收现象来进行物质的

定性和定量分析，通过对吸收光谱的分析，判断物质的结构及化学组成。

本仪器是根据相对测量原理工作的，即选定某一溶剂（蒸馏水、空气或试样）作为参比溶液，并设定它的透射比（即透过率 $T$）为 100%，而被测试样的透射比是相对于该参比溶液而得到的。透射比（透过率 $T$）的变化和被测物质的浓度有一定函数关系，在一定的范围内，它符合朗伯-比耳定律。

$$T = I/I_0 \tag{6-1}$$

$$A = \varepsilon cL = \lg\frac{I_0}{I} \tag{6-2}$$

其中，$T$ 为透射比（透过率）；$A$ 为吸光度；$c$ 为溶液浓度；$\varepsilon$ 为溶液的吸光系数；$L$ 为液层在光路中的长度；$I$ 为光透过被测试样后照射到光电转换器上的强度；$I_0$ 为光透过参比测试样后照射到光电转换器上的强度。

本实验中，使用的是上海元析 UV-6000PC 型紫外-可见分光光度计，完成了在溶液中纳米颗粒的吸收情况的测定。

2. 高分辨透射电子显微镜（HR-TEM）

高分辨透射电子显微镜的工作原理为：阴极灯丝在电流作用下，灯丝加热发射电子束，电子束在高压阳极的加速下进行高速运动，经过第一聚光器和第二聚光器的收敛作用使电子束聚焦在样品上，电子束通过样品，然后在物镜、第二中间镜、第一中间镜和投射镜 4 级放大后成像。电子显微镜总的放大倍数就是这四个级别的放大透镜的各个放大倍数的乘积，因此透射电子显微镜有着很高的放大范围（$10^2$～$10^7$ 倍）。

在本实验中，我们使用 FEI Tecnai G2 F20 透射电子显微镜，主要用来观察纳米颗粒的包覆情况，及其纳米颗粒的粒径分布情况，进而为后面计算和优化纳米颗粒的尺寸与熔化温度的关系服务。

### 6.1.4　银-铜纳米颗粒表征

1. Ag-Cu 纳米颗粒形成过程分析

Ag-Cu 金属离子混合溶液的浓度对获得粒径小且均匀的 Ag-Cu 纳米颗粒影响很大，为了获得合适的混合溶液浓度，先对单质 Ag 纳米颗粒的形成进行研究。

图 6-3 是由 0.1 mmol/L 的 $AgNO_3$ 溶液制备单质 Ag 纳米颗粒形成过程紫外-可见吸收光谱图。

快速加入 $NaBH_4$ 以后，随着反应时间的增加，Ag 纳米颗粒的紫外-可见吸收峰的峰值不断增大，当反应的时间到达 18 min 以后，峰值不再变化，说明 Ag 纳米颗粒溶液趋于稳定，还原反应不再发生。

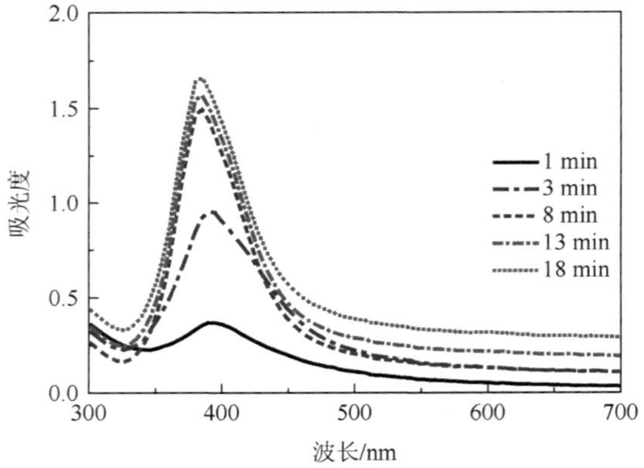


图 6-3　0.1 mmol/L 的 $AgNO_3$ 溶液制备单质 Ag 纳米颗粒形成过程紫外-可见吸收光谱图

图 6-4 是由 0.5 mmol/L 的 $AgNO_3$ 溶液制备 Ag 纳米颗粒形成过程紫外-可见吸收光谱图。由图可以看出，反应开始的时候，没有出现一个稳定的峰值，其峰也不是很窄；当反应 1 h 的时候，吸收峰向长波长方向进行移动，其峰宽依然很宽；当反应 1 d 以后，吸收峰的峰值下降，峰宽略收窄，但是与图 6-3 相比，峰依然比较宽。根据 Mie 氏理论描述[9]，当贵金属纳米颗粒的尺寸小于其电子自由程的时候，就会产生很强的紫外-可见吸收光谱峰，这种吸收是因为入射光波长与金属纳米颗粒的自由电子的振动频率发生共振耦合的时候，产生的表面等离子体共振（SPR）。而金属纳米颗粒尺寸的大小可以影响紫外-可见吸收峰的位置和峰宽。根据文献记载[10, 11]，随着纳米颗粒尺寸的增加，表面等离子体共振吸收峰向长波长移动；峰宽越窄，颗粒的尺寸越均匀。

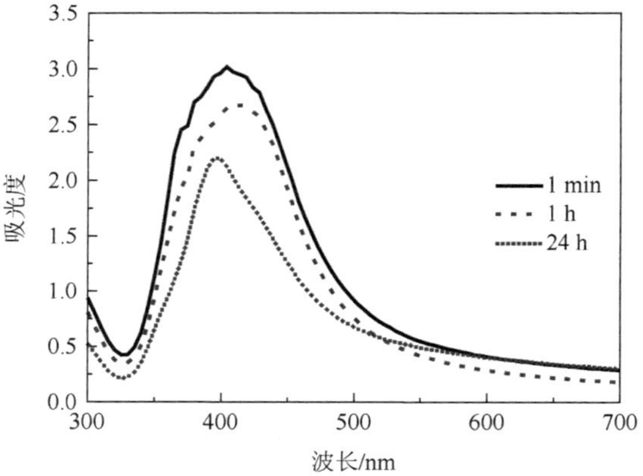


图 6-4　0.5 mmol/L 的 $AgNO_3$ 溶液制备单质 Ag 纳米颗粒形成过程紫外-可见吸收光谱图

由此可以分析，0.5 mmol/L 的金属离子溶液与 0.1 mmol/L 的金属离子溶液相比，前者反应生成的纳米颗粒的粒径较大，根据峰宽的比较可以看出，前者生成的颗粒粒径分布没有后者的均匀。根据对不同浓度的金属 Ag 离子溶液形成的纳米颗粒的紫外-可见吸收峰的分析研究，金属 Ag 离子的混合溶液浓度应该小于 0.5 mmol/L。

为了获得更适合的金属离子浓度，并对合金的形成过程进行研究，可以配制金属离子浓度为 0.5 mmol/L 的 $Ag_6Cu_4$ 合金溶液进行分析。图 6-5 为金属离子浓度为 0.5 mmol/L 混合溶液制备 $Ag_6Cu_4$ 纳米颗粒过程紫外-可见吸收光谱图。

由图 6-5 可以看出，反应刚开始的时候，有两个吸收峰，波长 400 nm 附近的吸收峰对应纯 Ag 纳米颗粒的生成，而波长 565 nm 附近出现的一个吸收峰，表示纳米颗粒溶液中有纯 Cu 纳米颗粒的存在。随着反应的不断进行，565 nm 附近的吸收峰消失了，而 400 nm 附近的峰向长波长方向移动。这一现象表明反应刚开始的时候，形成的 Ag、Cu 纳米颗粒在溶液中以物理的状态混合存在，随着反应的进行，Ag、Cu 纳米颗粒开始结合，最终以合金的状态存在。由图 6-5 可以说明，合金的形成过程是在单个的金属离子发生还原反应之后或者同时进行的，因此在配制溶液的时候要让溶液中两个金属离子的分布均匀，这样可以使得 Ag 离子和 Cu 离子在被还原后更容易结合，形成合金的机会增大。

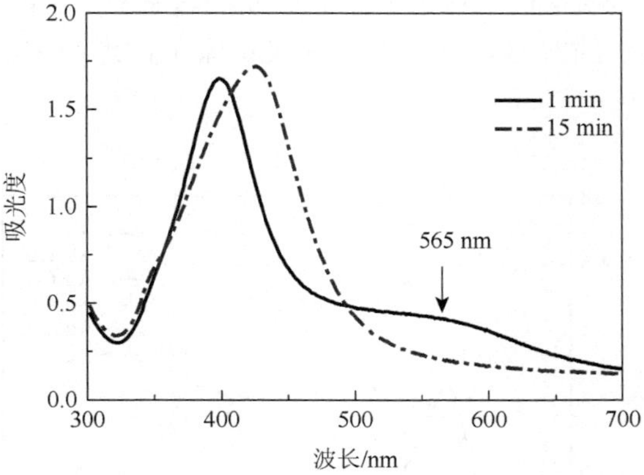


图 6-5　0.5 mmol/L 混合溶液制备 $Ag_6Cu_4$ 纳米颗粒过程紫外-可见吸收光谱图

图 6-6 展示了金属离子浓度为 0.3 mmol/L，$Ag_8Cu_2$、$Ag_7Cu_3$、$Ag_6Cu_4$ 和 $Ag_5Cu_5$ 四种成分刚开始与还原剂反应的时候的紫外-可见吸收光谱曲线。由图可知，只表现出单质 Ag 的特征峰，而且随着溶液中 Ag 总量的减小，峰值变小；与图 6-5 相比，因为金属离子浓度的降低，没有出现明显的纯 Cu 纳米颗粒的吸收峰。

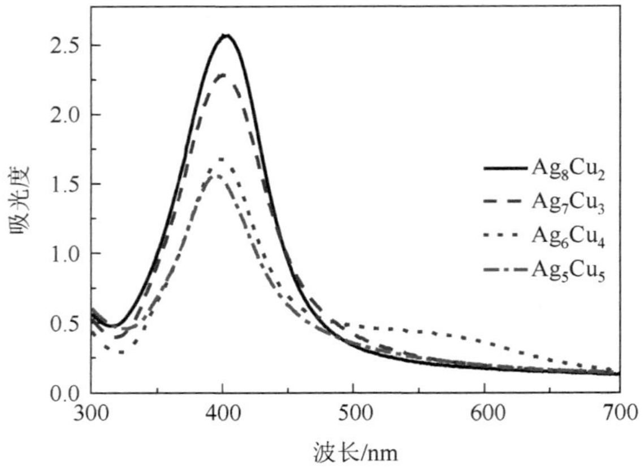


图 6-6　四种不同成分的纳米颗粒紫外-可见吸收光谱曲线

通过不断的实验摸索，最终选择金属离子浓度为 0.2 mmol/L 的混合溶液制备出粒径尺寸小且均匀的 Ag-Cu 纳米颗粒。图 6-7 为单质 Ag、Cu 纳米颗粒以及 $Ag_8Cu_2$、$Ag_7Cu_3$、$Ag_6Cu_4$ 和 $Ag_5Cu_5$ 纳米颗粒的紫外-可见吸收光谱曲线。图 6-8 表示图中 6 个样品的吸收峰峰值对应的波长，从图 6-8 可以看出，混合溶液中随着 $Cu^{2+}$ 摩尔分数的增大，其吸收峰峰值对应的波长也在增大，但不是呈现出线性关系，这是因为 Ag-Cu 合金形成的过程中，Ag 原子会产生偏析现象，与 Cu 原子结合的时候，很容易包裹 Cu 原子，形成 Cu 为核、Ag 为壳的壳核结构的合金。

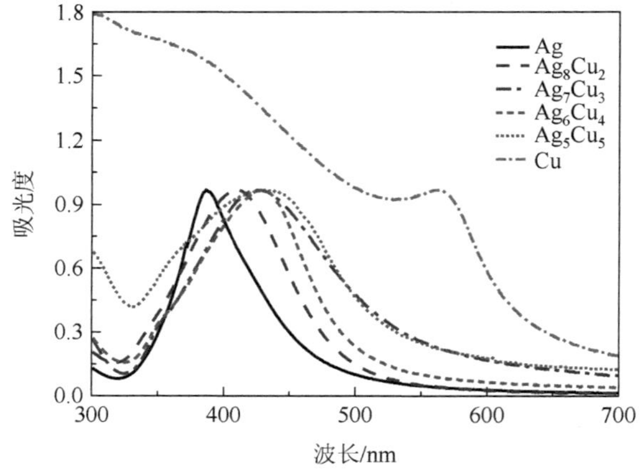


图 6-7　几种不同成分 Ag、Cu 及其合金的纳米颗粒紫外-可见吸收光谱曲线

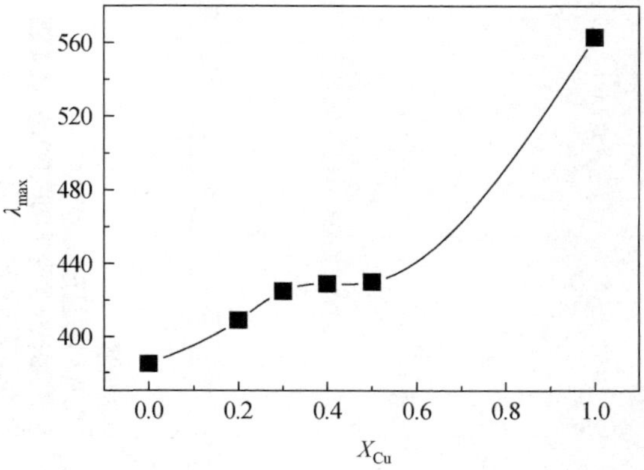


图 6-8　6 个样品的吸收峰峰值对应的波长

2. 透射电子显微镜（TEM）表征

Ag-Cu 纳米颗粒粒径的准确测量，对研究纳米粒径与熔化温度的关系至关重要。对制备出的 $Ag_8Cu_2$、$Ag_7Cu_3$、$Ag_6Cu_4$ 和 $Ag_5Cu_5$ 四个样品进行 TEM 表征，可以测定不同成分纳米颗粒的粒径分布情况，纳米颗粒的 $SiO_2$ 包覆情况，以及纳米颗粒的晶格信息，还能够看到 Ag、Cu 原子在形成合金时候的结合状况。

图 6-9 为 $Ag_8Cu_2$、$Ag_7Cu_3$、$Ag_6Cu_4$ 和 $Ag_5Cu_5$ 四种成分样品的 TEM 图像，以及它们的粒径分布图。分布图的数据是 Nano Measurer 软件通过选取至少 100 个纳米颗粒得到。其中，图 6-9（a）中左下角的小图是一个放大的该合金被 $SiO_2$ 包覆的情况，通过图像可以看到 $SiO_2$ 完好地包覆在合金周围；图 6-9（c）中也可以看到 $SiO_2$ 的包覆情况。从 TEM 图像以及统计获得的分布图可以知道，四种成分的纳米颗粒的粒径很接近，而且纳米颗粒小且均匀，颗粒的形状为

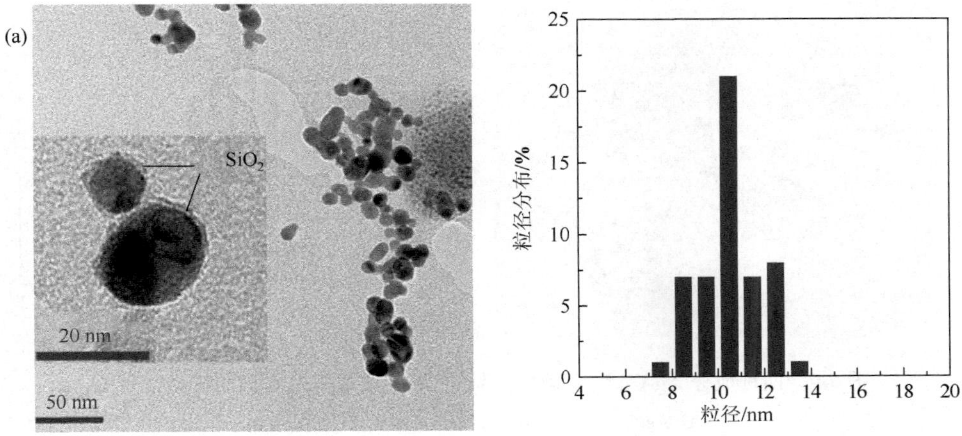

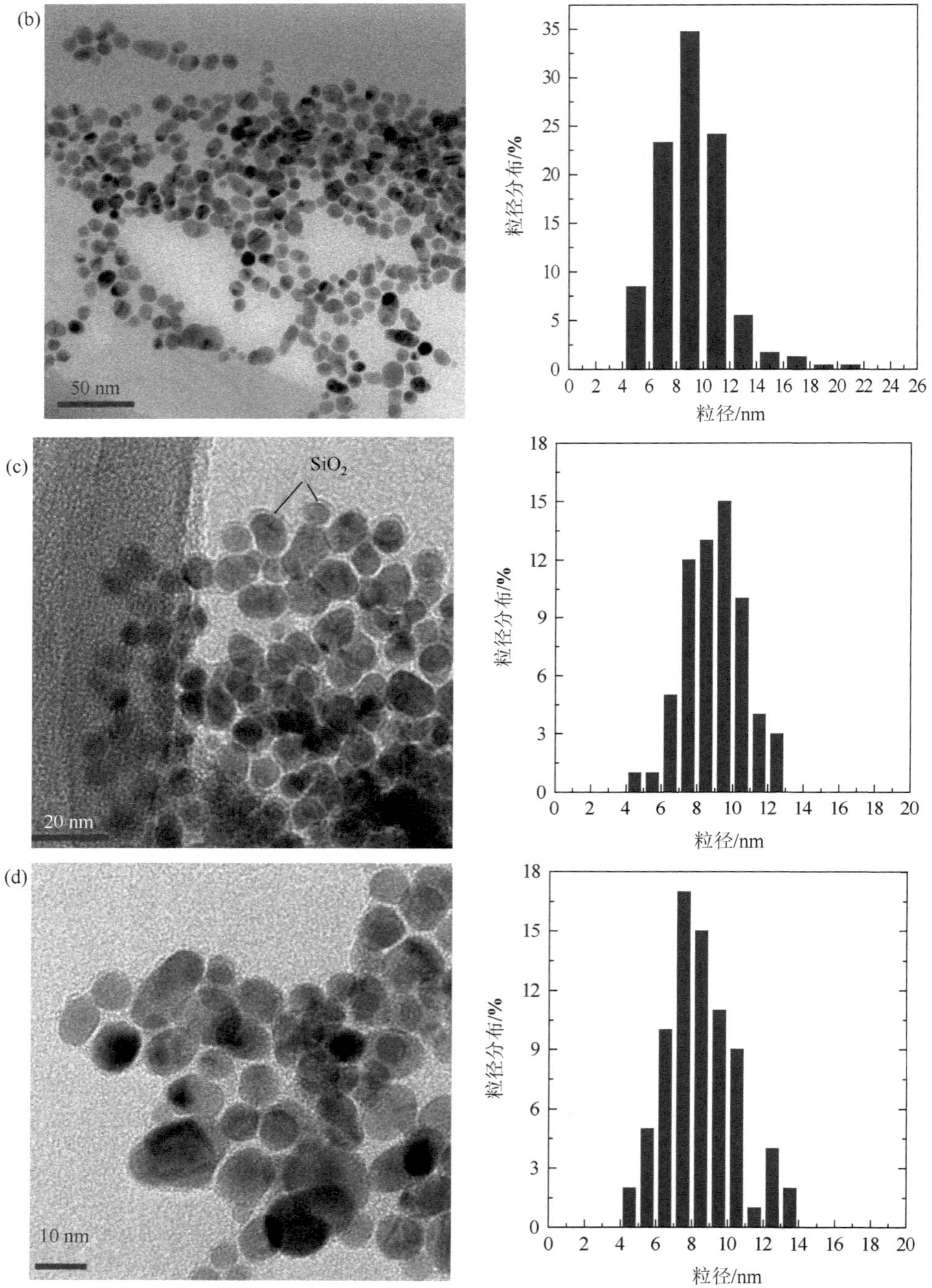


图 6-9　四种成分 Ag-Cu 纳米颗粒样品的 TEM 图像以及它们的粒径分布图

（a）$Ag_8Cu_2$；（b）$Ag_7Cu_3$；（c）$Ag_6Cu_4$；（d）$Ag_5Cu_5$

球状或椭球状，没有出现纳米线和纳米薄膜状以及其他特定的多面体状颗粒的现象。

表 6-1 统计了四种成分样品的平均粒径和标准误差情况。

**表 6-1　表示了四种成分样品的平均粒径和标准误差情况**

| 成分 | 平均粒径/nm | 标准误差/nm |
|---|---|---|
| $Ag_8Cu_2$ | 10.5 | 1.65 |
| $Ag_7Cu_3$ | 9.2 | 2.43 |
| $Ag_6Cu_4$ | 8.9 | 1.70 |
| $Ag_5Cu_5$ | 8.5 | 2.05 |

图 6-10 为 $Ag_8Cu_2$、$Ag_7Cu_3$、$Ag_6Cu_4$ 和 $Ag_5Cu_5$ 的 HR-TEM 图以及选区电子衍射图。

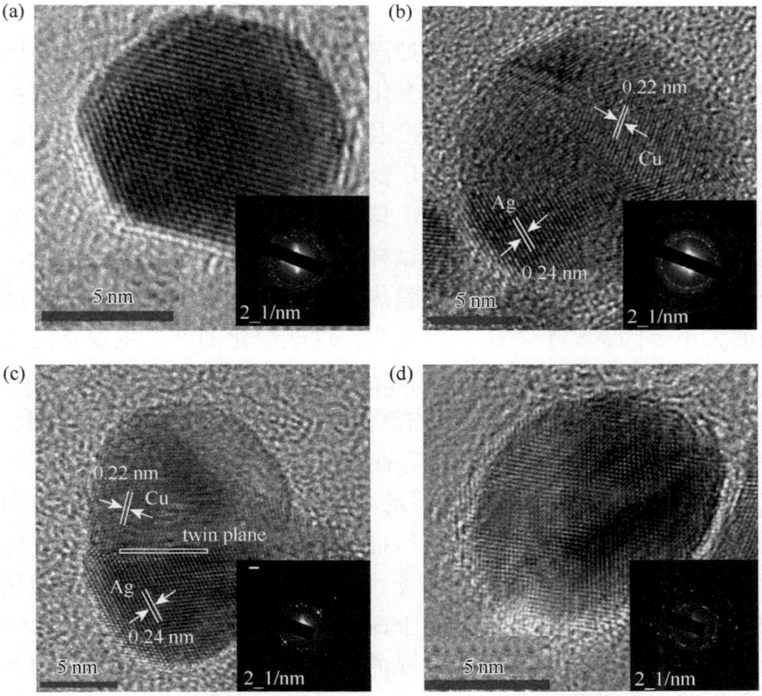


图 6-10　$Ag_8Cu_2$（a）、$Ag_7Cu_3$（b）、$Ag_6Cu_4$（c）、$Ag_5Cu_5$（d）的 HR-TEM 图及选区电子衍射图

在图 6-10（b）、（c）图中标出了 Ag、Cu 的晶格，经过测量颜色较深的晶格间距为 0.24 nm，通过文献的查阅[12]，确定为 Ag 的晶格常数，说明此处是 Ag 原子；而颜色较浅的区域，经过测量其间距为 0.22 nm，通过文献查阅确定此处为 Cu 原子。图 6-10（b）中可以看到几个区域，有明显的 Ag 存在区域和 Cu 存在区域，也有不明显的混合区域，这些区域共同存在于一个纳米颗粒中，也说明了纳米颗粒是以合金化的形式存在，没有以单质形式存在。

图 6-10（c）中可以看到一个明显的 Ag 和 Cu 区域的分界线，这就是 Ag-Cu 的孪晶面，图 6-10 中每个图的右下角都有一个选区电子衍射图，从这些选区电子衍射图可以看出，没有明显呈单晶的点状现象，也没有呈非晶的环状衍射花样，而是呈现多晶状态的情况，由此也能说明纳米颗粒以合金的形式存在。

## 6.2　银-铜纳米颗粒熔化特性测定

### 6.2.1　银-铜纳米颗粒熔化实验设备

差热分析（DTA）法是指在程序控温下，待测量物质和测量的参比物之间的温度差随着温度或者时间变化而发生变化的关系的一种测试技术。DTA 广泛应用于测定物质在各种热效应时的特征温度及吸收或放出的热量，包括物质相变、凝固、蒸发等物理或化学反应。该方法广泛应用于无机、有机化合物的动态分析，特别是高分子聚合物、玻璃钢等领域，该方法应用得极为频繁。差热分析操作简单，但是，在实际应用中发现，同一试样如果在不同仪器上进行测量，或不同的人在同一仪器上进行测量，所得到的差热曲线有较大的差异，峰的温度、形状、面积和峰值大小等因素都会发生一定变化。这些变化的产生主要是因为与热量的增减的有关因素很多，从而造成传热情况十分复杂。虽然过去许多人在利用 DTA 进行量热定量研究方面做过努力，但均需借助复杂的热传导模型进行繁杂的计算，而且由于引入的假设条件往往与实际存在差别而使得精度不高。

为克服 DTA 在定量测量方面的不足，差示扫描量热（DSC）法作为一种新技术发展起来。20 世纪 60 年代，差示扫描量热法被提出，其特点是使用温度范围比较宽，灵敏度高，分辨能力强。根据不同的测量方法，DSC 可分为功率补偿型 DSC 和热流型 DSC 两类，主要应用于样品的各种热力学参数和动力学参数进行精确的定量测量。DSC 的原理是在升温的条件下，测量试样与参比物之间的能量差随温度变化而产生变化，从而可以表征出物质发生热效应时所产生的热量，以及发生反应的温度等参数。DSC 曲线是在单位时间所施加的热量与温度之间的关系曲线。曲线的纵轴为单位时间所加热量，横轴为加热时间或者温度，曲线的面积与热焓的变化成正比。DSC 与 DTA 原理基本相同，但 DSC 的性能显著优于 DTA，其对热量测定的精确度、分辨率和重现性显著好于 DTA。得益于其诸多优点，特别是定量分析的便捷性，DSC 在聚合物领域获得了广泛应用，还常用于测量物质的结晶度、结晶动力学以及聚合、固化、交联氧化、分解等反应的反应热，并研究其反应动力学。

本实验的差示扫描量热仪是用德国耐驰生产的 STA 449 F3 Jupiter 差示扫描量热分析仪完成的，常规升温速率为 5～20 K/min，保护气为氩气。样品通过差示扫描量热分析仪测试后，观察和分析样品的升温曲线，进而确定纳米颗粒的熔化温度及其相转变温度。

## 6.2.2　银-铜纳米颗粒熔化实验测试结果

图 6-11 为 $Ag_8Cu_2$、$Ag_7Cu_3$、$Ag_6Cu_4$ 和 $Ag_5Cu_5$ 四种成分样品的差示扫描量热曲线。由图可知，每个 DSC 曲线中都有两个峰，其中图 6-11（a）中的 882.9 K 对应 $Ag_8Cu_2$ 纳米颗粒的共晶熔化温度，1053.1 K 则对应块体 Ag-Cu 合金的共晶熔化温度。其他几个样品热分析结果与此类似。这是因为在对纳米颗粒进行加热分析的时候，随着温度的增加，到纳米颗粒的零变量反应温度（共晶熔化温度）点的时候就会出现吸热效应从而出现吸热峰，其温度即为该相应尺寸纳米颗粒的共晶熔化温度。又因为纳米颗粒的表面包覆了一次 $SiO_2$，而且 $SiO_2$ 是以介孔状态的形式存在，当温度继续增加，纳米颗粒开始熔化，液化的纳米颗粒从 $SiO_2$ 的介孔中流出来后凝固，最终形成一个比原来纳米颗粒尺寸更大的块体存在，当温度达到块体的熔化温度的时候，开始出现第二个吸热峰，此时的温度表示了块体的 Ag-Cu 合金的共晶熔化温度。

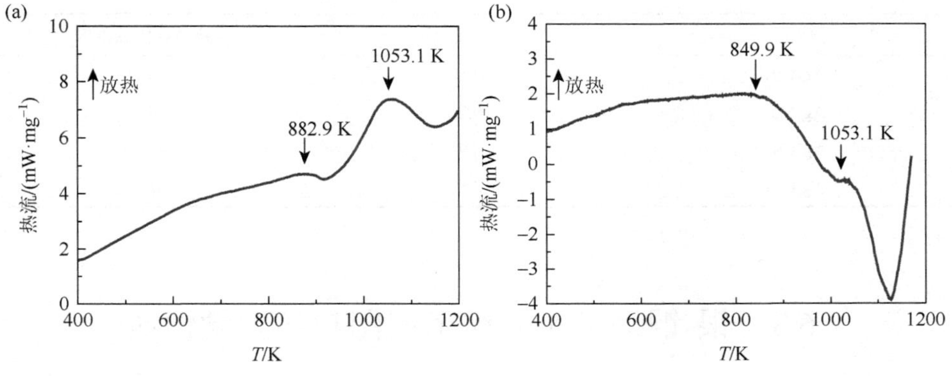

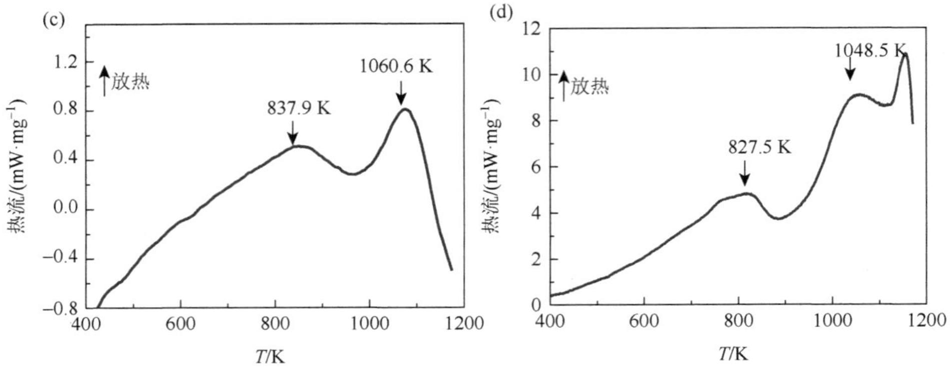


图 6-11　$Ag_8Cu_2$（a）、$Ag_7Cu_3$（b）、$Ag_6Cu_4$（c）和 $Ag_5Cu_5$（d）四种成分样品的 DSC 图

根据图 6-11 测定的纳米颗粒的共晶熔化温度及上一节测量的纳米颗粒尺寸，可以得到 10.5 nm 的 $Ag_8Cu_2$ 纳米颗粒的共晶熔化温度为 882.9 K；9.2 nm 的 $Ag_7Cu_3$ 纳米颗粒的共晶熔化温度为 849.9 K；8.9 nm 的 $Ag_6Cu_4$ 纳米颗粒的共晶熔化温度为 837.9 K；8.5 nm 的 $Ag_5Cu_5$ 纳米颗粒的共晶熔化温度为 827.5 K。由以上数据比较可知，随着纳米颗粒尺寸的减小，纳米颗粒的共晶熔化温度不断降低。

文献记载的 Ag-Cu 块体合金的共晶熔化温度为 1053.15 K，从四个图的块体共晶熔化温度的对比可以看到，测量出的块体温度略有不同，这是因为纳米颗粒表面一层的 $SiO_2$，而制备出的纳米颗粒表面不可能完全包覆一层厚度相等的 $SiO_2$，当纳米颗粒部分熔化以后会和 $SiO_2$ 形成一种特殊的固体物，它们共同表现出来的热稳定会和真正的 Ag-Cu 块体合金的共晶熔化温度有所偏差。表 6-2 为四种成分的纳米颗粒粒径和共晶熔化温度的实验结果。

**表 6-2　四种成分的纳米颗粒粒径和共晶熔化温度的实验结果**

| 成分 | 平均粒径/nm | 共晶熔化温度/K |
| --- | --- | --- |
| $Ag_8Cu_2$ | 10.5 | 882.9 |
| $Ag_7Cu_3$ | 9.2 | 849.9 |
| $Ag_6Cu_4$ | 8.9 | 837.9 |
| $Ag_5Cu_5$ | 8.5 | 827.5 |

## 6.3　银-铜纳米颗粒纳米相图与热力学性质

CALPHAD 可以让我们在减少实验的基础之上获得多元系的合金相图。相图计算是一个非常实用的计算机技术，可以依据物质的成分、熔化温度和压力等系统的热力学参数优化计算获得该物质的相图。众所周知，纳米颗粒的熔化温度及相转变与颗粒的尺寸和形貌有很大关系，为了扩展相图计算技术在纳米领域的应用，必须在热力学的描述中加入颗粒尺寸和形貌参数。在 Ag-Cu 系统中加入颗粒尺寸和形貌影响因素也就是在原有系统的化学势和过剩吉布斯自由能方程中加入颗粒尺寸和形貌影响因子。

本章通过对块体二元合金系统的热力学模型的优化和理论推导，加入颗粒尺寸和实验与理论自洽的修正因子，获得二元纳米颗粒的热力学参数。利用已知实验获得的四个样品的尺寸及相应的共晶熔化温度数据，与理论推导的热力学模型相结合，获得自洽的描述纳米相 Ag-Cu 纳米颗粒相的吉布斯自由能函数，并用于一定粒径的 Ag-Cu 纳米颗粒的相稳定性等热力学性质及扩散系数的计算预测和验证。

## 6.3.1　银-铜纳米颗粒纳米相图与热力学性质计算方法

1. 纳米颗粒化学势的推导

纳米颗粒化学势的推导，其热力学模型参考了文献[13]所描述的，块体物质的内能（$U$）是由熵（$S$）、体积（$V$）和物质的量（$n$）三个变量决定的，即

$$U = U(S, V, n_i) \tag{6-3}$$

对 $U$ 函数求偏导得

$$\mathrm{d}U = \left(\frac{\partial U}{\partial S}\right)_{V, n_i} \mathrm{d}S + \left(\frac{\partial U}{\partial V}\right)_{S, n_i} \mathrm{d}V + \sum_i \left(\frac{\partial U}{\partial n_i}\right)_{S, V, n_i} \mathrm{d}n_i \tag{6-4}$$

即

$$\mathrm{d}U = T\mathrm{d}S - P\mathrm{d}V + \sum_i \mu_i \mathrm{d}n_i \tag{6-5}$$

由此可以类似得出

$$\mathrm{d}H = T\mathrm{d}S + V\mathrm{d}P + \sum_i \mu_i \mathrm{d}n_i \tag{6-6}$$

$$\mathrm{d}A = -S\mathrm{d}T - P\mathrm{d}V + \sum_i \mu_i \mathrm{d}n_i \tag{6-7}$$

$$\mathrm{d}G = -S\mathrm{d}T + V\mathrm{d}P + \sum_i \mu_i \mathrm{d}n_i \tag{6-8}$$

其中，$P$ 表示压力；$T$ 表示温度；$H$ 表示焓函数；$A$ 表示亥姆霍兹函数；$G$ 表示吉布斯自由能；

$\mu_i$ 表示物质的组分 $i$ 的化学势，化学势的定义如下：

$$\mu_i \equiv (\partial U/\partial n_i)_{S, V, n_j} = (\partial H/\partial n_i)_{S, P, n_j} = (\partial A/\partial n_i)_{T, V, n_j} = (\partial G/\partial n_i)_{T, P, n_j} \tag{6-9}$$

当把表面（或界面）张力引入时，有

$$dU = TdS - PdV + \sum_i \mu_i dn_i + \sigma ds \tag{6-10}$$

$$dH = TdS + VdP + \sum_i \mu_i dn_i + \sigma ds \tag{6-11}$$

$$dA = -SdT - PdV + \sum_i \mu_i dn_i + \sigma ds \tag{6-12}$$

$$dG = -SdT + VdP + \sum_i \mu_i dn_i + \sigma ds \tag{6-13}$$

其中，$s$ 表示表面积；$\sigma$ 表示表面张力或者界面张力。

由此可以把纳米颗粒的化学势写成：

$$\mu_i^{NP} = (\partial U/\partial n_i)_{S,V,n_j,s} = (\partial H/\partial n_i)_{S,P,n_j,s} = (\partial A/\partial n_i)_{T,V,n_j,s} = (\partial G/\partial n_i)_{T,P,n_j,s} \tag{6-14}$$

如果式（6-14）中所有的变量都是独立的，那么可以将通用的热力学公式写成：

$$U = TS - PV + \sum_{i=1}^{m} n_i \mu_i + \sigma s \tag{6-15}$$

$$H = TS + \sum_{i=1}^{m} n_i \mu_i + \sigma s \tag{6-16}$$

$$A = -PV + \sum_{i=1}^{m} n_i \mu_i + \sigma s \tag{6-17}$$

$$G = \sum_{i=1}^{m} n_i \mu_i + \sigma s \tag{6-18}$$

若颗粒表现的是各向同性，则有

$$V = \frac{4\pi r^3}{3} \tag{6-19}$$

其中，$r$ 表示颗粒半径；

$$s = 4\pi r^2 = \frac{3V}{r} = \frac{3}{r}\sum V_i n_i \tag{6-20}$$

此处的额外体积被忽略。联立上面几个公式得

$$G = \sum_{i=1}^{m}\left(\mu_i + \frac{3\sigma V_i}{r}\right) n_i \tag{6-21}$$

由式（6-19）定义的化学势，可以得到纳米颗粒组分 $i$ 的化学势可以写为

$$\mu_i^{NP} = \mu_i^{bulk} + \frac{3\sigma V_i}{r} \tag{6-22}$$

式（6-22）有很多研究者使用，然而此式中违背了假设的颗粒各向同性原则。如果这种假设不成立，也就是要考虑颗粒的形状对热力学的影响，式（6-22）才成立。图 6-12 表示随着摩尔数的改变，其颗粒表面形状的变化。其中，图 6-12（a）

表示摩尔数没有变化时候的状态；图 6-12（b）表示随着摩尔数的增加，纳米颗粒表面形状的变化趋势。

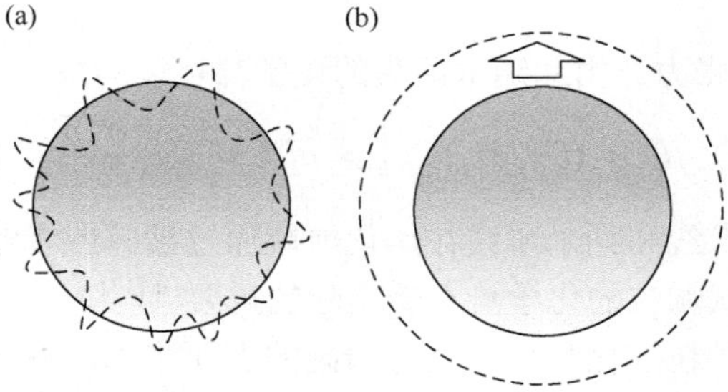


图 6-12　随着摩尔数的增加，纳米颗粒表面形状的变化

对于一个固体颗粒来说，颗粒的形状可以以某种形式独立地改变，然而，对于一个球状液滴来说，只是可以保证液滴的形状是各向同性的。因此，假设颗粒是各向同性的，当物质的量改变的时候，其表面积也随之改变，反之亦然。

$$\mathrm{d}V = 4\pi r^2 \mathrm{d}r \tag{6-23}$$

$$\mathrm{d}s = 8\pi r \mathrm{d}r \tag{6-24}$$

由此

$$\mathrm{d}s = \frac{2}{r}\mathrm{d}V = \frac{2}{r}\sum V_i \mathrm{d}n_i \tag{6-25}$$

所以

$$\mathrm{d}G = -S\mathrm{d}T + V\mathrm{d}P + \sum_i \left(\mu_i + \frac{2\sigma V_i}{r}\right)\mathrm{d}n_i \tag{6-26}$$

由此可以得到，纳米系统中组分 $i$ 的化学势为

$$\mu_i^{\mathrm{NP}} = (\partial G/\partial n_i)_{T,P,n_i} = \mu_i^{\mathrm{bulk}} + \frac{2\sigma V_i}{r} = \mu_i^{\mathrm{bulk}} + \frac{4\sigma V_i}{D} \tag{6-27}$$

这种方法也可以应用于纳米线和纳米薄膜。

对于纳米线：$\mathrm{d}V = 2\pi r l \mathrm{d}r$、$\mathrm{d}s = 2\pi l \mathrm{d}r$，因此，可以获得

$$\mathrm{d}s = (1/r)\mathrm{d}V = (1/r)\sum V_i \mathrm{d}n_i$$

因此纳米线的化学势可以写成：

$$\mu_i^{\mathrm{NW}} = (\partial G/\partial n_i)_{T,P,n_i} = \mu_i^{\mathrm{bulk}} + \frac{\sigma V_i}{r} \tag{6-28}$$

对于纳米薄膜：$\mathrm{d}V = t\mathrm{d}s$、$\mathrm{d}s = (1/t)\mathrm{d}V = (1/t)\sum V_i \mathrm{d}n_i$。

$$\begin{aligned} dG &= -SdT + VdP + \sum_i \mu_i dn_i + \sigma ds + \sigma^I ds \\ &= -SdT + VdP + \sum_i \left( \mu_i + \frac{(\sigma + \sigma^I)V_i}{t} \right) dn_i \end{aligned} \tag{6-29}$$

其中，$\sigma^I$ 表示界面张力。由此纳米薄膜的化学势可以写成

$$\mu_i^{NF} = (\partial G / \partial n_i)_{T, P, n_i} = \mu_i^{bulk} + \frac{(\sigma + \sigma^I)V_i}{t} \tag{6-30}$$

在实际中，纳米线和纳米薄膜在熔化前就通过破碎或者润湿等变成纳米球状颗粒，因此纳米球状颗粒的化学势有着实际的重要性[13]。

为了评估纳米颗粒的化学势，要有精确的表面张力。液态材料的表面张力可以通过实验用静滴法、最大气泡压力法、震荡等方法获得。固态材料的表面张力一般用零蠕变法测量获得，然而，通过此方法不能获得相同平均的固体表面张力。可以用来预测热力学变量的固体的平均表面张力，可以通过式（6-31）得到

$$\sigma(\text{solid, average\_value}) = c \times \sigma_{Exp}(\text{solid, zero\_creep}) \tag{6-31}$$

此处

$$\sigma = \sum \left( \sigma_{(i,j,k)} \frac{A_{(i,j,k)}}{\sum A_{(i',j',k')}} \right) \tag{6-32}$$

$c$ 假定为一个常数，通常可以通过拟合纳米颗粒纯物质的熔点实验数据得到。

2. 二元合金纳米颗粒吉布斯自由能的推导

根据文献[14]，本热力学模型适应的条件是纳米颗粒的尺寸大于 5 nm。纳米合金系统的总的吉布斯自由能可以表达为

$$G^{total} = G^{bulk} + G^{surface} \tag{6-33}$$

其中，$G^{bulk}$ 表示块体材料的摩尔吉布斯自由能；$G^{surface}$ 表示材料的表面吉布斯自由能。

块体材料的摩尔吉布斯自由能公式为

$$G_{AB}^{bulk} = X_A G_A^0 + X_B G_B^0 + RT(X_A \ln X_A + X_B \ln X_B) + G_{AB}^{Ex, bulk} \tag{6-34}$$

其中，$R$ 表示通用气体常数；$T$ 表示绝对温度；$X_A$，$X_B$ 分别表示组分 A、B 在合金中的摩尔分数；$G_A^0$，$G_B^0$ 分别表示纯组分 A、B 的标准吉布斯自由能；$G_{AB}^{Ex, bulk}$ 表示系统的过剩吉布斯自由能。

过剩吉布斯自由能可由 Redlich-Kister 多项式[15]表示为

$$G_{AB}^{Ex, bulk} = X_A X_B \sum L^v (X_B - X_A)^v \ (v = 1, 2, \cdots) \tag{6-35}$$

$$L^v = a + bT + cT \ln T + \cdots \tag{6-36}$$

由以上几个公式，纳米合金 A-B 系统的总的吉布斯自由能可以表达为

$$G_{\text{AB}}^{\text{total}} = X_{\text{A}} G_{\text{A}}^{0,\,\text{nano}} + X_{\text{B}} G_{\text{B}}^{0,\,\text{nano}} + RT(X_{\text{A}} \ln X_{\text{A}} + X_{\text{B}} \ln X_{\text{B}}) + G^{\text{Ex},\,\text{nano}} \quad (6\text{-}37)$$

纳米颗粒的过剩吉布斯自由能可以由 Redlich-Kister 多项式表示为

$$G_{\text{AB}}^{\text{Ex},\,\text{nano}} = X_{\text{A}} X_{\text{B}} \sum L_v^{\text{nano}} (X_{\text{B}} - X_{\text{A}})^v (v = 1, 2, \cdots) \quad (6\text{-}38)$$

其中，

$$L_v^{\text{nano}} = L_v^{\text{bulk}} + L_v^{\text{surface}} = \left(a + \frac{Ca^{\text{surface}}}{D}\right) + \left(b + \frac{Cb^{\text{surface}}}{D}\right)T + \left(c + \frac{Cc^{\text{surface}}}{D}\right)T \ln T + \ldots \quad (6\text{-}39)$$

式（6-39）中参数 a、b、c 与式（6-36）的参数值相同。$C$ 表示理论值适用纯物质纳米颗粒的熔点的实验数据的修正因子，$a^{\text{surface}}$，$b^{\text{surface}}$，$c^{\text{surface}}$...可以结合式（6-37）和式（6-39）得到

$$a^{\text{surface}} + b^{\text{surface}} T + c^{\text{surface}} T \ln T + \ldots = 4(\sigma_{\text{alloy}} V_{\text{alloy}} - X_{\text{A}} \sigma_{\text{A}} V_{\text{A}} - X_{\text{B}} \sigma_{\text{B}} V_{\text{B}}) \quad (6\text{-}40)$$

Eichhammer 等[16]和 Park 等[17]也使用了上述关于纳米材料过剩吉布斯自由能的描述方法进行研究[18]。

3. Butler 方程

为了更好地描述温度和组分对表面张力的影响，可以用 Butler 方程[19]对二元合金系统的表面张力进行表述[20]，如式（6-41）所示。

$$\begin{aligned}\sigma_{\text{AB}} &= \sigma_{\text{A}} + \frac{RT}{A_{\text{A}}} \ln\left(\frac{X_{\text{A}}^{\text{surface}}}{X_{\text{A}}^{\text{bulk}}}\right) + \frac{1}{A_{\text{A}}}[G_{\text{A}}^{\text{Ex},\,\text{surface}}(TX_{\text{A}}^{\text{suraface}}) - G_{\text{A}}^{\text{Ex},\,\text{bulk}}(TX_{\text{A}}^{\text{bulk}})] \\ &= \sigma_{\text{B}} + \frac{RT}{A_{\text{B}}} \ln\left(\frac{X_{\text{B}}^{\text{surface}}}{X_{\text{B}}^{\text{bulk}}}\right) + \frac{1}{A_{\text{B}}}[G_{\text{B}}^{\text{Ex},\,\text{surface}}(TX_{\text{B}}^{\text{suraface}}) - G_{\text{B}}^{\text{Ex},\,\text{bulk}}(TX_{\text{B}}^{\text{bulk}})]\end{aligned} \quad (6\text{-}41)$$

其中，$A_i$ 分别表示合金组分 $i$ 中纯 A、纯 B 物质的摩尔表面积，其计算可以通过阿伏伽德罗常数 $N_0$ 和摩尔体积 $V_i$ 表示，如式（6-42）所示。

$$A_i = 1.091 N_0^{\frac{1}{3}} V_i^{\frac{2}{3}} \quad (6\text{-}42)$$

二元合金系统的摩尔体积 $V_{\text{AB}}$ 可以通过式（6-43）获得

$$V_{\text{AB}} = X_{\text{A}} V_{\text{A}} + X_{\text{B}} V_{\text{B}} \quad (6\text{-}43)$$

$G_i^{\text{Ex},\,\text{surface}}$ 表示表面相中组分 $i$ 的偏摩尔吉布斯自由能；$G_i^{\text{Ex},\,\text{bulk}}$ 表示体相中组分 $i$ 的偏摩尔吉布斯自由能。$G_i^{\text{Ex},\,\text{bulk}}$ 可以通过组分 $i$ 的偏摩尔过剩自由能 $G_i^{\text{E}}$ 求得，组分 $i$ 的偏摩尔过剩自由能 $G_i^{\text{Ex}}$ 和二元系统的摩尔过剩自由能 $G^{\text{E}}$ 的关系如式(6-44)所示。

$$\begin{aligned}G_i^{\text{Ex}} &= G^{\text{Ex}} + (1 - i)\frac{\partial G^{\text{Ex}}}{\partial x_i} \\ G_j^{\text{Ex}} &= \frac{G^{\text{Ex}} - x_i G_i^{\text{Ex}}}{1 - x_i}\end{aligned} \quad (6\text{-}44)$$

根据 Yeum 等[21]模型和 Tanaka 等[22]观点，认为表面相中组分 $i$ 的偏摩尔吉布斯自由能 $G_i^{\text{Ex, surface}}$ 与体相中组分 $i$ 的偏摩尔吉布斯自由能 $G_i^{\text{Ex, bulk}}$ 关系为式（6-45）

$$G_i^{\text{Ex, surface}} = \beta G_i^{\text{Ex, bulk}} \tag{6-45}$$

根据文献[23]记载，液相中 $\beta$ 的值为 0.85，固相中 $\beta$ 的值为 0.84。式（6-40）中表面张力的计算就是根据 Butler 方程求得。

## 6.3.2 银-铜纳米颗粒纳米相图

通过查阅文献和热力学优化，获得的关于 Ag-Cu 纳米颗粒热力学性质的参数如表 6-3 所示。

**表 6-3　Ag-Cu 纳米颗粒热力学性质的相关参数汇总**

| 变量 | 公式 | 参考 |
|---|---|---|
| 表面张力 | $\sigma_{\text{Ag}}^{\text{solid}} = 1.675 - 0.47\times10^{-3}\times T$ | [24] |
| | $\sigma_{\text{Ag}}^{\text{liquid}} = 1.207 - 2.28\times10^{-4}\times T$ | [25] |
| | $\sigma_{\text{Cu}}^{\text{solid}} = 2.158512 - 4.0\times10^{-4}\times T$ | [26] |
| | $\sigma_{\text{Cu}}^{\text{liquid}} = 1.5834 - 1.8012\times10^{-4}\times T$ | [27] |
| 摩尔体积 | $V_{\text{Ag}}^{\text{solid}} = 1.12066\times10^{-5}$ | [17] |
| | $V_{\text{Ag}}^{\text{liquid}} = 1.0198\times10^{-5} + 1.1368\times10^{-9}\times T$ | [17] |
| | $V_{\text{Cu}}^{\text{solid}} = 7.01\times10^{-6} + 2.92\times10^{-10}\times T + 1.02\times10^{-13}\times T^2$ | [28] |
| | $V_{\text{Cu}}^{\text{liquid}} = 7.53\times10^{-6} + 2.49\times10^{-10}\times T + 1.86\times10^{-13}\times T^2$ | [28] |
| 过剩自由能 | $G^{\text{Ex, liquid}} = X_{\text{Ag}}X_{\text{Cu}}[(17534.6 - 4.45479\times T) + (2251.3 - 2.6733\times T)\times(X_{\text{Ag}} - X_{\text{Cu}}) + 492.7\times(X_{\text{Ag}} - X_{\text{Cu}})^2]$ | [29] |
| | $G^{\text{Ex, solid}} = X_{\text{Ag}}X_{\text{Cu}}[(33819.1 - 8.1236\times T) + (-5601.9 + 1.32997\times T)\times(X_{\text{Ag}} - X_{\text{Cu}})]$ | [29] |

本章通过 CALPHAD 计算 Ag-Cu 纳米颗粒熔化温度与尺寸关系的时候，选用的单质 Ag 纳米颗粒的热力学参数参考 Tang[30]的计算数据，选用的单质 Cu 纳米颗粒的热力学参数参考 Guisbiers[31]的计算数据。根据表 6-3 中过剩摩尔自由能的数据，可以获得式（6-39）中 $L_v^{\text{bulk}}$ 的数据，即

$$L_0^{\text{bulk, liquid}} = 17534.6 - 4.45479\times T$$

$$L_1^{\text{bulk, liquid}} = 2251.3 - 2.6733\times T$$

$$L_2^{\text{bulk, liquid}} = 492.7$$

$$L_0^{\text{bulk, solid}} = 33819.1 - 8.1236 \times T$$
$$L_1^{\text{bulk, solid}} = -5601.9 + 1.32997 \times T$$

由以上一组数据，结合式（6-40）到式（6-45）可以得到式（6-39）中 $L_\upsilon^{\text{nano}}$ 的数据，即

$$L_0^{\text{nano, liquid}} = \left(17534.6 + \frac{-1.36932 \times 10^{-6}}{D}\right) + \left(-4.45479 + \frac{6.5044 \times 10^{-9}}{D}\right) \times T$$
$$L_1^{\text{nano, liquid}} = (2251.3 + \frac{-9.5396 \times 10^{-8}}{D}) + (-2.6733 + \frac{7.1336 \times 10^{-9}}{D}) \times T$$
$$L_2^{\text{nano, liquid}} = 492.7 + \frac{-4.5308 \times 10^{-8}}{D}$$
$$L_0^{\text{nano, solid}} = (33819.1 + \frac{-3.2517 \times 10^{-6}}{D}) + (-8.1236 + \frac{-3.3771 \times 10^{-10}}{D}) \times T$$
$$L_1^{\text{nano, solid}} = \left(-5601.9 + \frac{8.1322 \times 10^{-7}}{D}\right) + \left(1.32997 + \frac{1.3037 \times 10^{-9}}{D}\right) \times T$$
$$L_2^{\text{nano, solid}} = \frac{3.2517 \times 10^{-6}}{D} + \frac{1.8493 \times 10^{-9}}{D} \times T$$

根据 Ag-Cu 纳米合金体系纯组元和块体合金体系热力学数据，结合实验测得的不同成分与尺寸的 Ag-Cu 纳米颗粒熔化温度和对应尺寸的数据，利用 Thermo-Calc 软件进行热力学优化，可以求出关于颗粒的理论值适用纯物质纳米颗粒的熔点的实验数据的修正因子 $C_{\text{alloy}}$，其值为 1.235。表 6-4 为优化得到的描述 Ag-Cu 纳米合金体系各相的热力学参数。根据表中的各参数，可以利用 Thermo-Calc 软件计算出其他尺寸的 Ag-Cu 纳米颗粒相变温度与合金成分的关系，即可以画出不同尺寸的 Ag-Cu 纳米颗粒的相图。

**表 6-4　优化得到的 Ag-Cu 纳米合金体系热力学参数**

| Ag |
|---|
| 298.15～1235.08 K |
| $G_{\text{Ag}}^{0,\text{solid}} = -7209.512 + \frac{9.49815 \times 10^{-5}}{D} + \left(118.200733 - \frac{2.66515 \times 10^{-8}}{D}\right) \times T - 23.8463314 \times T \times \ln T - 0.001790585 \times T^2 - 3.98587 \times 10^{-7} \times T^3 - 12011 \times T^{-1}$ |
| $G_{\text{Ag}}^{0,\text{liquid}} = 3815.781 + \frac{4.92359 \times 10^{-5}}{D} + \left(109.310587 - \frac{3.81211 \times 10^{-9}}{D}\right) \times T - 23.8463314 \times T \times \ln T - \left(0.001790585 + \frac{1.03676 \times 10^{-12}}{D}\right) \times T^2 - 3.98587 \times 10^{-7} \times T^3 - 12011 \times T^{-1} - 1.0322 \times 10^{-20} \times T^7$ |
| 1235.08～3000.00 K |
| $G_{\text{Ag}}^{0,\text{solid}} = -15095.314 + \frac{9.49815 \times 10^{-5}}{D} + (190.265169 - \frac{2.66515 \times 10^{-8}}{D}) \times T - 33.472 \times T \times \ln T - 1.412186 \times 10^{29} \times T^{-9}$ |

续表

| Ag |
| --- |
| $G_{\mathrm{Ag}}^{0,\,\mathrm{liquid}}=-3587.342+\dfrac{4.92359\times10^{-5}}{D}+\left(180.964674-\dfrac{3.81211\times10^{-9}}{D}\right)\times T-33.472\times T\times\ln T-\dfrac{1.03676\times10^{-12}}{D}\times T^{2}$ |
| Cu |
| 298.15～1358.02 K |
| $G_{\mathrm{Cu}}^{0,\,\mathrm{solid}}=(-7770.458+\dfrac{7.76223\times10^{-5}}{D})+\left(130.485403+\dfrac{-1.11511\times10^{-8}}{D}\right)\times T-24.112392\times T\times\ln T-\left(0.00265684-\dfrac{5.30275\times10^{-13}}{D}\right)\times T^{2}+\left(1.29223\times10^{-7}-\dfrac{2.09302\times10^{-16}}{D}\right)\times T^{3}+52478\times T^{-1}$ |
| $G_{\mathrm{Cu}}^{0,\,\mathrm{liquid}}=\left(5194.382+\dfrac{4.7692\times10^{-5}}{D}\right)+\left(120.97516+\dfrac{-3.84815\times10^{-9}}{D}\right)\times T-24.112392\times T\times\ln T-\left(0.00265684-\dfrac{9.9865\times10^{-13}}{D}\right)\times T^{2}+\left(\dfrac{-1.34009\times10^{-16}}{D}+1.29223\times10^{-7}\right)\times T^{3}+52478\times T^{-1}-5.83932\times10^{-21}\times T^{7}$ |
| 1358.02～3200 K |
| $G_{\mathrm{Cu}}^{0,\,\mathrm{solid}}=\left(-13542.33+\dfrac{7.76223\times10^{-5}}{D}\right)+\left(183.804197-\dfrac{1.11511\times10^{-8}}{D}\right)\times T-31.38\times T\times\ln T+3.64643\times10^{29}\times T^{-9}+\dfrac{5.30275\times10^{-13}}{D}\times T^{2}+\dfrac{-2.09302\times10^{-16}}{D}\times T^{3}$ |
| $G_{\mathrm{Cu}}^{0,\,\mathrm{liquid}}=\left(-46.93+\dfrac{4.7692\times10^{-5}}{D}\right)+\left(173.883734+\dfrac{-3.84815\times10^{-9}}{D}\right)\times T-31.38\times T\times\ln T+\dfrac{9.9865\times10^{-13}}{D}\times T^{2}+\dfrac{-1.34009\times10^{-16}}{D}\times T^{3}$ |
| 过剩吉布斯自由能 |
| $G^{\mathrm{Ex,\,liquid}}=X_{\mathrm{Ag}}X_{\mathrm{Cu}}\left[\left(17534.6+\dfrac{-1.36932\times10^{-6}}{D}\right)+\left(-4.45479+\dfrac{6.5044\times10^{-9}}{D}\right)\times T+\left[\left(2251.3+\dfrac{-9.5396\times10^{-8}}{D}\right)+\left(-2.6733+\dfrac{7.1336\times10^{-9}}{D}\right)\right]\times T\times(X_{\mathrm{Ag}}-X_{\mathrm{Cu}})+\left(492.7+\dfrac{-4.5308\times10^{-8}}{D}\right)\times(X_{\mathrm{Ag}}-X_{\mathrm{Cu}})^{2}\right]$ |
| $G^{\mathrm{Ex,\,solid}}=X_{\mathrm{Ag}}X_{\mathrm{Cu}}\left[\left(33819.1+C\times\dfrac{-3.2517\times10^{-6}}{D}\right)+\left(-8.1236+C\times\dfrac{-3.3771\times10^{-10}}{D}\right)\times T+\left[\left(-5601.9+C\times\dfrac{8.1322\times10^{-7}}{D}\right)+\left(1.32997+C\times\dfrac{1.3037\times10^{-9}}{D}\right)\right]\times T\times(X_{\mathrm{Ag}}-X_{\mathrm{Cu}})+\left(C\times\dfrac{3.2517\times10^{-6}}{D}+C\times\dfrac{1.8493\times10^{-9}}{D}\times T\right)\times(X_{\mathrm{Ag}}-X_{\mathrm{Cu}})^{2}\right]$ |

图6-13展示了依据实验与热力学优化计算相结合获得的自洽的热力学参数计算的尺寸为 10.5 nm、9.2 nm、8.9 nm 和 8.5 nm 的 Ag-Cu 纳米颗粒与块体 Ag-Cu

合金体系的相图。由图 6-13 可知：计算的各尺寸纳米相图各零变量反应温度与纳米合金熔化实验测定结果很好地吻合。

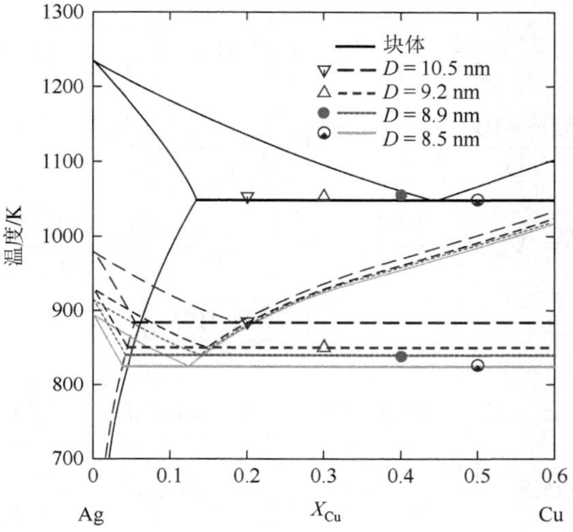


图 6-13　尺寸为 10.5 nm、9.2 nm、8.9 nm 和 8.5 nm 的 Ag-Cu 纳米颗粒与块体的相图与实验测定的相应熔化温度

## 6.3.3　银-铜纳米颗粒热力学性质

1. 非线性熔化

在过去的几十年里，热力学评估方法已经在各种材料体系中广泛使用。CALPHAD 是一种非常有价值的计算方法，它可以基于不同的成分、温度、压力，计算出最优的热力学参数。实验表明纳米合金系统中纳米颗粒的粒径、形貌导致了熔化温度的改变。本章在前述工作的基础上探究了 Ag-Cu 合金的非线性熔化行为。本节对 Ag-Cu 二元纳米颗粒热力学计算所采用的纯元素 Ag 修正因子 $C = 1.265$ 来自 Tang[30]所做的单质银纳米颗粒的实验和热力学优化计算及其对实验数据的计算外推结果；所用 Cu 的修正因子 $C = 1.282$ 来自 Guisbiers[31]通过热力学模型对 8 nm 单质铜纳米颗粒在 1081.1 K 熔化时的计算外推结果。

根据热力学模型，基于 Ag、Cu 纳米单质相关的热力学参数结合所测得的实验数据，本章对整个 Ag-Cu 二元合金纳米体系熔化温度进行外推，由于共晶熔化时 Ag-Cu 体系固相的化学势等于液相的化学势，可将 Ag-Cu 共晶熔化温度与粒径和成分的关系拟合成一个函数，如下所示

$$aT + bT^2 + cT^3 + dT^7 + e = 0 \tag{6-46}$$

其中，$a$，$b$，$c$，$d$，$e$ 是关于 Ag-Cu 纳米颗粒粒径 $D$ 及质量分数 $X_{Ag}$ 和 $X_{Cu}$ 的函数。分别表达为

$$a = X_{Ag} \times \left(8.89 + \frac{2.28\times10^{-8}}{D}\right) + X_{Cu} \times \left(-9.51 + \frac{7.3\times10^{-10}}{D}\right) + X_{Ag}X_{Cu}$$

$$\times\left[\left(3.67 + \frac{6.06\times10^{-9}}{D}\right) + \left(X_{Ag} - X_{Cu}\right)\times\left(-4 + \frac{5.34\times10^{-9}}{D}\right) - \left(X_{Ag} - X_{Cu}\right)^2\right]$$

$$b = X_{Ag} \times \left(-\frac{1.04\times10^{-18}}{D}\right) + X_{Cu} \times \left(-\frac{1.53\times10^{-12}}{D}\right)$$

$$c = X_{Cu} \times \left(\frac{7.53\times10^{-12}}{D}\right)$$

$$d = X_{Ag} \times (1.03\times10^{-20}) + X_{Cu} \times (-5.84\times10^{-21})$$

$$e = X_{Ag} \times \left(11025.8 - \frac{4.57\times10^{-5}}{D}\right) + X_{Cu} \times \left(12964.74 - \frac{2.99\times10^{-5}}{D}\right) + X_{Ag}X_{Cu}$$

$$\times\left[\left(-16284.5 + \frac{2.874\times10^{-6}}{D}\right) + (X_{Ag} - X_{Cu})\times\left(7853.2 - \frac{1.157\times10^{-6}}{D}\right)\right.$$

$$\left. -(X_{Ag} - X_{Cu})^2 \times \left(492.7 - \frac{4.289\times10^{-6}}{D}\right)\right]$$

将所做实验的数据点代入上述公式，可以得到 Ag-Cu@$SiO_2$ 纳米颗粒具体熔化温度 TM 与粒径的关系，可以得到如下的函数关系式

$$T_m = -14525 \times \frac{1}{D^2} + 57.64 \times \frac{1}{D} + 1014.2$$

将不同粒径的 Ag-Cu@$SiO_2$ 纳米颗粒的熔化温度与粒径的关系进行拟合，得到了实验测定温度与计算温度自洽的结果，发现 Ag-Cu@$SiO_2$ 的熔化温度随着纳米颗粒粒径减小而减小且呈现非线性关系，其结果如图 6-14 所示。

2. 扩散系数

纳米颗粒的尺寸效应不仅影响了熔化温度，也对扩散产生影响。纳米颗粒尺寸的变化，使得扩散系数不断变化，导致了纳米颗粒容易获得，进而影响了纳米颗粒的熔化温度。

块体材料的扩散公式为

$$D = D_0 e^{-\frac{Q}{RT}} \tag{6-47}$$

式中，$Q$ 表示扩散的活化能。根据式（6-47）可知，影响材料的扩散系数主要有活化能和温度这两个因素。但是在纳米的世界里，随着纳米颗粒尺寸的减小，其比表面积不断地增大，更多的原子都有向表面移动的趋势，因此在纳米系统中，活化能比在块体中要降低，根据 Dick[32]的观点，纳米系统中的活化能比块体系统的活化能要降低 25%。

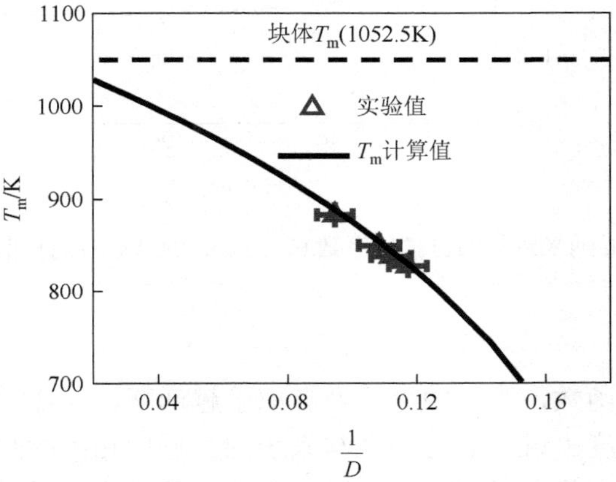


图 6-14 不同成分的 Ag-Cu@$SiO_2$ 纳米颗粒粒径倒数-熔化温度的关系图

横轴误差棒表示统计纳米颗粒尺寸时候获得的标准误差，纵轴误差棒表示经过计算获得的熔化温度的标准误差

式（6-48）表示了纳米颗粒不同尺寸下熔化温度与扩散系数的关系

$$D_r = D_m e^{-Q_r\left(\frac{1}{T}-\frac{1}{T_m(r)}\right)} \tag{6-48}$$

$D_m$ 表示在块体熔化时候的扩散系数。

查阅资料[33]获得 Ag、Cu 纯金属的自扩散常数 $D_0$ 和活化能的数据如表 6-5 所示。

**表 6-5　Ag、Cu 纯金属的自扩散常数 $D_0$ 和活化能的数据**

| 成分 | $T_m$/K | $D_0$/($cm^2\cdot s^{-1}$) | $Q$/($KJ\cdot mol^{-1}$) | $D_m$/($cm^2\cdot s^{-1}$) |
|---|---|---|---|---|
| Ag | 1234 | 0.40 | 184.6 | $6.08\times10^{-9}$ |
| Cu | 1356 | 0.31 | 200.3 | $5.91\times10^{-9}$ |

由以上数据结合不同尺寸单质 Ag、Cu 纳米颗粒的熔化温度，可以获得纯 Ag、Cu 的纳米颗粒尺寸与其自扩散的关系如图 6-15 所示。

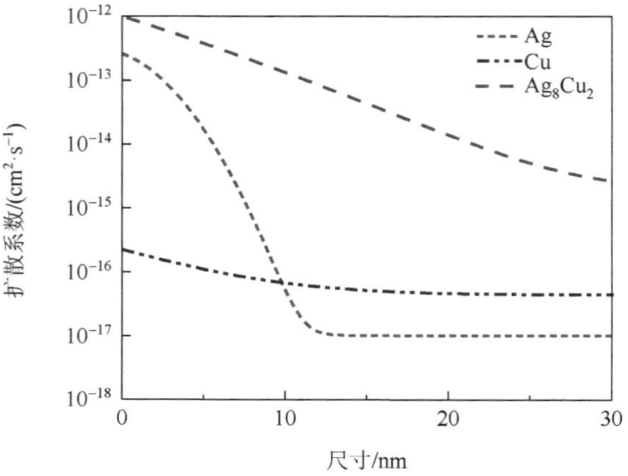


图 6-15　Ag、Cu 纳米颗粒的自扩散系数和 $Ag_8Cu_2$ 纳米颗粒的扩散系数与尺寸关系

3. 热焓

熵是一种状态函数，系统中分子或者原子越活跃，无序程度越高，则熵就会越大。从定性的角度来讲，熵是一个与系统混乱程度相关的热力学性质。而焓也是一种状态函数，它代表了物质转变过程中能量的变化。通过对熔化熵和熔化焓的计算可以更加深入地了解物质熔化过程。在此主要根据 Tang 对银熔化温度的预测来计算 Ag 纳米颗粒在不同粒径下的摩尔熔化熵和摩尔熔化焓；计算过程中可以把不同粒径的 Ag 纳米颗粒的熔化看作是一个可逆的相变过程，根据相变过程中的吉布斯判据[34, 35]可知 $\Delta G = 0$，其表达式为

$$\Delta G = X_{Ag}\left(G_{Ag}^{liquid} - G_{Ag}^{solid}\right) + X_{Cu}\left(G_{Cu}^{liquid} - G_{Cu}^{solid}\right) + \left(G_{AgCu}^{Ex,\,liquid} - G_{AgCu}^{Ex,\,solid}\right) \qquad (6\text{-}49)$$

结合吉布斯-亥姆霍兹公式求得纳米 Ag 的 $\Delta G/T$ 对 $T$（熔化温度）的偏微商，最终求得单质 Ag 的摩尔熔化熵和摩尔熔化焓。图 6-16 分别代表单质 Ag 的摩尔熔化焓和摩尔熔化熵随颗粒半径变化的曲线；从图中可以看出，摩尔熔化焓和摩尔熔化熵皆随着纳米颗粒的颗粒半径减小而减小，当纳米颗粒的颗粒半径减小到一定程度时，摩尔熔化焓和摩尔熔化熵有一个急剧减小的过程。

类比 Ag 纳米颗粒的熔化过程，不妨也把 Ag-Cu 块体或纳米颗粒在共晶熔化时看作是一个等温等压的相变过程，则有反应过程前后吉布斯函数的变化。当 Ag-Cu 纳米颗粒或者块体在对应的熔化温度时则会出现固液两相平衡，该过程是可逆的，根据相变化过程中吉布斯判据[39-40]可知 $\Delta G = 0$。

根据公切线法则可以求出 Ag-Cu 纳米颗粒在熔化温度时共晶点的平衡相比例。随后可根据优化后所得到的热力学数据结合吉布斯-亥姆霍兹公式求得 Ag-Cu 体系的 $\Delta G/T$ 对 $T$(熔化温度)的偏微商，最后计算出不同粒径下成分不同的 Ag-Cu

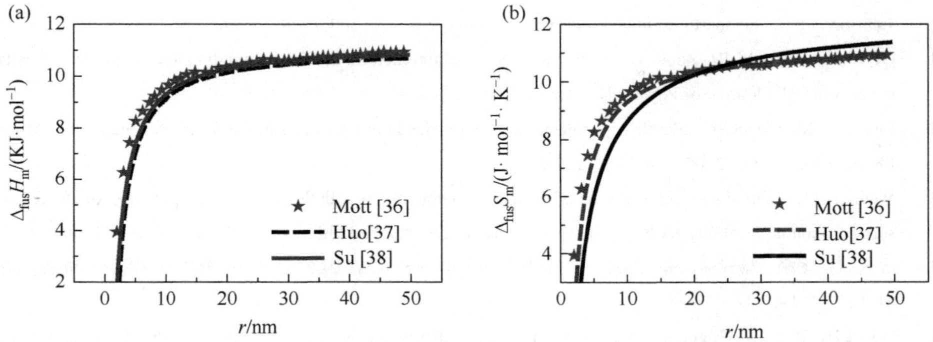


图 6-16　Ag 纳米颗粒在不同粒径下的摩尔熔化焓（a）、摩尔熔化熵（b）

纳米颗粒热焓，其中粒径分别为 8.9 nm 和 10.5 nm Ag-Cu 纳米颗粒和块体 Ag-Cu 合金具体的热焓变化趋势如图 6-17 所示。

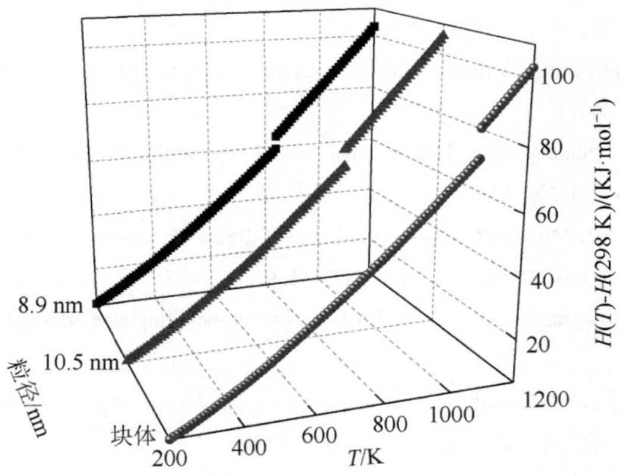


图 6-17　粒径为 8.9 nm、10.5 nm 的 Ag-Cu 纳米颗粒及块体合金的热焓图

由于在 Ag-Cu 纳米颗粒在各个粒径下都对应着各自的共晶熔化温度，且在达到共晶熔化温度时样品由固态转变为液态，在熔化时会发生一个等温相变，所以图 6-17 可见每一条光滑的线中间都有一小段缺口，这一垂直段可以用于表示不同尺寸的 Ag-Cu 纳米颗粒发生共晶熔化时的焓变。

## 参 考 文 献

[1] Yan J A，Yang L，Chou M Y. Size and orientation dependence in the electronic properties of silicon nanowires[J]. Physical Review B，2007，76：115319.

[2] Kodama R H. Magnetic nanoparticles[J]. Journal of Magnetism and Magnetic Materials，1999，200（1-3）：359-372.

[3] Quinten M. Optical properties of nanoparticle systems：mie and beyond[M]. Weinheim：Wiley-VCH，2010.

[4] Johnson B F G. Nanoparticles in catalysis[J]. Topics in Catalysis，2003，24（1-4）：147-159.

[5] Qi W H，Wang M P，Zhou M，et al. Surface-area-difference model for thermodynamic properties of metallic nanocrystals[J]. Journal of Physics D：Applied Physics，2005，38（9）：1429.

[6] Lee J G，Mori H. Solid solubility in isolated nanometer-sized alloy particles in the Sn-Pb system[J]. The European Physical Journal D，2005，34（1）：227-230.

[7] Wautelet M. Estimation of the variation of the melting temperature with the size of small particles, on the basis of a surface-phonon instability model[J]. Journal of Physics D：Applied Physics，1991，24（3）：343-346.

[8] 吴天斌，张鹏，杨冠英，等. 介孔 $SiO_2$负载和包覆的纳米金属颗粒的制备与研究[J]. 中国材料进展，2012，31（1）：8-12.

[9] Hövel H，Fritz S，Hilger A，et al. Width of cluster plasmon resonances：Bulk dielectric functions and chemical interface damping[J]. Physical Review B，1993，48（24）：18178-18188.

[10] 张邦维. 纳米材料物理基础[M]. 北京：化学工业出版社，2009.

[11] 帕拉斯 • N.普拉萨德. 纳米光子学[M]. 张镇西等，译. 西安：西安交通大学出版社，2010.

[12] 刘嘉斌，曾跃武，孟亮. Cu-71.8%Ag 共晶体中两相的台阶界面及晶体取向[J]. 金属学报，2007，43（8）：803-806.

[13] Lee J，Sim K J. General equations of CALPHAD-type thermodynamic description for metallic nanoparticle systems[J]. Calphad，2014，44：129-132.

[14] Lee J，Tanaka T，Lee J，et al. Effect of substrates on the melting temperature of gold nanoparticles[J]. Calphad，2007，31（1）：105-111.

[15] Brosh E，Makov G，Shneck R Z. Thermodynamic analysis of light-actinide elements[J]. Journal of nuclear materials，2005，344（1-3）：36-39.

[16] Eichhammer Y，Roeck J，Moelans N，et al. Calculation of the Au-Ge phase diagram for nanoparticles[J]，Archives of Metallurgy and Materials，2008，53（4）：1133-1139.

[17] Park J，Lee J. Phase diagram reassessment of Ag-Au system including size effect[J]. Calphad，2008，32（1）：135-141.

[18] Garzel G，Janczak-Rusch J，Zabdyr L. Reassessment of the Ag-Cu phase diagram for nanosystems including particle size and shape effect[J]. Calphad，2012，36：52-56.

[19] Butler J A V. The thermodynamics of the surfaces of solutions[J]. Proceedings of the Royal Society of London A，1932，135（827）：348-375.

[20] Picha R，Vřešťál J，Kroupa A. Prediction of alloy surface tension using a thermodynamic database[J]. Calphad，2004，28（2）：141-146.

[21] Yeum K S，Speiser R，Poirier D R. Estimation of the surface tensions of binary liquid alloys[J]. Metallurgical Transactions B，1989，20（5）：693-703.

[22] Tanaka T，Hack K，Hara S. Calculation of surface tension of liquid Bi-Sn alloy using thermochemical application library ChemApp[J]. Calphad，2000，24（4）：465-474.

[23] Tanaka T，Hack K，Iida T，et al. Application of thermodynamic databases to the evaluation of surface tensions of molten alloys，salt mixtures and oxide mixtures[J]. Zeitschrift für Metallkunde，1996，87（5）：380-389.

[24] Lee J, Nakamoto M, Tanaka T. Thermodynamic study on the melting of nanometer-sized gold particles on graphite substrate[J]. Journal of Materials Science，2005，40（9-10）：2167-2171.

[25] Lee J, Shimoda W, Tanaka T. Surface tension and its temperature coefficient of liquid Sn-X（X = Ag, Cu）alloys[J]. Materials Transactions，2004，45（9）：2864-2870.

[26] Nakamoto M，Liukkonen M，Friman M，et al. Measurement of surface tension of solid Cu by improved multiphase equilibrium[J]. Metallurgical and Materials Transactions B，2008，39（4）：570-580.

[27] Novakovic R，Ricci E，Giuranno D，et al. Surface and transport properties of Ag-Cu liquid alloys[J]. Surface Science，2005，576（1-3）：175-187.

[28] Luo W，Deng L，Su K，et al. Gibbs free energy approach to calculate the thermodynamic properties of copper nanocrystals[J]. Physical B：Condensed Matter，2011，406（4）：859-863.

[29] Hayes F H，Lukas H L，Effenberg G，et al. A Thermodynamic Optimization of the Cu-Ag-Pb System[J]. International Journal of Materials Research，1986，77（11）：749-754.

[30] Tang C Y，Sung Y M，Lee J. Nonlinear size-dependent melting of the silica-encapsulated silver nanoparticles[J]. Applied Physics Letters，2012，100（20）：201903.

[31] Guisbiers G，Kazan M，Overschelde O V，et al. Mechanical and thermal properties of metallic and semiconductive nanostructures[J]. The Journal of Physical Chemistry C，2008，112（11）：4097-4103.

[32] Dick K，Dhanasekaran T，Zhang Z，et al. Size-dependent melting of silica-encapsulated gold nanoparticles[J]. Journal of the American Chemical Society，2002，124（10）：2312-2317.

[33] 张联盟，黄学辉，宋晓岚. 材料科学基础 [M]. 武汉：武汉理工大学出版社，2004.

[34] 冯端，师昌绪，刘治国. 材料科学导论[M]. 北京：化学工业出版社，2002.

[35] Sundman B，Ågren J. A regular solution model for phases with several components and sublattices，suitable for computer applications[J]. Journal of Physics and Chemistry of Solids，1981，42（4）：297-301.

[36] Mott N F. The resistance of liquid metals[J]. Proceedings of the Royal Society A，1934，146（857）：465-472.

[37] 霍开拓. 陈晓明. 球形金属纳米颗粒熔化温度、熔化熵及熔化焓的尺寸效应[J]. 陕西师范大学学报（自然科学版），2014，42（3）：24-42.

[38] 苏婷. Ag 基纳米合金制备及热力学和电化学性质研究[D]. 桂林：桂林电子科技大学，2019.

[39] 郝士明. 材料热力学[M]. 北京：化学工业出版社，2004.

[40] 马兹·希拉特. 合金扩散和热力学[M]. 赖和怡，刘国勋，译. 北京：冶金工业出版，1984.

# 第 7 章 银-钴纳米颗粒纳米相图与热力学性质

尽管纳米颗粒具有与其块体相同的组成，但它们的颜色、熔点、机械阻力、导电性等性质可能明显不同。这些特定属性与尺寸密切相关，因此称为尺寸依赖性[1]。然而纳米颗粒的物理和化学性质是不容易预测的，因为纳米颗粒既不是分子也不是块体，这种不寻常的性质通常被描述为量子尺寸效应，导致结构中会存在独特的键和电子结构。

纳米颗粒通常还具有更高的表面能，这是由表面上的原子百分比高于致密形式的情况引起的。例如对于尺寸为 3 nm 的纳米颗粒，50%的原子在表面上，在 10 nm 为 20%，这种多余的能量可以表现为熔点的降低[2]。纳米颗粒表面的原子可以以不同的方式与环境相互作用，这种相互作用的结果会导致表面等离子体共振的现象，这些特定的特性为纳米颗粒的应用开辟了大量空间。

Saravanan 等[3]通过多元醇工艺合成，在 Ar 气氛下，S 在含有油酸和油胺的配位溶剂中同时还原乙酸钴和硝酸银。在 $N_2$ 气氛下加热到 200℃，并进行剧烈搅拌回流后，将混合物冷却后用乙醇洗涤离心，沉淀出颗粒，最终得到 Ag-Co 双金属纳米颗粒。

表面偏析，即二元或多组分系统的组分的分离，是一种特定类型的原子、离子在大块材料表面区域的富集[4]。合金的催化、吸附、抗腐蚀等性都受到表面偏析现象的影响，对它的研究将有助于改善材料的物理化学性能、更好地应用材料。然而，在纳米尺度下由于合金组元表面能的差异，在很多纳米合金中也存在表面偏析现象，这在实验和计算上都得到了验证，特别是对于 Au-Co、Ag-Cu 和 Ag-Co 等块体不混溶的合金体系的研究，因为它们在纳米尺度下可以提高混溶性，能够形成纳米合金。Sobal 等[5]通过制备单分散双金属 Ag/Co 复合纳米晶体，采用透射电子显微镜和电子能量损失谱观察到双金属纳米晶体中 Ag 会偏析在表面。

随着计算机技术的发展，CALPHAD、密度泛函理论、分子动力学、蒙特卡罗模拟等计算技术被用来模拟计算材料性能和结构[6-9]。Mendoza-Pérez 等[6]采用分子动力学的技术结合纳米热力学方法，研究了纳米颗粒的尺寸和形状对 Mo-M（M = Nb，Ta 和 W）纳米相图的影响。研究了不同形状纳米颗粒的偏析。近年来，研究者通过蒙特卡罗模拟计算了不同形状的纳米颗粒对于相图的变化，北京化工大学的 Zhao 等[9]运用此方法预测了具有多种多面体形态（四面体、立方体、八面体、截断八面体、立方八面体、十面体、十二面体、斜十二面体和二十面体）的 Ag-Co 纳米合金的相图，在 14 nm 的纳米尺度上，与分子动力学模拟结果吻合良好，他们没有开展球形纳米颗粒的研究。此外，CALPHAD 为基于纯物质热力学中的吉布斯自由能表达式和溶液混合特性的相图计算提供了一个强大的工具。最近的研究表明，由于组分的化学势被描述为颗粒大小、组成和温度的函数，CALPHAD 可以应用于二元合金纳米相图研究[10]。

本章基于 Butler 方程计算出 Ag-Co 二元合金体系的表面张力、偏析等性质，结合液滴模型，对不同尺寸的纳米颗粒表面能进行计算。通过对 Nano-CALPHAD 的模型的修正，得到 Ag-Co 合金在纳米尺度下吉布斯自由能和纳米颗粒尺寸的关系，构建了纳米体系热力学数据库，结合实验数据对纳米相图进行优化，从而评估了 Ag-Co 合金的纳米相图。

# 7.1　银-钴纳米颗粒纳米相图

## 7.1.1　银-钴纳米颗粒纳米相图与热力学性质计算方法

相对于其他多面体等形状，球形比表面积最小，因此表面效应对体系总吉布斯自由能的影响最小，产生相平衡变化最小。对于尺寸约大于 5.0 nm 的 Ag-Co 纳米合金体系，在表面能影响下的总吉布斯能可表示为

$$G^{\text{total}} = G^{\text{bulk}} + G^{\text{surface}} \tag{7-1}$$

其中，$G^{\text{total}}$ 是指纳米合金体系总吉布斯自由能，$G^{\text{bulk}}$ 和 $G^{\text{surface}}$ 分别代表块体和表面对于体系的吉布斯自由能的贡献量。

块体二元合金的吉布斯自由能 $G^{\text{bulk}}$ 可以被表达为

$$G_{\text{AgCo}}^{\text{bulk}} = X_{\text{Ag}}G_{\text{Ag}}^{0} + X_{\text{Co}}G_{\text{Co}}^{0} + RT(X_{\text{Ag}}\ln X_{\text{Ag}} + X_{\text{Co}}\ln X_{\text{Co}}) + G_{\text{AgCo}}^{(\text{Ex, bulk})} \tag{7-2}$$

其中，$X_{\text{Ag}}$、$X_{\text{Co}}$、$G_{\text{Ag}}^{0}$、$G_{\text{Co}}^{0}$ 分别对应于 Ag、Co 纯组分的摩尔分数和标准吉布斯自由能；$R$ 为通用气体常数；$T$ 是绝对温度；$G_{\text{AgCo}}^{\text{Ex, bulk}}$ 是 Ag-Co 系统的过剩吉布斯自由能，用 Redlich-Kister 多项式表示[10]。

$$G_{\text{AgCo}}^{\text{Ex, bulk}} = X_{\text{Ag}}X_{\text{Co}}\sum L^{v}(X_{\text{Ag}} - X_{\text{Co}})^{v}(v = 0, 1, 2, \cdots) \tag{7-3}$$

$$L^{v} = a + bT + cT\ln T + \cdots \tag{7-4}$$

$L^{v}$ 为式（7-3）中的 Ag-Co 合金的相互作用参数，由常数和温度组成。

球形纳米颗粒的摩尔表面吉布斯自由能[11]可以表示为

$$G_{\text{AgCo}}^{\text{surface}} = \frac{2C\sigma_{\text{AgCo}}V_{\text{AgCo}}}{r} \tag{7-5}$$

其中，$\sigma_{AgCo}$ 和 $V_{AgCo}$ 分别为 Ag-Co 合金体系的表面张力和摩尔体积；$r$ 是纳米颗粒的半径。忽略过量摩尔体积的变化时，合金的摩尔体积可视为各组分体积贡献的总和。

$$V_{AgCo} = X_{Ag}V_{Ag} + X_{Co}V_{Co} \tag{7-6}$$

其中，$V_{Ag}$ 和 $V_{Co}$ 为合金体系不同组分的摩尔体积。二元合金体系的表面能取决于其组成，Butler 方程常用于二元金属合金表面性质的计算。根据这个方程，可以根据合金纯组分的表面能、其摩尔面积（体积）和过剩吉布斯自由能来计算此二元合金的表面张力、偏析等。在缺少二元合金表面张力数据的情况下，表面张力可以通过 Butler 方程[12]来计算。

$$\begin{aligned}\sigma_{AgCo} &= \sigma_{Ag} + \frac{RT}{A_{Ag}}\ln\left(\frac{X_{Ag}^{surface}}{X_{Ag}^{bulk}}\right) + \frac{1}{A_{Ag}}\left[G_{Ag}^{Ex,\,surface}(T, X_{Ag}^{surface}) - G_{Ag}^{Ex,\,bulk}(T, X_{Ag}^{bulk})\right] \\ &= \sigma_{Co} + \frac{RT}{A_{Co}}\ln\left(\frac{X_{Co}^{surface}}{X_{Co}^{bulk}}\right) + \frac{1}{A_{Co}}\left[G_{Co}^{Ex,\,surface}(T, X_{Co}^{surface}) - G_{Co}^{Ex,\,bulk}(T, X_{Co}^{bulk})\right]\end{aligned} \tag{7-7}$$

其中，$\sigma_{Ag}$ 和 $\sigma_{Co}$ 分别为纯组分的表面张力；$A_{Ag}$ 和 $A_{Co}$ 是二元体系中不同组分的摩尔表面积，其公式为

$$A_i = KN_0^{\frac{1}{3}}V_i^{\frac{2}{3}} \tag{7-8}$$

其中，$K$ 是合金的几何因子为 1.091[13]，$N_0$、$V_i$ 分别为组分 $i$ 的阿伏伽德罗常数和摩尔体积。$G_{Ag}^{Ex,\,surface}(T, X_{Ag}^{surface})$、$G_{Co}^{Ex,\,surface}(T, X_{Co}^{surface})$、$G_{Ag}^{Ex,\,bulk}(T, X_{Ag}^{bulk})$、$G_{Co}^{Ex,\,bulk}(T, X_{Co}^{bulk})$ 分别为对应组分相对于表面和块体的过剩吉布斯自由能。Yeum 等[14]定义了组分 $i$ 的 $G_i^{Ex,\,surface}(T, X_i^{surface})$ 与 $G_i^{Ex,\,bulk}(T, X_i^{bulk})$ 关系为

$$G_i^{Ex,\,surface}(T, X_i^{surface}) = \beta G_i^{Ex,\,bulk}(T, X_i^{bulk}) \tag{7-9}$$

$\beta$ 由表面和体相的配位数比值表示。液相 $\beta$ 值为 0.85，固相 $\beta$ 值为 0.84[15]。

对于球形 Ag-Co 纳米颗粒，根据液滴模型表面能 $\sigma$ 为[16]：

$$\sigma = \sigma_{AgCo}\left(1 - \frac{2c\delta_{AgCo}}{r}\right) \tag{7-10}$$

其中，$\sigma$ 为纳米颗粒的表面能，$c$ 为形状因子，$\delta_{AB}$ 为合金组分的 Tolman 长度与成分的函数，由式（7-11）确定。

$$\delta_{AgCo} = X_{Ag}\delta_{Ag} + X_{Co}\delta_{Co} \tag{7-11}$$

Nanda 测定的 Ag 和 Co 的 Tolman 长度的值分别为 0.2415 和 0.235[16]。

根据 Redlich-Kister 多项式，纳米颗粒的过剩吉布斯自由能可以表示为

$$G_{AgCo}^{Ex,\,nano} = X_{Ag}X_{Co}\sum L^{\nu,\,nano}(X_{Ag} - X_{Co})^{\nu}\ (\nu = 0, 1, 2, \cdots) \tag{7-12}$$

其中，

$$
\begin{aligned}
L^{v,\,\text{nano}} &= L^{v,\,\text{bulk}} + L^{\text{suface}} \\
&= f_1\left(\frac{1}{r}\right) + f_2\left(\frac{1}{r}\right)T + f_3\left(\frac{1}{r}\right)T\ln T + \cdots \\
&= \left(a + \frac{a'}{r}\right) + \left(b + \frac{b'}{r}\right)T + \left(c + \frac{c'}{r}\right)T\ln T + \cdots
\end{aligned}
\tag{7-13}
$$

式（7-13）中的 $a$、$b$ 和 $c$ 是式（7-3）中块体合金的过剩吉布斯自由能参数，而 $a'$、$b'$和 $c'$由式（7-14）得到。

$$
a' + b'T + c'T\ln T + \cdots = 2(\sigma_{\text{AgCo}}V_{\text{AgCo}} - X_{\text{Ag}}\sigma_{\text{Ag}}V_{\text{Ag}} - X_{\text{Co}}\sigma_{\text{Co}}V_{\text{Co}}) \tag{7-14}
$$

### 7.1.2　银-钴纳米颗粒体系表面张力、表面偏析及表面能计算

1. Ag、Co 及合金热力学相关数据

基于上述计算模型，对块体金属 Ag、Co 及合金的热力学相关数据进行汇总的结果如表 7-1 所示。

**表 7-1　Ag、Co 的热物理性质数据和合金过剩吉布斯自由能汇总**

| 性质 | 公式 | 文献 |
|---|---|---|
| 表面张力 | $\sigma_{\text{Ag}}^{\text{solid}} = 1.675 - 4.7\times10^{-4}\times T$ | [17] |
| | $\sigma_{\text{Ag}}^{\text{solid}} = 1.675 - 4.7\times10^{-4}\times T$ | [18] |
| | $\sigma_{\text{Co}}^{\text{solid}} = 2.55 - 2\times10^{-4}\times T$ | [19] |
| | $\sigma_{\text{Co}}^{\text{liquid}} = 2.514 - 3.3\times10^{-4}\times T$ | [20] |
| 摩尔体积 | $V_{\text{Ag}}^{\text{solid}} = 1.12066\times10^{-5}$ | [21] |
| | $V_{\text{Ag}}^{\text{liquid}} = 1.0198\times10^{-5} + 1.1368\times10^{-9}\times T$ | [21] |
| | $V_{\text{Co, FCC}}^{\text{solid}} = 6.64\times10^{-6} + 1.65\times10^{-10}\times T + 9.0987\times10^{-14}\times T^2$ | [22] |
| | $V_{\text{Co}}^{\text{liquid}} = 6.64\times10^{-6} - 3.63\times10^{-10}\times T + 1.16\times10^{-13}\times T^2$ | [23] |
| | $V_{\text{Co}}^{\text{liquid}} = 6.64\times10^{-6} - 3.63\times10^{-10}\times T + 1.16\times10^{-13}\times T^2$ | [22] |
| 过剩吉布斯自由能 | $G^{\text{Ex, liquid}} = X_{\text{Ag}}X_{\text{Co}}\times[(71500 - 5.74\times T) - 13000\times(X_{\text{Ag}} - X_{\text{Co}})]$ | [24] |
| | $G_{\text{FCC}}^{\text{Ex, solid}} = X_{\text{Ag}}X_{\text{Co}}\times[77000 - 28300\times(X_{\text{Ag}} - X_{\text{Co}})]$ | [24] |
| | $G_{\text{HCP}}^{\text{Ex, solid}} = X_{\text{Ag}}X_{\text{Co}}\times78000$ | [24] |
| Tolman 长度 | $\delta_{\text{Ag}} = 0.2415$ | [16] |
| | $\delta_{\text{Co}} = 0.235$ | [16] |

2. Ag-Co 纳米颗粒热力学数据库

基于 SGTE 热力学数据库[25]和文献调研，优化后的 Ag、Co 及 Ag-Co 纳米颗粒的吉布斯自由能和固液相的过剩吉布斯自由能，汇总如表 7-2 所示。

**表 7-2 Ag、Co 及 Ag-Co 纳米颗粒的吉布斯自由能和固液相的过剩吉布斯自由能汇总**

| Ag |
| --- |
| 298.15～1235.08 K |
| $G_{\text{Ag}}^{0,\text{solid}}=\left(-7209.512+\frac{4.7491\times10^{-5}}{r}\right)+\left(118.200733-\frac{1.33258\times10^{-8}}{r}\right)\times T-23.84633\times T\ln T$ $-0.001790585\times T^{2}-3.98587\times10^{-7}\times T^{3}-12011\times T^{-1}$ |
| $G_{\text{Ag}}^{0,\text{liquid}}=\left(3815.781+\frac{2.4618\times10^{-5}}{r}\right)+\left(109.310587-\frac{1.90606\times10^{-9}}{r}\right)\times T-23.8463314\times T\ln T$ $-\left(0.001790585+\frac{5.1838\times10^{-13}}{r}\right)\times T^{2}-3.98587\times10^{-7}\times T^{3}-12011\times T^{-1}-1.0322\times10^{-20}\times T^{7}$ |
| 1235.08～3000.00 K |
| $G_{\text{Ag}}^{0,\text{solid}}=\left(-15095.314+\frac{4.7491\times10^{-5}}{r}\right)+(190.265169-\frac{1.33258\times10^{-8}}{r})\times T$ $-33.472\times T\times\ln T-1.412186\times10^{29}\times T^{-9}$ |
| $G_{\text{Ag}}^{0,\text{liquid}}=\left(-3587.342+\frac{2.4618\times10^{-5}}{r}\right)+(180.964674-\frac{1.90606\times10^{-9}}{r})\times T$ $-33.472\times T\times\ln T-\frac{5.1838\times10^{-13}}{r}\times T^{2}$ |

| Co |
| --- |
| 298.15 K～1768.00 K |
| $G_{\text{Co,FCC}}^{0,\text{solid}}=\left(737.832+\frac{3.316712\times10^{-5}}{r}\right)+\left(132.750762-\frac{1.7782\times10^{-9}}{r}\right)\times T-25.0861\times T\times\ln T$ $-\left(2.6547387\times10^{-3}+\frac{3.90074\times10^{-13}}{r}\right)\times T^{2}-\left(1.7348\times10^{-7}+\frac{3.56669\times10^{-17}}{r}\right)\times T^{3}-72526.9\times T^{-1}$ |
| $G_{\text{Co,HCP}}^{0,\text{solid}}=\left(310.241+\frac{3.30113\times10^{-5}}{r}\right)+\left(133.36601-\frac{1.429985\times10^{-9}}{r}\right)\times T-25.0861\times T\times\ln T$ $-\left(2.6547387\times10^{-3}+\frac{9.09125\times10^{-14}}{r}\right)\times T^{2}-1.7348\times10^{-7}\times T^{3}-72526.9\times T^{-1}$ |
| $G_{\text{Co}}^{0,\text{liquid}}=\left(15395.278+\frac{3.33793\times10^{-5}}{r}\right)+\left(124.434078-\frac{6.2072\times10^{-9}}{r}\right)\times T$ $-\left(2.6547387\times10^{-3}+\frac{8.227\times10^{-13}}{r}\right)\times T^{2}-\left(1.7348\times10^{-7}+\frac{7.656\times10^{-17}}{r}\right)\times T^{3}$ $-72526.9\times T^{-1}-2.198\times10^{-21}\times T^{7}-25.0861\times T\times\ln T$ |

续表

| Co |
| --- |
| 1768.00～6000.00 K |
| $G_{\mathrm{Co,FCC}}^{0,\mathrm{solid}}=\left(-16770.075+\frac{3.316712\times10^{-5}}{r}\right)+\left(252.668487-\frac{1.7782\times10^{-9}}{r}\right)\times T-40.5\times T\times\ln T+\frac{3.90074\times10^{-13}}{r}\times T^{2}-\left(\frac{3.56669\times10^{-17}}{r}\right)\times T^{3}+9.348\times10^{30}\times T^{-9}$ |
| $G_{\mathrm{Co,HCP}}^{0,\mathrm{solid}}=\left(310.241+\frac{3.30113\times10^{-5}}{r}\right)+\left(133.36601-\frac{1.429985\times10^{-9}}{r}\right)\times T-25.0861\times T\times\ln T-\left(2.6547387\times10^{-3}+\frac{9.09125\times10^{-14}}{r}\right)\times T^{2}-1.7348\times10^{-7}\times T^{3}-72526.9\times T^{-1}$ |
| $G_{\mathrm{Co}}^{0,\mathrm{liquid}}=\left(-846.61+\frac{3.33793\times10^{-5}}{r}\right)+\left(243.59994-\frac{6.2072\times10^{-9}}{r}\right)\times T-40.5\times T\times\ln T+\frac{8.227\times10^{-13}}{r}\times T^{2}+\frac{7.656\times10^{-17}}{r}\times T^{3}$ |
| 过剩吉布斯自由能 |
| $G_{\mathrm{FCC}}^{\mathrm{Ex,nano,solid}}=X_{\mathrm{Ag}}X_{\mathrm{Co}}\times\left\{\left[\left(77000-\frac{2.462\times10^{-6}}{r}\right)-\left(-\frac{1.8646\times10^{-9}}{r}\right)\times T\right]+\left[\left(-283000+\frac{2.5585\times10^{-6}}{r}\right)-\left(\frac{3.58\times10^{-9}}{r}\right)\times T\right]\times(X_{\mathrm{Ag}}-X_{\mathrm{Co}})+\left(\frac{8.33\times10^{-7}}{r}\right)\times(X_{\mathrm{Ag}}-X_{\mathrm{Co}})^{2}\right\}$ |
| $G_{\mathrm{HCP}}^{\mathrm{Ex,nano,solid}}=X_{\mathrm{Ag}}X_{\mathrm{Co}}\times\left[\left(78000-\frac{2.3845\times10^{-6}}{r}\right)+\frac{2.661\times10^{-9}}{r}\times T\right]$ |
| $G^{\mathrm{Ex,nano,liquid}}=X_{\mathrm{Ag}}X_{\mathrm{Co}}\times\left\{\left[\left(71500-\frac{1.98585\times10^{-5}}{r}\right)-\left(5.74+\frac{9.79\times10^{-9}}{r}\right)\times T\right]+\left[\left(-13000-\frac{1.32065\times10^{-6}}{r}\right)+\left(\frac{2.466\times10^{-9}}{r}\right)\times T\right]\times(X_{\mathrm{Ag}}-X_{\mathrm{Co}})\right\}$ |

3. Ag-Co 纳米相图

Ag 和 Co 金属不能形成宏观的固态或液态合金，然而，在双靶双激光汽化实验中已经产生了 $Ag_mCo_n$ 团簇[26]，Holewinski 等[27]发现 Ag-Co 纳米合金的氧还原反应（ORR）活性比纯 Ag 催化剂高 5 倍，也达到了商业 Pt 催化剂面积比活性的一半以上。此外，与纯 Ag 团簇相比，Ag-Co 纳米合金具有更高的 CO 氧化催化活性[28]。因此对于纳米尺度下的 Ag-Co 纳米合金的研究是十分有必要的。对 Ag-Co 体系，即使在高温中 Ag 和 Co 液相也是相分离，只在富 Ag 和富 Co 端产生微小的溶解，并且熔化温度较高，因此实验上难以测定体系的热力学性质。在缺少纳米合金热力学实验数据情况下，我们可以通过研究合金组分元素纳米尺度下的熔化，从而评估合金体系的相图，这个方法也被 Lee 等[10]用来评估 Ag-Au 纳米合金的相图。课题组 Tang 等[29]通过对二氧化硅包覆不同尺寸的 Ag 纳米颗粒的熔化进行研究，得到的数据如表 7-3 所示。

**表 7-3　Tang 等测定的纯 Ag 纳米颗粒熔化实验数据[29]**

| 序号 | 尺寸 $r$/nm | 熔化温度 $T_m$/K |
|---|---|---|
| 1 | 7.5 | 1070 |
| 2 | 13.0 | 1147 |
| 3 | 21.0 | 1181 |

根据表 7-2 中的 Ag-Co 纳米颗粒纳米体系热力学数据库，计算了半径为 7.5 nm、13.0 nm 和 21.0 nm 的 Ag-Co 纳米颗粒纳米相图，如图 7-1 所示。

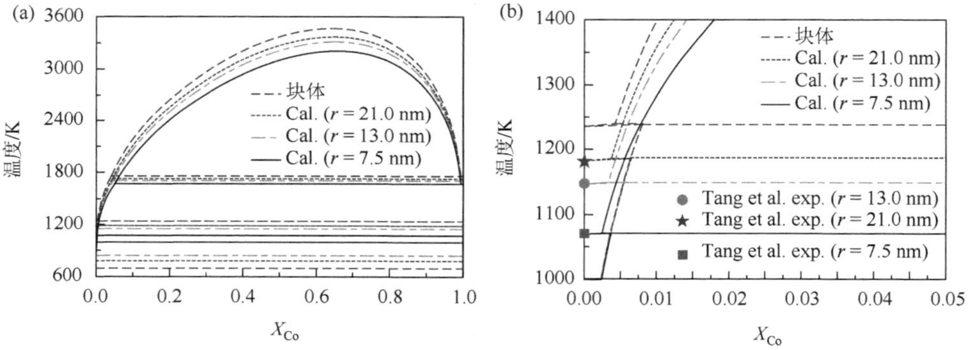


图 7-1　（a）计算得到的不同粒径下的 Ag-Co 纳米颗粒纳米相图，（b）富银区 Ag-Co 纳米颗粒纳米相图与 Tang 等的研究结果

Ag-Co 合金体系存在三个稳定相：液相、FCC 和 HCP，由偏晶反应 $L1 \leftrightarrow L2+\alpha\text{Co(FCC)}$、包晶反应 $L+\alpha\text{Co(FCC)} \leftrightarrow \text{Ag(FCC)}$ 和共析反应 $\alpha\text{Co(FCC)} \leftrightarrow \beta\text{Co(HCP)}+\text{Ag(FCC)}$ 组成。图 7-1（b）对比了半径为 7.5 nm、13.0 nm、21.0 nm 的 Ag-Co 纳米相图与块体相图，可以看出随着粒径的减小，Ag 和 Co 液相不混溶区域也在变小。同时 Ag-Co 合金的包晶反应温度和偏晶反应温度是随着纳米颗粒尺寸减小而发生降低，但是纳米合金体系的共析反应温度发生升高，这与 Au-Co 纳米相图的规律相同。可以看出不同粒径 Ag 的熔化温度与纳米相图具有较好的吻合，验证了 Ag-Co 纳米相图计算的准确性。优化的 Ag-Co 纳米相图可以为 Ag-Co 纳米合金的合成与新应用的开发提供指导。表 7-4 汇总了不同尺寸的 Ag-Co 纳米合金的零变量反应数据。从表 7-4 可以看出不同尺寸下零变量反应的变化情况。

**表 7-4　Ag-Co 块体合金及不同尺寸的纳米颗粒零变量反应数据**

| 尺寸/nm | 反应 | | | | | | | | | | | |
|---|---|---|---|---|---|---|---|---|---|---|---|---|
| | $L1 \leftrightarrow L2+\alpha$Co(FCC) | | | | $L+\alpha$Co(FCC) $\leftrightarrow$ Ag(FCC) | | | | $\alpha$Co(FCC) $\leftrightarrow$ $\beta$Co(HCP) + Ag(FCC) | | | |
| | 成分(Co 的摩尔分数) | | | $T$/K | 成分(Co 的摩尔分数) | | | $T$/K | 成分(Co 的摩尔分数) | | | $T$/K |
| 块体 | 99.36 | 4.1 | 99.95 | 1759 | 0.42 | 99.99 | 0.80 | 1239 | 99.99 | 99.99 | 0.01 | 695 |
| 21.0 | 95.54 | 4.46 | 99.96 | 1726 | 0.37 | 99.99 | 0.65 | 1185 | 99.999 | 99.999 | 0.001 | 778.3 |
| 13.0 | 95.34 | 4.66 | 99.96 | 1706 | 0.33 | 99.999 | 0.55 | 1149 | 99.999 | 99.999 | 0.001 | 840 |
| 7.5 | 94.89 | 5.1 | 99.97 | 1669 | 2.45 | 99.999 | 0.37 | 1071 | 99.999 | 99.999 | 0.001 | 995 |

## 7.2　银-钴纳米颗粒热力学性质

### 7.2.1　热焓与混合焓

图 7-2 计算了 Ag-Co 合金体系在块体时和粒径为 7.5 nm、13.0 nm、21.0 nm 纳米颗粒的热焓，可以看出有两个缺口，第一个分别对应温度为 1239 K、1185 K、1149 K、1071 K，第二个温度为 1759 K、1726 K、1706 K、1669 K，这分别对应于块体合金和各尺寸纳米颗粒偏晶反应和包晶反应温度，这两个反应有液相参与，产物与反应物产生焓的差值在缺口表现出来。图 7-2（b）为在 4000 K 时不同粒径的 Ag-Co 纳米颗粒的混合焓，正的混合焓与 Ag、Co 合金即使在高温都不互溶的性质相一致。同时，从图可知，随着粒径的减小 Au-Co 纳米颗粒的液相混合焓会发生降低。

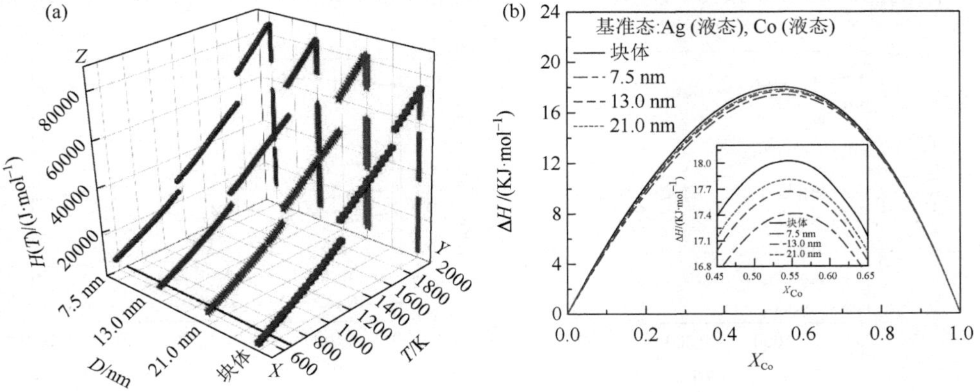


图 7-2　Ag-Co 块体合金及不同粒径下纳米颗粒的热焓（a）与 4000 K 的混合焓（b）计算

### 7.2.2　银-钴合金表面张力、表面偏析及表面能计算

图 7-3（a）分别计算了固相时 Ag-Co 合金在 1000 K 和 1200 K 时的表面张力，从图可以看出 Ag-Co 合金的表面张力对于 Co 的成分有很大依赖，且非线性的，特别是当 Ag-Co 合金中 Co 含量大于 90%时，合金的表面张力会有一个较大的跃升，这是因为 Co 和 Ag 的表面张力差距过大。同时计算了液相时的 Ag-Co 合金在 1600 K、2000 K 的表面张力，液相时合金的表面张力变化趋势与固相相似，但是变化区间小于固相，并且随着温度升高表面张力发生减小。为了探究温度和 Ag-Co 合金表面张力的关系，计算了不同成分的 Ag-Co 合金在固相和液相下的表面张力。

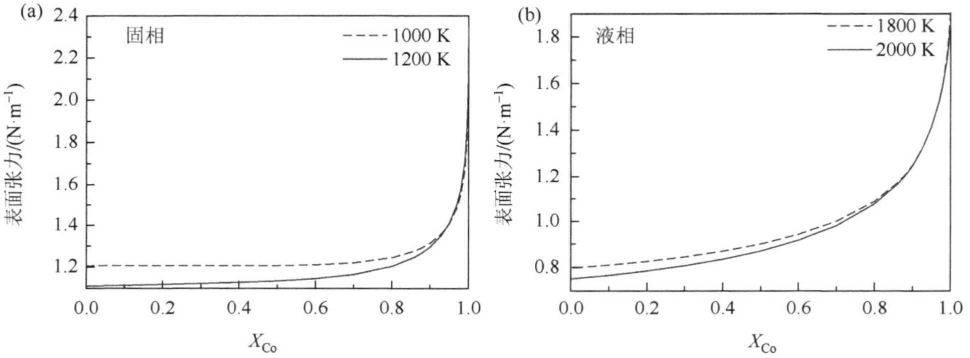


图 7-3　Ag-Co 合金在（a）在 1000 K、1200 K（固相）和（b）1600 K、2000 K（液相）的表面张力计算结果

图 7-4 计算了 $Ag_1Co_9$、$Ag_3Co_7$、$Ag_5Co_5$、$Ag_7Co_3$、$Ag_9Co_1$ 合金在液相和固相不同范围内的表面张力。从图中可以看出除液相的 $Ag_1Co_9$ 外，其他成分的 Ag-Co

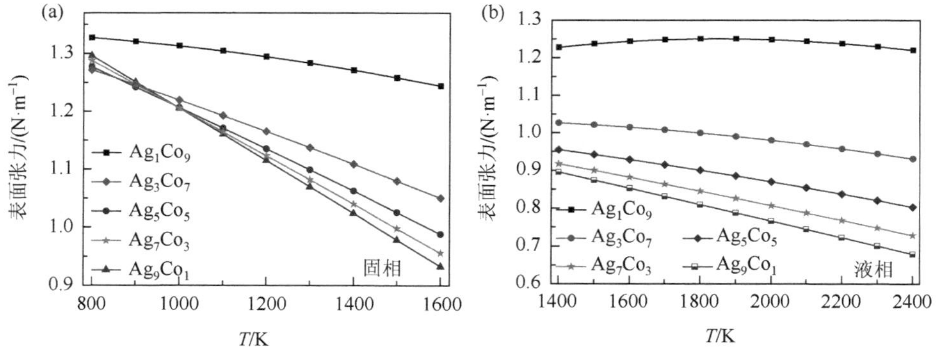


图 7-4　不同组分的 Ag-Co 合金在（a）固相（800～1600 K），（b）液相（1400～2400 K）范围内的表面张力计算

合金的表面张力均随着温度的升高而近似线性降低，对计算的 $Ag_3Co_7$、$Ag_5Co_5$、$Ag_7Co_3$、$Ag_9Co_1$ 合金的表面张力与温度的关系进行拟合后得到下面关系。

固相时

$$\sigma_{Ag_1Co_9} = 1.41535 - 1.03815 \times 10^{-4} T$$
$$\sigma_{Ag_3Co_7} = 1.49591 - 2.77125 \times 10^{-4} T$$
$$\sigma_{Ag_5Co_5} = 1.56665 - 3.60518 \times 10^{-4} T$$
$$\sigma_{Ag_7Co_3} = 1.61997 - 4.14526 \times 10^{-4} T$$
$$\sigma_{Ag_9Co_1} = 1.65921 - 4.53747 \times 10^{-4} T$$

液相时

$$\sigma_{Ag_1Co_9} = 1.25655 - 8.84182 \times 10^{-6} T$$
$$\sigma_{Ag_3Co_7} = 1.16872 - 9.6327 \times 10^{-5} T$$
$$\sigma_{Ag_5Co_5} = 1.17103 - 1.5173 \times 10^{-4} T$$
$$\sigma_{Ag_7Co_3} = 1.18403 - 1.89087 \times 10^{-4} T$$
$$\sigma_{Ag_9Co_1} = 1.19929 - 2.6645 \times 10^{-4} T$$

从拟合的关系式可以看出液相和固相时的斜率随着 Co 含量的减少分别从 $-8.841\,82\times10^{-6}$ 减小至 $-2.6645\times10^{-4}$，$-1.038\,15\times10^{-4}$ 减小至 $-4.537\,47\times10^{-4}$，截距则是分别从 1.256 55 N/m 减小至 1.199 29 N/m，1.415 35 增大至 1.659 21。Xiao 等在 Ni-Co 合金体系上也发现相同规律，通过实验和模拟都得到验证[30]。

因为合金熔体中各元素之间的表面张力不同，其在熔体中分布不均匀。利用 Butler 模型，可以根据测得的表面张力计算出表面和块体的元素浓度，了解合金的偏析情况。图 7-5 计算了 Ag-Co 合金的表面偏析情况。

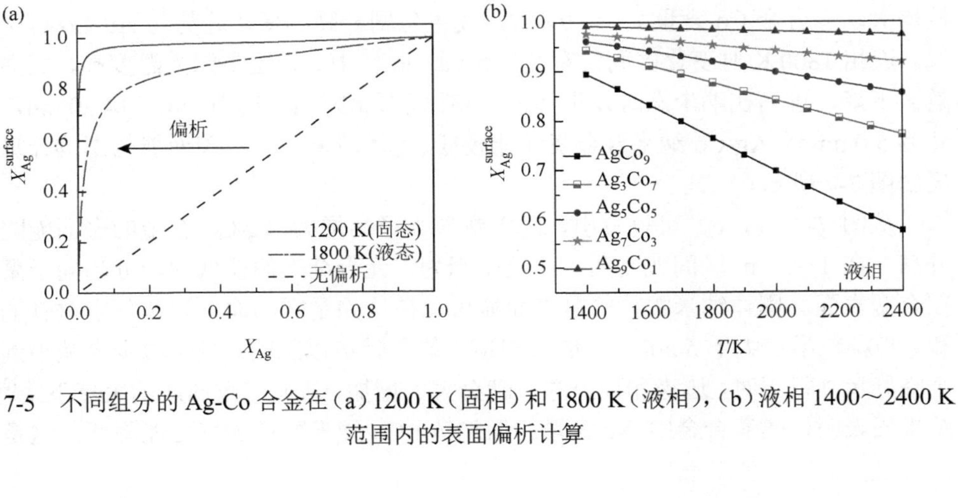


图 7-5　不同组分的 Ag-Co 合金在（a）1200 K（固相）和 1800 K（液相），（b）液相 1400～2400 K 范围内的表面偏析计算

Ag-Co 合金在的表面 Ag 原子含量随成分的变化如图 7-5（a）所示，可以看出，在液相和固相时 Ag-Co 合金表现出明显的偏析，Ag 元素倾向于在合金表面偏析，Co 倾向于在合金内部偏析，液相的偏析没有固相那么明显。由于 Ag 的表面张力较小，与 Co 表面张力的差距较大，但是在更高的温度下，表面区域有更多的 Co。也有研究者认为从 Ag-Co 相图可以看出，Ag-Co 合金在液相和固相中都没有混相间隙，在平衡状态下，Ag（FCC）和 Co（HCP）之间也没有形成稳定合金的倾向。在这种情况下，这两种金属表现出较大的 28 KJ/mol 的正混合热，Co（2.71 J/m$^2$）表面吉布斯自由能是 Ag（1.35 J/m$^2$）表面吉布斯自由能的两倍，导致 Co 和 Ag 之间发生偏析。此外，金属间的互渗非常小，使得 Co 原子嵌入到 Ag 介质中[31]。图 7-5（b）为液态时 Ag-Co 合金表面 $X_{\mathrm{Ag}}$ 随温度的变化，可以看出合金表面的 $X_{\mathrm{Ag}}$ 随温度的升高呈现先行降低的规律。对关系拟合后得

$$X_{\mathrm{Ag}}^{\mathrm{Ag_1Co_9}}=1.35029-3.25228\times10^{-4}T$$

$$X_{\mathrm{Ag}}^{\mathrm{Ag_3Co_7}}=1.19015-1.74807\times10^{-4}T$$

$$X_{\mathrm{Ag}}^{\mathrm{Ag_5Co_5}}=1.11219-1.07153\times10^{-4}T$$

$$X_{\mathrm{Ag}}^{\mathrm{Ag_7Co_3}}=1.05888-5.87882\times10^{-5}T$$

$$X_{\mathrm{Ag}}^{\mathrm{Ag_9Co_1}}=1.01758-1.82897\times10^{-5}T$$

从拟合关系式看出，截距随着合金中 Co 含量的增加而发生降低，而斜率则随着合金中 Co 含量的增加而增大。这是因为随着温度的增加，液相时 Ag 和 Co 的表面张力均随着结合能的减小而减小，当纯 Co 和 Ag 在高温时表面张力差值小于低温时的表面张力的值差，这导致 Ag 在高温时出现在表面所需的能量变小。即在相同的 $X_{\mathrm{Ag}}$ 处，高温处的表面区域有更多的 Ag 原子聚集[32]。

根据液滴模型计算了不同成分的 Ag-Co 纳米合金的表面能的变化，如图 7-6 所示，在固态 1000.0 K 时，Ag-Co 纳米合金的表面能随着 Co 含量的增加而非线性增大，当合金 Co 含量大于 80%时，发生急剧升高，变化趋势与 Au-Co 合金相似。液相 1800 K 时变化区间没有图 7-6（a）固相中大，这是因为温度高，表面能随之下降，进而在纳米态时发生降低。相比于 8.83 nm、10.20 nm、14.30 nm，尺寸为 5.0 nm 的 Ag-Co 纳米合金表面能较低，为了研究尺寸对表面能的影响计算结果如图 7-7 所示。

从图 7-7（a，b）可以看出，随着颗粒半径的增大 Ag-Co 合金的表面能随之升高，在 1～5 nm 区间尤为明显，这是因为二元合金表面能低的成分趋向于聚集在合金表面。固体纳米颗粒的总表面能可以被认为是它的面、边和顶点贡献的总和。当颗粒半径大于 5 nm 时，边缘和顶点的贡献可以忽略。当颗粒半径减小到这个临界尺寸以下时，边缘和顶点的贡献会大大增加，从而导致曲线的突然下降[33]。结果还表明，随着合金中 Ag 含量的增加 Ag-Co 纳米颗粒的表面能降低。这是因

为 Ag 的表面能比 Co 的小、前面计算表明 Ag 倾向于在表面上偏析的缘故。以 3 nm 为例，$Ag_1Co_9$ 纳米合金的表面能为 1.054 02 J/m$^2$，但是 $Ag_9Co_1$ 纳米合金表面能则降低至 0.679 64 J/m$^2$。

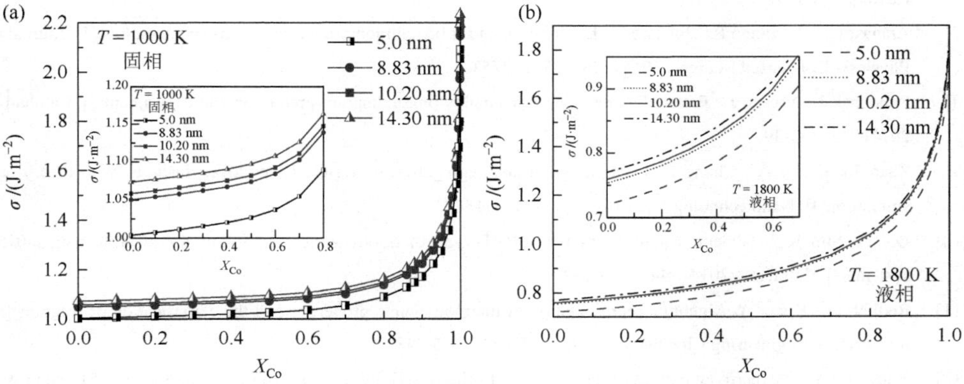


图 7-6　半径为 5.0 nm、8.83 nm、10.20 nm、14.30 nm 的 Ag-Co 纳米合金在（a）1000 K（固相）和（b）1800 K（液相）的表面能计算结果

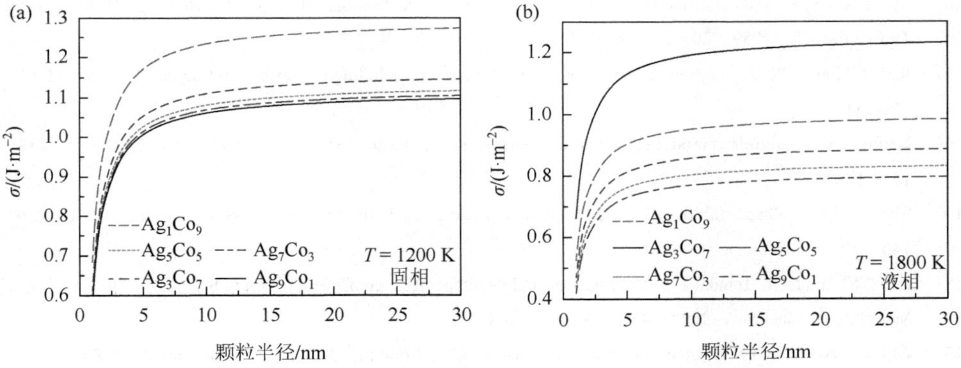


图 7-7　不同温度下 Ag-Co 纳米合金液相表面张力随颗粒半径变化关系

## 参 考 文 献


[1] Wilde G. Structural phase transformations in nanoscale systems[J]. Advanced Engineering Materials，2021，23（5）：2001387.

[2] Klabunde K J，Stark J，Koper O，et al. Nanocrystals as stoichiometric reagents with unique surface chemistry[J]. Journal of Physical Chemistry，1996，100（30）：12142-12153.

[3] Saravanan P，Rao K S，Premkumar M，et al. Spherical granular structures of Ag/Co nanoparticles：synthesis，characterization and magnetic properties[J]. Journal of Alloys and Compounds，2011，509（9）：3880-3885.

[4] 金雷. 金属合金表面偏析现象的分子动力学模拟研究[D]. 重庆：重庆大学，2008.

[5] Sobal N S，Hilgendorff M，Moehwald H，et al. Synthesis and structure of colloidal bimetallic nanocrystals：the non-alloying system Ag/Co[J]. Nano Letters，2002，2（6）：621-624.

[6] Mendoza-Pérez R，Muhl S. Phase diagrams of refractory bimetallic nanoalloys[J]. Journal of Nanoparticle Research，2020，22（10）：1-15.

[7] Atanasov I，Ferrando R，Johnston R L. Structure and solid solution properties of Cu-Ag nanoalloys[J]. Journal of Physics：Condensed Matter，2014，26（27）：275301.

[8] Sopousek J，Vrestal J，Pinkas J，et al. Cu-Ni nanoalloy phase diagram-prediction and experiment[J]. Calphad，2014，45：33-39.

[9] Zhao Z，Fisher A，Cheng D. Phase diagram and segregation of Ag-Co nanoalloys：insights from theory and simulation[J]. Nanotechnology，2016，27（11）：115702.

[10] Lee J，Sim K J. General equations of CALPHAD-type thermodynamic description for metallic nanoparticle systems[J]. Calphad，2014，44：129-132.

[11] Redlich O，Kister A. Algebraic representation of thermodynamic properties and the classification of solutions[J]. Industrial & Engineering Chemistry，1948，40（2）：345-348.

[12] Butler J A V. The thermodynamics of the surfaces of solutions[J]. Proceedings of the Royal Society of London A，1932，135（827）：348-375.

[13] Tanaka T，Hack K，Iida T，et al. Application of thermodynamic databases to the evaluation of surface tensions of molten alloys，salt mixtures and oxide mixtures[J]. Zeitschrift für Metallkunde，1996，87（5）：380-389.

[14] Yeum K，Speiser R，Poirier D R. Estimation of the surface tensions of binary liquid alloys[J]. Metallurgical Transactions B，1989，20（5）：693-703.

[15] Park J，Lee J. Phase diagram reassessment of Ag-Au system including size effect[J]. Calphad，2008，32（1）：135-141.

[16] Nanda K K. Liquid-drop model for the surface energy of nanoparticles[J]. Physics Letters A，2012，376（19）：1647-1649.

[17] Sim K，Lee J. Phase stability of Ag-Sn alloy nanoparticles[J]. Journal of Alloys and Compounds，2014，590：140-146.

[18] Lee J，Shimoda W，Tanaka T. Surface tension and its temperature coefficient of liquid Sn-X（X = Ag，Cu）alloys[J]. Materials Transactions，2004，45（9）：2864-2870.

[19] Alonso J A，March N H. Electrons in metals and alloys[M]. London：Academic Press Limited，1989.

[20] Yao W，Han X，Chen M，et al. Surface tension of undercooled liquid cobalt[J]. Journal of Physics：Condensed Matter，2002，14（32）：7479-7485.

[21] Iida T，Guthrie R. The physical properties of liquid metals[M]. Oxford：Clarendon Press，1993.

[22] Lu X G，Selleby M，Sundman B. Assessments of molar volume and thermal expansion for selected bcc，fcc and hcp metallic elements[J]. Calphad，2005，29（1）：68-89.

[23] Wang H P，Wei B. Thermophysical properties and structure of stable and metastable liquid cobalt[J]. Physics Letters A，2010，374（8）：1083-1087.

[24] Zhu W，Liu H，Wang J，et al. Thermodynamic assessment of the Sn-Ag-Co system and solidification simulation of the ternary alloy[J]. Journal of Alloys and Compounds，2009，481（1-2）：503-508.

[25] Dinsdale A T. SGTE data for pure elements[J]. Calphad，1991，15（4）：317-425.

[26] Marín P，Alonso J A，Germán E，et al. Nanoalloys of metals which do not form bulk alloys：the case of Ag-Co[J].

The Journal of Physical Chemistry A，2020，124（32）：6468-6477.

[27] Holewinski A，Idrobo J C，Linic S. High-performance Ag-Co alloy catalysts for electrochemical oxygen reduction[J]. Nature Chemistry，2014，6（9）：828-834.

[28] Gulari E，Güldür Ç，Srivannavit S，et al. Co oxidation by silver cobalt composite oxide[J]. Applied Catalysis A：General，1999，182（1）：147-163.

[29] Tang C，Sung Y M，Lee J. Nonlinear size-dependent melting of the silica-encapsulated silver nanoparticles[J]. Applied Physics Letters，2012，100（20）：011902.

[30] Xiao F，Liu L X，Yang R H，et al. Surface tension of molten Ni-（Cr，Co，W）alloys and segregation of elements[J]. Transactions of Nonferrous Metals Society of China，2008，18（5）：1184-1188.

[31] Mondal B，Chabri S，Sardar G，et al. Structural，thermal and magnetic investigations on immiscible Ag-Co nanocrystalline alloy with addition of Mn[J]. Journal of Magnetism and Magnetic Materials，2016，412：138-146.

[32] Liu L，Wang T，Li J，et al. Size effect on surface tension of liquid binary alloy droplets[J]. Solid State Communications，2012，152（7）：573-576.

[33] Lee J，Tanaka T，Lee J，et al. Effect of substrates on the melting temperature of gold nanoparticles[J]. Calphad，2007，31（1）：105-111.

# 第 8 章　金-银纳米颗粒制备、熔化及热力学性质

理解 Ag-Au 二元合金纳米材料的相图是了解 Ag-Au 纳米材料性能的关键，纳米材料体系不同于同成分的块体材料。因为纳米材料的比表面积远大于同成分的块体材料，所以纳米材料的表面吉布斯自由能也远大于块体材料，导致纳米相图的固液相也随纳米尺寸的变化发生偏移。由于 Ag-Au 纳米颗粒熔化温度随其粒径大小的变化而变化，所以测定 Ag-Au 纳米颗粒的熔化温度即热稳定性能显得尤其必要。因此，研究不同成分 Ag-Au 纳米颗粒的固液匀晶转变温度具有重要的理论意义和实际价值。$SiO_2$ 是日常使用较多的无机材料，单分散的 $SiO_2$ 颗粒球形度较为规整，其表面可以负载羟基，容易通过湿化学还原法制备一些核壳结构的材料，因而备受人们的青睐。$SiO_2$ 颗粒表面可以通过硅烷偶联剂的功能化后制备包覆金属纳米合金的 $SiO_2$ 壳。当纳米颗粒被包覆后，消除了表面被污染的可能，也减少了颗粒与颗粒之间团聚的机会。$SiO_2$ 对纳米颗粒的包覆是一种非常有效的办法，即使在高温下（纳米颗粒熔点以下）纳米颗粒也能保持稳定。当样品 $SiO_2$ 包覆的纳米颗粒在坩埚中加热时，可以忽略坩埚对样品熔融性的影响。$SiO_2$ 包覆的纳米颗粒在熔化时 $SiO_2$ 与纳米颗粒之间是以一个不混溶的体系存在的，至少达到 Ag-Au 纳米颗粒的熔点之前，可以忽略两者之间的相互扩散。在本章所制备的 Ag-Au@$SiO_2$ 纳米颗粒为核壳结构的纳米复合材料，由于 $SiO_2$ 壳层具有多孔状的特征，所以 $SiO_2$ 壳层在吸附、催化方面具有广阔的应用前景。然而到目前为止，Ag-Au 的实验与热力学计算自洽的热力学优化仍未有报道，且对 Ag-Au 的二元纳米的热力学计算均参考 Au 的修正因子，所以对 Ag-Au 纳米系统热力学参数需要重新评估。

为了对不同成分 Ag-Au 纳米颗粒匀晶熔化温度进行研究，本章采用 $NaBH_4$ 还原硝酸银和四氯金酸制备 Ag-Au 纳米颗粒，采用 $Na_2O(SiO_2)_{3\sim5}$（$SiO_2$ 质量分数大于等于 27%）作为 $SiO_2$ 壳层的来源，包覆已还原的 Ag-Au 纳米颗粒。通过透射电子显微镜（TEM）对纳米合金颗粒的形貌、粒径进行表征，通过差示扫描量热仪（DSC）获得不同粒径的 Ag-Au 纳米颗粒在熔化时的固、液相线温度。结合单质 Ag、Au 纳米颗粒的热力学性质和二元合金纳米颗粒的热力学模型可以外推 Ag-Au 二元合金纳米体系的热力学性质。

# 8.1　金-银纳米颗粒制备与表征

在 Ag-Au 体系中选择不同的成分点，采用湿化学法进行纳米颗粒的制备，再进行物理包覆。之后利用高分辨透射电子显微镜（HR-TEM）对样品的结构和粒径进行表征。选取制备良好的样品在校准完成的差示扫描量热仪（DSC）坩埚中测得该试样的纳米熔化温度和该成分对应的块体熔化温度。结合纳米颗粒的表面效应，建立纳米相图 CALPHAD 热力学模型，在相应化学势中添加修正因子，获得该纳米体系理论与实验自洽的热力学数据。进而用极少数具有代表性的实验来预测整个纳米体系的熔化温度，这也为其他体系的纳米相图的构筑和实验设计提供了借鉴和参考，本章总体的技术路线如图 8-1 所示。

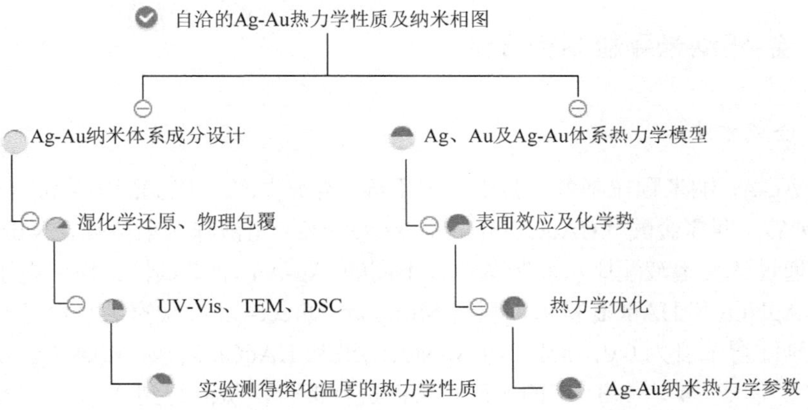


图 8-1　技术路线图

## 8.1.1　金-银纳米颗粒制备原材料与设备

主要原料包括前驱体，还原剂、表面稳定剂和包覆材料，具体如下。

前驱体：硝酸银（$AgNO_3$，99.9999%），四氯金酸（$HAuCl_4·3H_2O$，99.9999%）。

还原剂：硼氢化钠（$NaBH_4$，≥99%）。

表面稳定剂：柠檬酸三钠（99.0%）。

包覆材料：硅酸钠溶液（$Na_2O(SiO_2)_{3\sim5}$，$SiO_2$ 质量分数大于等于 27%），3-氨丙基三甲氧基硅烷（APS，97%）。

所用实验设备如表 8-1 所示。

**表 8-1 实验设备及用途**

| 设备名称 | 用途 |
|---|---|
| 精密电子天平 | 物品称量 |
| 磁力加热搅拌器 | 匀速搅拌溶液 |
| 真空干燥箱 | 容器、溶液干燥 |
| pH 计 | 测量 pH |
| 超声波清洗机 | 超声试样 |
| 离心机 | 离心分离样品 |
| 紫外-可见分光光度计 | 观察样品合金化过程 |
| 高分辨透射电子显微镜 | 观察颗粒形貌、粒径 |
| 差示扫描量热仪 | 测试样品熔化温度 |

## 8.1.2 金-银纳米颗粒制备方法

1. 合成方法

在 Ag-Au 纳米颗粒制备实验中，采用湿化学还原法，以硝酸银溶液（$AgNO_3$，99.9999%），四氯金酸（$HAuCl_4·3H_2O$，99.9999%）溶液作为前驱体，$NaBH_4$ 为还原剂，通过改变溶液配比从而制备粒径不同的 Ag-Au 纳米颗粒。使用电子天平精确称量 $AgNO_3$ 和 $HAuCl_4$ 粉末，利用 Millipore Direct-Q3 实验室纯水设备产出的超纯水分别配置浓度为 0.01 mol/L 的 $AgNO_3$ 溶液和 $HAuCl_4$ 溶液，按照 Ag∶Au 原子为 6∶4、5∶5、4∶6、3∶7 的比例将溶液进行混合，从而得到 $Ag_6Au_4$、$Ag_5Au_5$、$Ag_4Au_6$ 和 $Ag_3Au_7$ 四种不同配比的纳米颗粒溶液，在超声状态下将所配溶液与超纯水按照 50 mL∶47 mL 的比例进行稀释，得到四种均匀溶液。配置质量分数为 1% 的柠檬酸三钠溶液作为稳定剂，在超声状态下按照 97 mL∶3 mL 的比例进行混合，最终得到 100 mL 均匀混合溶液。将配置完毕的溶液放置于密闭容器中，通入氩气作为实验保护气，搅拌加热溶液至沸腾后停止加热，在去离子水中快速冷却后将该溶液与浓度为 1 mmol/L 的 $NaBH_4$ 溶液按照 100 mL∶3 mL 的比例进行混合，快速搅拌至颜色均匀，密闭条件下放置 1 h，通过还原剂将金属纳米颗粒还原出来。

将混合溶液放置 1 h 后，在磁力加热搅拌器的作用下，向溶液中按 1000 mL:1 mL 的比例缓慢加入浓度为 1 mmol/L 的 3-氨丙基三甲氧基硅烷，待溶液搅拌均匀后，再次放置 15 min。即通过 Stöber 物理法在纳米颗粒表面覆盖一层 $SiO_2$，从而得到 Ag-Au 纳米颗粒表面包覆 $SiO_2$ 核壳结构。具体步骤是：用氢型阳离子交换树脂将 pH 调至略微低于 11 时以 100∶2 的比例，向溶液中缓慢加入 $SiO_2$ 质量分数为 0.54%的 $Na_2SiO_3$，将样品溶液放置于在密封避光条件下保存 4 d。4 d 后，将溶液转移至大小适中的离心管中，利用高速离心机在转速为 7000 r/min 的条件下将溶液中被还原出来的纳米态金属颗粒分离出来，用超纯水与无水乙醇多次洗涤纳米颗粒，离心后真空干燥，得到具有核壳结构的二氧化硅包覆的 Ag-Au 纳米态金属颗粒样本。

2. 制备过程的反应机理

通过湿化学共同还原法，在前驱体硝酸银（$AgNO_3$，99.9999%），四氯金酸（$HAuCl_4 \cdot 3H_2O$，99.9999%）中加入 $NaBH_4$，在二水合柠檬酸三钠稳定剂的保护下还原出 Ag-Au 纳米颗粒。用氢型阳离子交换树脂调节溶液 pH 略微低于 11，使得 $Na_2O(SiO_2)_{3\sim5}$ 水解生成 $SiO_2$，包覆于 Ag-Au 纳米颗粒之上，形成 Ag-Au@$SiO_2$ 核壳的纳米结构。其离子反应方程式[1]及化学反应示意图如图 8-2 所示。

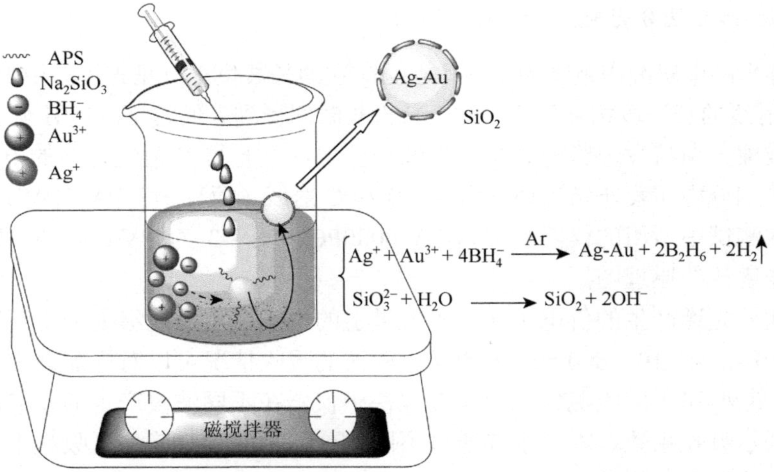


图 8-2　Ag-Au@$SiO_2$ 制备过程中离子反应示意图

3. 实验注意事项

（1）实验中所使用的溶液皆需要现配现用，妥善保存，其原因如下：$NaBH_4$ 容易潮解，需要放在阴暗干燥的环境中保持其还原性；3-氨丙基三甲氧基硅烷（APS）是一种高效的表面活性剂，可以将金属纳米颗粒与无机硅酸盐进行连接，也需要将其密闭防潮；硅酸钠（$Na_2SiO_3$）通常特别容易与空气中的水分潮解生成 $SiO_2$，导致样品失效。

（2）由于实验过程中所使用的容器壁上存在小的形核质点，皆会增大纳米颗粒形核的概率，所以实验时所用的器皿都需要用王水（浓硝酸∶浓盐酸＝1∶3）

和去离子水反复洗涤，并在无尘的真空干燥箱中烘干待用。

（3）因为 $Na_2SiO_3$ 在 pH = 11 时与水解中的 $SiO_2$ 达到一个动态平衡，当加入3-氨丙基三甲氧基硅烷（APS）后，可以将金属纳米颗粒与无机硅酸盐进行连接时，需要的是这个平衡的方向向着生成 $SiO_2$ 的方向移动，所以通过加入阳离子交换树脂，再使用 pH 计对该溶液 pH 进行测量，最终发现当 pH 略低于 11 时，$SiO_2$ 的析出能使得对 Ag-Au 纳米颗粒的包覆最好。

（4）在实验过程中，由于离子分布的不均匀性，通常会用到搅拌，然而在该实验中，不恰当的搅拌速度通常会增大离子与离子的接触概率，使得发生严重的团聚现象，尤其是在金属纳米颗粒与无机硅酸盐进行连接的时候，应该放缓搅拌速度后静置，减少纳米颗粒因团聚而不能形成小尺寸纳米颗粒的概率。

### 8.1.3　金-银纳米颗粒表征设备

1. 紫外-可见分光光度计（UV-Vis）

紫外光的电磁波谱范围为 10～400 nm，它的长波位于可见光短波极限段，短波又与 X 射线的长波段相互重叠，这一特性长时间受到人们忽略。1801 年，科学家约翰·威廉·斯特发现紫外光是一种波长介于可见光与 X 射线之间的电磁辐射。在波长的划分中，紫外光被划分为 A、B 和 C 射线（简称为 UVA、UVB、UVC），在本章的测试中所用的仪器型号为 UV-6000PC，图 8-3 为 UV-6000PC 型紫外-可见分光光度计的原理图。

因紫外光谱产生的价电子和分子轨道上的电子在电子能级上产生跃迁，所以通过检测样品对 10～800 nm 光谱段电磁波的吸收情况可以对样品做定量或定性的分析。紫外-可见吸收测定的灵敏度取决于仪器在不同波段产生的光被所测样品吸收的摩尔吸收系数。本章主要通过不同成分纳米颗粒对紫外光吸收不同，特征峰也不同的机理来测试。

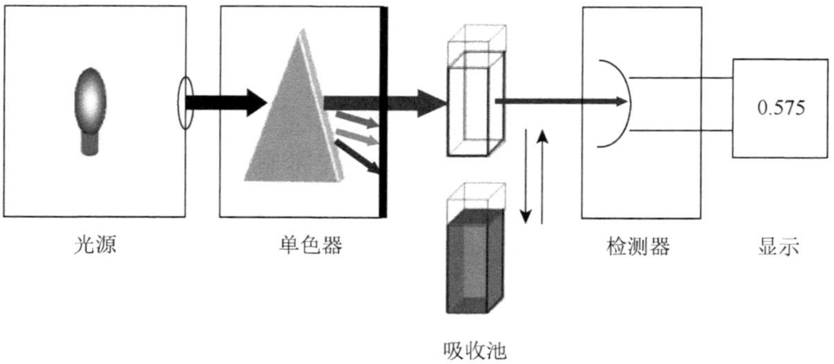


图 8-3　UV-6000PC 型紫外-可见光光度计原理图

紫外-可见吸收光谱的特点及影响因素：

假设这一束入射光照射到需要检测的溶液中，它的强度为 $I_0$，所测溶液浓度为 $C$，液层厚度为 $D$，入射光光强为 $I$，则

$$T = \frac{I}{I_0} \tag{8-1}$$

$$A = \varepsilon c L = \lg \frac{I_0}{I} \tag{8-2}$$

其中，$T$ 为透射比（透过率）；$A$ 为吸光度；$c$ 为溶液浓度；$\varepsilon$ 为溶液的吸收光系数；$L$ 为溶液层在光路中的长度；$I$ 为光透过样品后在光转换器上的长度；$I_0$ 为光透过参比样品后在光转换器上的强度。

在比色法中，通常把 $I/I_0$ 称作透光度，用 $T$ 表示。当 $C$ 有微小的变化时，$A$ 可能发生较大的变化，所以可使仪器具有比较高的灵敏度。共轭效应、溶液的 pH 大小及溶液浓度都可以成为紫外-可见吸收光谱的影响因素。各种因素对实验结果的影响都表现在光带的位移、强度及精细结构上。谱带的位移主要分为红移和蓝移，前者指吸收峰向着波长变长的方向移动同时吸收强度减小，而后者又称为紫移，指的是吸收峰向着短波方向移动且吸收强度变大。

2. 扫描电子显微镜（SEM）

扫描电子显微镜通过检测高能量的电子与物质相互作用产生的信号来表征物体表面的微观形貌、成分及结构等。由于高能量电子与样品的作用会形成弹性散射或者非弹性散射，两者相互作用的区域会产生不同的物理信号，因而根据人们的需求，配置了具有不同检测器的扫描电子显微镜，使选择性检测成为可能。自 1965 年问世至今，它已经被广泛地用于各个检测分析行业，人们主要是利用其对二次电子、背散射电子和特征 X 射线的采集来获得物质表面的物理信息。由于重金属在高能电子轰击时会产生次级电子信号，所以在使用过程中需要将样品固定在导电胶上，然后对其喷金。在表面分析中，最常用到特征 X 射线，与之相对应的检测器为能谱分析仪或者波谱分析仪。图 8-4 是本章实验中所用到的场发射扫描电子显微镜实图。

3. 高分辨透射电子显微镜（HR-TEM）

高分辨透射电子显微镜的基本结构与普通的透射电子显微镜大致相同，借助相位衬度显微技术，透射电子显微镜将对显微组织的表征推向了原子级别。在高分辨透射电子显微镜中可以直接观察到局部晶体中的原子配位情况，所以高分辨透射电子显微镜被广泛地用于材料科学、固态物理、分子生物学、地质学中。由于高分辨透射电子显微镜是在普通透射电子显微镜中加入了物镜极靴和组合光

图 8-4　美国 FEI 公司 QUANTA 450 FEG 扫描电子显微镜实图

阑，通过减少样品台的倾斜度来减小物镜球差从而达到提高分辨率的目的。通常透射电子显微镜都包含了以下几个系统：光学系统、电源与控制系统、真空系统。本章所用的透射电子显微镜型号为 FEI Tecnai G2F20 如图 8-5 所示，其工作原理主要为：在电流的作用下，阴极灯丝加热电子束，所发射的电子束在高压的作用下进行加速运动，经过第一和第二聚光器的收敛作用，使得电子束以发散的形式再次聚集到样品上，然后通过物镜、第一中间镜、第二中间镜和投射镜这四级放大成像。最终所观察到的图像的放大倍数为这四级透镜放大倍数的乘积，通常都介于 $10^2$～$10^7$ 之间。在本章的实验中，主要通过透镜观察 $SiO_2$ 包覆的效果和表征 Ag-Au 纳米颗粒的粒径大小，再通过统计的方式得到纳米颗粒的平均粒径。

图 8-5　FEI Tecnai G2F20 高分辨透射电子显微镜实图

### 8.1.4　金-银纳米颗粒表征

1. Ag-Au 纳米颗粒的紫外-可见光图谱

由于纳米颗粒的制备过程中容易团聚的这一特点，所以控制前驱体的浓度十分重要。在前驱体浓度为 0.1 mmol/L 的硝酸银和四氯金酸的混合溶液加入 0.3 mL 浓度为 1 mmol/L 还原剂 $NaBH_4$，通过紫外-可见分光光度计对溶液进行表征，发现随着反应时间的增加，溶液中还原反应基本完成，溶液达到一个稳定的状态，吸收峰达到最大值，随后下降。图 8-6 为浓度 0.1 mmol/L 成分分别为 $Ag_6Au_4$、$Ag_5Au_5$、$Ag_4Au_6$ 和 $Ag_3Au_7$ 的纳米颗粒的紫外-可见吸收光谱图。

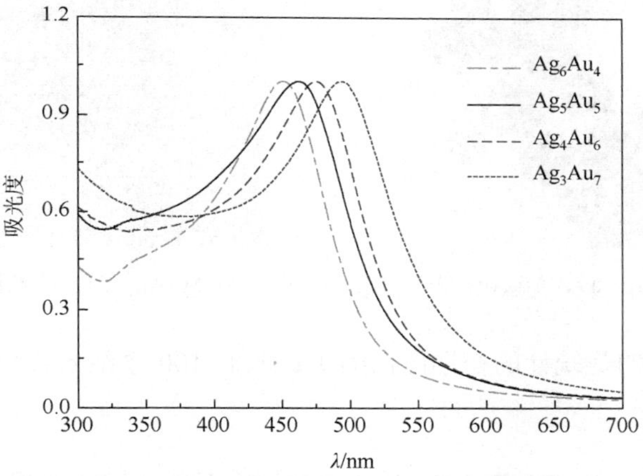


图 8-6　0.1 mmol/L 四种不同成分的 Ag-Au 纳米颗粒溶液紫外-可见吸收光谱图

2. Ag-Au 纳米颗粒透射电子显微镜图

将制备的 Ag-Au@$SiO_2$ 纳米颗粒进行离心后，真空干燥得到 Ag-Au@$SiO_2$ 纳米颗粒。对制备出的四种成分的 Ag-Au 纳米颗粒用 TEM 表征，可以观察 Ag 与 Au 原子在合金中的结合情况及二氧化硅的包覆情况，图 8-7（a）、（b）、（c）和（d）分别代表 $Ag_6Au_4$、$Ag_5Au_5$、$Ag_4Au_6$ 和 $Ag_3Au_7$ 的 TEM 图。在对其表征时，采用 Nano Measurer 软件通过概率统计的方法在同一成分的样品中每次选取 100 个纳米颗粒进行粒径分析。图 8-7（a）中可以清楚看见二氧化硅对纳米颗粒有良好的包覆，图 8-7（a）和图 8-7（c）可以看到所制备得到的纳米颗粒基本接近圆形，无团聚且尺寸大小基本均匀，没有出现纳米线或者其他特异形状的纳米颗粒。

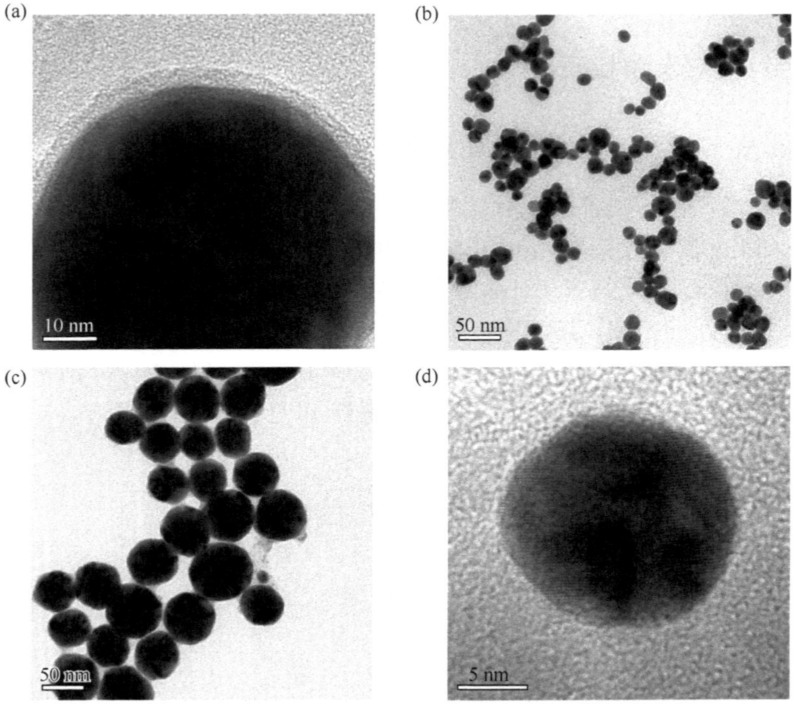


图 8-7　$Ag_6Au_4$（a）、$Ag_5Au_5$（b）、$Ag_4Au_6$（c）和 $Ag_3Au_7$（d）纳米颗粒的 TEM 图

表 8-2 所示的是统计的在选区内随机选取的 100 个纳米颗粒的平均粒径及标准误差情况。

**表 8-2　四种不同成分纳米颗粒对应的平均粒径及标准误差**

| 成分 | 平均粒径/nm | 标准误差/nm |
|---|---|---|
| $Ag_6Au_4$ | 55.0 | 2.7 |
| $Ag_5Au_5$ | 32.6 | 3.1 |
| $Ag_4Au_6$ | 36.6 | 2.1 |
| $Ag_3Au_7$ | 17.3 | 1.2 |

# 8.2　金-银纳米颗粒熔化特性测定

## 8.2.1　金-银纳米颗粒熔化实验设备

差示扫描量热仪是一种通过所测样品与参比坩埚之间的温度差随时间或者温

度的变化来进行示差的一种测量技术。仪器通常包括以下组成部分：温度测量装置、气氛控制装置、信号放大装置和数据记录装置。在进行实验之前，需要采用高纯度的 In、Sn、Al、Bi 和 Zn 对差示扫描量热仪进行校准，再置放两个空的 $Al_2O_3$ 坩埚设定实验所需要的温度程序，测得基线。在测定好基线的基础上，在样品坩埚中放入 10 mg 左右的纳米粉末进行测定，在实验过程中当系统检测到样品与参比物之间出现温差时，控制系统会同步地补偿相应的热量来维持两边的温度平衡，最后以温度为横坐标，热量为纵坐标的形式直观地输出在不同温度时系统在参比坩埚中补充的热量。本章所用德国耐驰公司生产的差示扫描量热仪型号为 STA 449 F3 Jupiter，如图 8-8 所示。

图 8-8　德国耐驰 STA 449 F3 Jupiter 型差示扫描量热仪实图

### 8.2.2　金-银纳米颗粒熔化实验测试方法

在对样品测试分析时以氩气作为保护气体，选取 5～15 K/min 的常规升温速率，测取不同成分不同粒径的 Ag-Au、Ag-Cu 纳米熔化温度和块体熔化温度。

### 8.2.3　金-银纳米颗粒熔化实验测试结果

通过差示扫描量热仪对 $Ag_6Au_4$、$Ag_5Au_5$、$Ag_4Au_6$ 和 $Ag_3Au_7$ 四种成分的样品进行测试，由于孔隙度和较薄层的二氧化硅允许金-银合金流出孔隙形成相互连接的大颗粒，在纳米熔化后通过小孔流出变为块体，随着温度升高到块体熔化温度时再次出现熔化现象，因此可以在同一成分的 DSC 图中观察到两个吸热峰，与之相对应的是同一成分的纳米和块体匀晶熔化温度。如图 8-9 所示，图 8-9（a）中 1271.6 K 和 1279.2 K 分别代表的是平均粒径为 55.0 nm 成分为 $Ag_6Au_4$ 的纳米合金颗粒在熔化时固、液相线对应的温度，而同一图中 1293.5 K 和 1299.2 K 则分别代表的是 $Ag_6Au_4$ 在块体状态熔化时的固、液相线温度，其余三个图中所示温度含义与图 8-9（a）类似。在图中还可以直接根据块体熔化温度与参考文献中 Ag-Au 相图的熔化温度来进一步确定 Ag、Au 的成分。

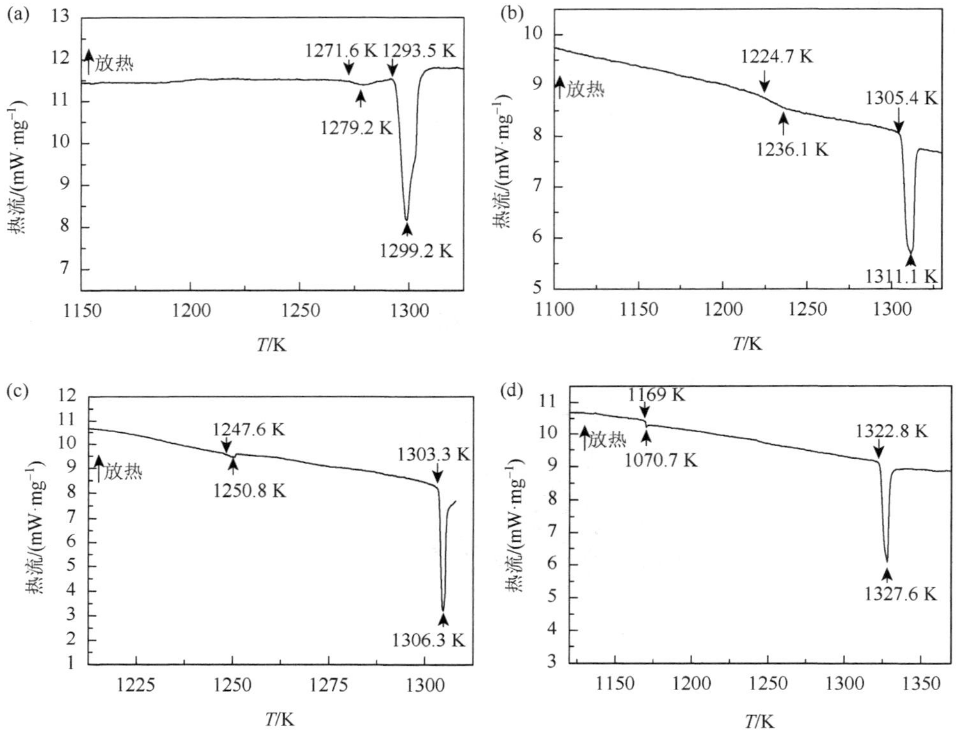


图 8-9　$Ag_6Au_4$（a）、$Ag_5Au_5$（b）、$Ag_4Au_6$（c）和 $Ag_3Au_7$（d）纳米颗粒的 DSC 曲线

Ag-Au 纳米颗粒熔化实验测定 $Ag_6Au_4$、$Ag_5Au_5$、$Ag_4Au_6$ 和 $Ag_3Au_7$ 纳米颗粒的粒径与匀晶熔化温度（固相线及液相线温度）如表 8-3 所示。

**表 8-3　$Ag_6Au_4$、$Ag_5Au_5$、$Ag_4Au_6$ 和 $Ag_3Au_7$ 纳米颗粒的粒径与匀晶熔化温度**

| 成分 | 平均粒径/nm | 纳米熔化温度/K | | 块体熔化温度/K | |
|---|---|---|---|---|---|
| | | 固相线 | 液相线 | 固相线 | 液相线 |
| $Ag_6Au_4$ | 55.0 | 1271.6 | 1279.2 | 1293.5 | 1299.2 |
| $Ag_5Au_5$ | 32.6 | 1224.7 | 1236.1 | 1305.4 | 1311.1 |
| $Ag_4Au_6$ | 36.6 | 1247.6 | 1250.8 | 1303.3 | 1306.3 |
| $Ag_3Au_7$ | 17.3 | 1169.0 | 1070.7 | 1322.8 | 1327.6 |

# 8.3　金-银纳米颗粒纳米相图与热力学性质

通过考虑 Ag-Au 纳米颗粒的尺寸效应（主要考虑随着粒径的减小表面张力的变化对吉布斯自由能的影响），在 Ag-Au 块体合金热力学模型基础上进行理论推导和模型优化。通过文献调研，发现该模型适用于粒径大于 5 nm 的纳米颗粒[2]。2007 年 Joonho Lee 在参照纯金热力学性质的基础上外推了 Ag-Au 体系的二元纳米合金相图，由于 Joonho Lee 所用的热力学模型只能计算粒径大于 5 nm 的纳米颗粒，所以在 2017 年 Fatemeh Monji 从第一性原理出发对小尺寸的 Ag-Au 纳米颗粒的热力学模型进行了进一步完善改进。图 8-10（a）、（b）分别为 Joonho Lee 和 Fatemeh Monji 所计算的 Ag-Au 纳米合金相图。

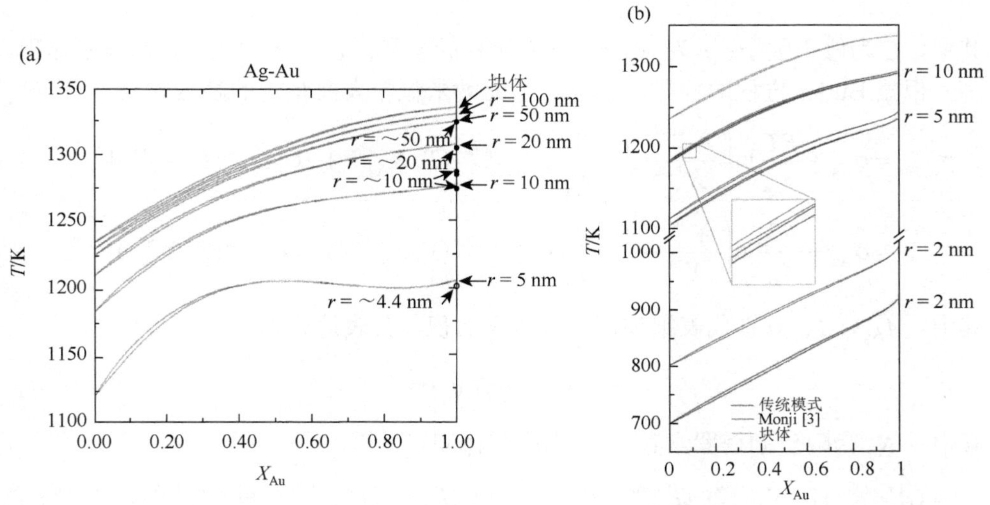


图 8-10　Lee[2]（a）、Monji[3]（b）计算的 Au-Ag 纳米颗粒及块体相图（后附彩图）

## 8.3.1　金-银纳米颗粒纳米相图与热力学性质计算方法

1. 热力学模型

二元纳米 Ag-Au 合金体系总的吉布斯自由能可以简单地表示为块体的吉布斯自由能加上表面吉布斯自由能：

$$G^{\text{total}} = G^{\text{bulk}} + G^{\text{surface}} \tag{8-3}$$

其中，$G^{\text{bulk}}$ 表示块体的吉布斯自由能；$G^{\text{surface}}$ 表示表面吉布斯自由能。

Ag-Au 块体的吉布斯自由能($G^{\text{bulk}}$)表达式为

$$G_{\text{AgAu}}^{\text{bulk}} = X_{\text{Ag}} G_{\text{Ag}}^{0} + X_{\text{Au}} G_{\text{Au}}^{0} + RT(X_{\text{Ag}} \ln X_{\text{Ag}} + X_{\text{Au}} \ln X_{\text{Au}}) + G_{\text{AgAu}}^{\text{Ex, bulk}} \tag{8-4}$$

其中，$X_{\text{Ag}}, X_{\text{Au}}, G_{\text{Ag}}^{0}, G_{\text{Au}}^{0}$ 分别代表 Ag，Au 的摩尔分数及纯 Ag，Au 的标准吉布斯自由能；$R$ 表示通用气体常数；$T$ 表示绝对温度；$G_{\text{AgAu}}^{\text{Ex, bulk}}$ 为过剩吉布斯自由能，其表达式如式（8-5）所示。

$$G_{\text{AgAu}}^{\text{Ex,bulk}} = X_{\text{Ag}} X_{\text{Au}} \sum L^{v} (X_{\text{Au}} - X_{\text{Ag}})^{v} (v = 0, 1, 2, \cdots) \tag{8-5}$$

$$L^{v} = a + bT + cT\ln T + \cdots \tag{8-6}$$

考虑纳米颗粒的表面效应和尺寸效应，将 Ag-Au 纳米颗粒的表面吉布斯自由能表达为

$$G_{\text{AgAu}}^{\text{surface}} = \frac{2C\sigma V}{r} \tag{8-7}$$

其中，$C$ 为修正因子；$r$ 为 Ag-Au 纳米颗粒的半径；$\sigma$ 为表面张；$V$ 为摩尔体积。

根据 Butler 方程的推导，Ag-Au 二元纳米颗粒表面张力的表达式为

$$\begin{aligned}\sigma_{\text{AgAu}} &= \sigma_{\text{Ag}} + \frac{RT}{A_{\text{Ag}}} \ln\left(\frac{X_{\text{Ag}}^{\text{surface}}}{X_{\text{Ag}}^{\text{bulk}}}\right) + \frac{1}{A_{\text{Ag}}} [G_{\text{Ag}}^{\text{Ex, surface}}(T, X_{\text{Ag}}^{\text{surface}}) - G_{\text{Ag}}^{\text{Ex, bulk}}(T, X_{\text{Ag}}^{\text{bulk}})] \\ &= \sigma_{\text{Au}} + \frac{RT}{A_{\text{Au}}} \ln\left(\frac{X_{\text{Au}}^{\text{surface}}}{X_{\text{Au}}^{\text{bulk}}}\right) + \frac{1}{A_{\text{Au}}} [G_{\text{Au}}^{\text{Ex, surface}}(T, X_{\text{Au}}^{\text{surface}}) - G_{\text{Au}}^{\text{Ex, bulk}}(T, X_{\text{Au}}^{\text{bulk}})]\end{aligned} \tag{8-8}$$

其中，$A_{\text{Ag}}$、$A_{\text{Au}}$ 分别代表银和铜的摩尔表面积，其表达式为

$$A_{i} = 1.091 N_{0}^{\frac{1}{3}} V_{0}^{\frac{2}{3}} \tag{8-9}$$

其中，$N_0$ 为阿伏伽德罗常数，$V_0$ 为摩尔体积；

$G_{\text{Ag}}^{\text{Ex, surface}}(T, X_{\text{Ag}}^{\text{surface}}), G_{\text{Au}}^{\text{Ex, surface}}(T, X_{\text{Au}}^{\text{surface}}), G_{\text{Ag}}^{\text{Ex, bulk}}(T, X_{\text{Ag}}^{\text{bulk}})$ 和 $G_{\text{Au}}^{\text{Ex, bulk}}(T, X_{\text{Au}}^{\text{bulk}})$ 表示不同成分的 Ag-Au 纳米颗粒在不同温度下的表面吉布斯自由能及过剩吉布斯自由能，并且可以通过 Yeum 模型将其关系表示为

$$G_{\text{Ag}}^{\text{Ex, surface}}(T, X_{\text{Ag}}^{\text{surface}}) = \beta^{\text{mix}} G_{\text{Ag}}^{\text{Ex, bulk}}(T, X_{\text{Ag}}^{\text{bulk}}) \tag{8-10}$$

液相时 $\beta^{\text{mix}} = 0.85$，固相时 $\beta^{\text{mix}} = 0.84$。

Ag-Au 纳米颗粒的摩尔体积可以表示为

$$V_{\text{AgAu}} = X_{\text{Ag}} V_{\text{Ag}} + X_{\text{Au}} V_{\text{Au}} \tag{8-11}$$

Ag-Au 纳米颗粒中，任意组分的吉布斯自由能可以表示为

$$G_{i}^{0,\text{ nano}} = G_{i}^{0} + \frac{2C\sigma_{i} V_{i}}{r} \tag{8-12}$$

Ag-Au 纳米颗粒中，过剩吉布斯自由能就可以表示为

$$G_{\mathrm{AgAu}}^{\mathrm{Ex,\,nano}} = X_{\mathrm{Ag}} X_{\mathrm{Au}} \sum L^{v,\,\mathrm{nano}} (X_{\mathrm{Au}} - X_{\mathrm{Ag}})^{v} (v = 0, 1, 2, \cdots) \tag{8-13}$$

其中，$L^{v,\,\mathrm{nano}} = L^{\mathrm{bulk}} + L^{\mathrm{surface}} = f_1\left(\frac{1}{r}\right) + f_2\left(\frac{1}{r}\right)T + f_3\left(\frac{1}{r}\right)T\ln T + \cdots$

$$= \left(a + \frac{a'}{r}\right) + \left(b + \frac{b'}{r}\right)T + \left(c + \frac{c'}{r}\right)T\ln T + \cdots \tag{8-14}$$

参数 $a'$，$b'$，$c'$可以表示为

$$a' + b'T + c'T\ln T + \cdots = 2C(\sigma_{\mathrm{alloy}} v_{\mathrm{alloy}} - X_{\mathrm{Ag}} \sigma_{\mathrm{Ag}} V_{\mathrm{Ag}} - X_{\mathrm{Au}} \sigma_{\mathrm{Au}} V_{\mathrm{Au}}) \tag{8-15}$$

假设 Ag 为组元 A，Au 为组元 B，固液两相平衡时则有两相的化学位相等，表示为

$$\mu_i^{\mathrm{s}} = \mu_i^{\mathrm{l}} \tag{8-16}$$

根据吉布斯-亥姆霍兹方程，可以得到如下关系

$$\left(\frac{\partial(\Delta G_{\mathrm{m}}^{\mathrm{s}\to\mathrm{l}}/T)}{\partial T}\right)_{\mathrm{P}} = \frac{-\Delta H_{\mathrm{m}}^{\mathrm{s}\to\mathrm{l}}}{T^2} \tag{8-17}$$

对上述方程两边同时进行积分可以得到

$$\Delta G_{\mathrm{m}}^{\mathrm{s}\to\mathrm{l}} = \Delta H_{\mathrm{m}}^{\mathrm{s}\to\mathrm{l}}\left(1 - \frac{T}{T^m}\right) = \Delta S_{\mathrm{m}}^{\mathrm{s}\to\mathrm{l}}\left(T^m - T\right) \tag{8-18}$$

2. 纯组元 Ag、Au 相关热力学数据

2002 年 Dick[4]课题组利用湿化学还原法制备了二氧化硅包覆的 Au 纳米颗粒，在这基础上通过热力学优化得到了 Au 纳米颗粒表面吉布斯自由能的修正因子为 1.05。2007 年，Lee 等[3]利用 Thermo-Calc 对尺寸相关的 Ag-Au 纳米合金相图进行了优化，他所选取的 Ag、Au 的修正因子均为 1.05。2012 年 Tang 等[5]利用 Stöber 物理法制备了 Ag 纳米颗粒，通过 DSC 测得四个不同纳米颗粒的熔化温度，通过 CALPHAD 方法对其实验数据进行优化，最后拟合出了 Ag 纳米颗粒不同粒径与熔化温度的函数，与 Chen 等[6]通过原位 TEM 直接观测得的 8 nm 的 Ag 的熔化温度相吻合，拟合得到 Ag 纳米颗粒表面吉布斯自由能的修正因子 $C_{\mathrm{Ag}} = 1.265$，所以本章中 Ag-Au 纳米合金体系的优化，选择 $C_{\mathrm{Au}} = 1.05$，$C_{\mathrm{Ag}} = 1.265$。纯元素 Ag、Au 的表面张力、摩尔体积和 Ag-Au 块体的吉布斯自由能相互作用参数的表达式如表 8-4 所示。

**表 8-4　Ag、Au 的表面张力及摩尔体积和 Ag-Au 体系的过剩吉布斯自由能**

| 变量 | 公式 | 参考文献 |
| --- | --- | --- |
| 表面张力 | $\sigma_{\text{Ag}}^{\text{solid}} = 1.675 - 0.47\times10^{-3}\times T$ | [7] |
| | $\sigma_{\text{Ag}}^{\text{liquid}} = 1.207 - 2.28\times10^{-4}\times T$ | [7] |
| | $\sigma_{\text{Au}}^{\text{solid}} = 1.947 - 0.43\times10^{-3}\times T$ | [8] |
| | $\sigma_{\text{Au}}^{\text{liquid}} = 1.33 - 1.4\times10^{-4}\times T$ | [8] |
| 摩尔体积 | $V_{\text{Ag}}^{\text{solid}} = 1.12066\times10^{-5}$ | [9] |
| | $V_{\text{Ag}}^{\text{liquid}} = 1.0198\times10^{-5} + 1.1368\times10^{-9}\times T$ | [9] |
| | $V_{\text{Au}}^{\text{solid}} = 1.07109\times10^{-5}$ | [10] |
| | $V_{\text{Au}}^{\text{liquid}} = 1.02582\times10^{-5} + 7.797\times10^{-10}\times T$ | [10] |
| 过剩吉布斯自由能 | $G^{\text{Ex, liquid}} = X_{\text{Ag}}X_{\text{Au}}\times(-16402 + 1.14\times T)$ | [11] |
| | $G^{\text{Ex, solid}} = X_{\text{Ag}}X_{\text{Au}}\times(-15599)$ | [11] |

根据表 8-4 中 Ag-Au 块体的过剩吉布斯自由能，可以获得(8-5)中块体 Ag-Au 块体合金中 $L^{v}$ 的数据：

$$L_0^{\text{bulk, liquid}} = -16402 + 1.14\times T$$

$$L_0^{\text{bulk, solid}} = -15599$$

结合式（8-8）可以得到式（8-13），结合实验结果，优化可以得到 Ag-Au 纳米颗粒中的 $L^{v}$，可通过粒径和温度把它表示为

$$L_0^{\text{nano, liquid}} = \left(-16402 + \frac{-1.787\times10^{-5}}{D}\right) + \left(1.14 + \frac{8.488\times10^{-9}}{D}\right)\times T$$

$$L_1^{\text{nano, liquid}} = \left(\frac{-1.24492\times10^{-6}}{D}\right) + \left(\frac{9.3093\times10^{-9}}{D}\right)\times T$$

$$L_2^{\text{nano, liquid}} = 492.7 + \frac{-5.9127\times10^{-8}}{D}$$

$$L_0^{\text{nano, solid}} = \left(-16402 + \frac{-3.436\times10^{-6}}{D}\right) + \left(\frac{-3.5685\times10^{-10}}{D}\right)\times T$$

$$L_1^{\text{nano, solid}} = \frac{3.436\times10^{-6}}{D} + \frac{1.9541\times10^{-9}}{D}\times T$$

3. Ag-Au 纳米颗粒的热力学数据汇总

通过查阅文献，获得 Ag-Au 合金的相关热力学数据及 Ag-Au 纳米颗粒纳米相图的热力学模型，结合本章所测定的实验数据，把上述对 Ag-Au 纳米颗粒的热力学优化工作进行汇总如表 8-5 所示[12]。

**表 8-5　Ag、Au 及其 Ag-Au 纳米颗粒的吉布斯自由能和固液相的过剩吉布斯自由能**

Ag

298.15～1235.08 K

$$G_{Ag}^{0,\text{solid}}=\left(-7209.512+\frac{9.49815\times10^{-5}}{D}\right)+\left(118.200733-\frac{2.66515\times10^{-8}}{D}\right)\times T$$
$$-23.8463314\times T\times\ln T-0.001790585\times T^{2}-3.98587\times10^{-7}\times T^{3}-12011\times T^{-1}$$

$$G_{Ag}^{0,\text{liquid}}=\left(3815.781+\frac{4.92359\times10^{-5}}{D}\right)+\left(109.310587-\frac{3.81211\times10^{-9}}{D}\right)\times T-23.8463314\times T\times\ln T$$
$$-\left(0.001790585+\frac{1.03676\times10^{-12}}{D}\right)\times T^{2}-3.98587\times10^{-7}\times T^{3}-12011\times T^{-1}-1.0322\times10^{-20}\times T^{7}$$

1235.08～3000.00 K

$$G_{Ag}^{0,\text{solid}}=\left(-15095.314+\frac{9.49815\times10^{-5}}{D}\right)+\left(190.265169-\frac{2.66515\times10^{-8}}{D}\right)\times T$$
$$-33.472\times T\times\ln T-1.412186\times10^{29}\times T^{-9}$$

$$G_{Ag}^{0,\text{liquid}}=\left(-3587.342+\frac{4.92359\times10^{-5}}{D}\right)+\left(180.964674-\frac{3.81211\times10^{-9}}{D}\right)\times T$$
$$-33.472\times T\times\ln T-\frac{1.03676\times10^{-12}}{D}\times T^{2}$$

Au

298.15～924.4 K

$$G_{Au}^{0,\text{solid}}=\left(-6938.856+\frac{8.76\times10^{-5}}{D}\right)+\left(106.830098-\frac{1.9344\times10^{-8}}{D}\right)\times T-22.75455\times T\times\ln T$$
$$-3.85924\times10^{-3}\times T^{3}-0.379625\times10^{-6}\times T^{3}-25097\times T^{-1}$$

$$G_{Au}^{0,\text{liquid}}=\left(5613.144+\frac{5.458\times10^{-5}}{D}\right)+\left(97.444232-\frac{1.5966\times10^{-9}}{D}\right)\times T-22.75455\times T\times\ln T$$
$$-\left(3.85924\times10^{-3}+\frac{4.36\times10^{-13}}{D}\right)\times T^{2}+0.379625\times10^{-6}\times T^{3}-25097\times T^{-1}$$

929.4～1337.33 K

$$G_{Au}^{0,\text{solid}}=\left(-93586.481+\frac{8.76\times10^{-5}}{D}\right)+\left(1021.69543-\frac{1.9344\times10^{-8}}{D}\right)\times T-155.7067449\times T\times\ln T$$
$$+87.56015\times10^{-3}\times T^{2}-11.518713\times10^{-6}\times T^{3}+10637210\times T^{-1}$$

$$G_{Au}^{0,\text{liquid}}=\left(-81034.481+\frac{5.458\times10^{-5}}{D}\right)+\left(1012.309564-\frac{1.5966\times10^{-9}}{D}\right)\times T-155.7067449\times T\times\ln T$$
$$-\left(87.56015\times10^{-3}+\frac{4.36\times10^{-13}}{D}\right)\times T^{2}-11.518713\times10^{-6}\times T^{3}+67999832\times T^{-1}$$

1337.33～1735.8 K

$$G_{Au}^{0,\text{solid}}=\left(314067.827+\frac{8.76\times10^{-5}}{D}\right)-\left(2016.378254-\frac{1.9344\times10^{-8}}{D}\right)\times T+263.2522595\times T\times\ln T$$
$$-118.216828\times10^{-3}\times T^{2}+8.923844\times10^{-6}\times T^{3}-67999832\times T^{-1}$$

$$G_{Au}^{0,\text{liquid}}=\left(326619.829+\frac{5.458\times10^{-5}}{D}\right)-\left(2025.76412+\frac{1.5966\times10^{-9}}{D}\right)\times T+263.2522592\times T\times\ln T$$
$$-\left(-118.216828\times10^{-3}+\frac{4.36\times10^{-13}}{D}\right)\times T^{2}+8.923844\times10^{-6}\times T^{3}-67999832\times T^{-1}$$

续表

| Au |
|---|
| 1735.8～3200 K<br>$G_{\mathrm{Au}}^{0,\mathrm{solid}}=\left(-12133.783+\dfrac{8.76\times10^{-5}}{D}\right)+\left(165.272524-\dfrac{1.9344\times10^{-8}}{D}\right)\times T-30.9616\times T\times\ln T$<br>$G_{\mathrm{Au}}^{0,\mathrm{liquid}}=(418.217+\dfrac{5.458\times10^{-5}}{D})+(155.886658+\dfrac{-1.5966\times10^{-9}}{D})\times T-30.9616\times T\times\ln T-\dfrac{4.36\times10^{-13}}{D}\times T^2$ |
| 过剩吉布斯自由能 |
| $G_{\mathrm{solid}}^{\mathrm{Ex}}=X_{\mathrm{Ag}}X_{\mathrm{Au}}\times\left\{\left(-15599+C\times\dfrac{9.63857\times10^{-6}}{D}\right)+\left(C\times\dfrac{1.875119\times10^{-8}}{D}\right)\times T+\left[(-5601.9+C\times\dfrac{7.256548\times10^{-5}}{D})+(1.32997+C\times\dfrac{1.69501\times10^{-8}}{D})\times T\times(X_{\mathrm{Ag}}-X_{\mathrm{Cu}})\right]\right\}$<br>$G_{\mathrm{liquid}}^{\mathrm{Ex}}=X_{\mathrm{Ag}}X_{\mathrm{Au}}\left\{\left(-16402+\dfrac{5.518787\times10^{-7}}{D}\right)+\left(-4.45479+\dfrac{9.548\times10^{-8}}{D}\right)\times T+\left[\dfrac{-1.619\times10^{-6}}{D}+\left(\dfrac{6.6086\times10^{-10}}{D}\right)\times T\right]\times(X_{\mathrm{Ag}}-X_{\mathrm{Au}})+\left[\dfrac{-1.869\times10^{-6}}{D}+\left(\dfrac{4.9997\times10^{-10}}{D}\right)\times T\right]\times(X_{\mathrm{Ag}}-X_{\mathrm{Au}})^2\right\}$ |

## 8.3.2　金-银纳米颗粒纳米相图

在本章中，主要在参考 Lee[2]及 Monji[3]对 Ag-Au 纳米合金体系的理论计算和 Tang[5]所测定的关于纯 Ag 的热力学参数基础上，结合本章所测定的 Ag-Au 合金熔化实验数据，通过 Thermo-Calc 软件对 Ag-Au 纳米合金体系的热力学参数进行优化，最终获得了理论计算与实验结果自洽的结果，绘制了不同粒径下的 Ag-Au 纳米相图，其结果如图 8-11 所示。从图 8-11 可得，计算相图与实验测定的纳

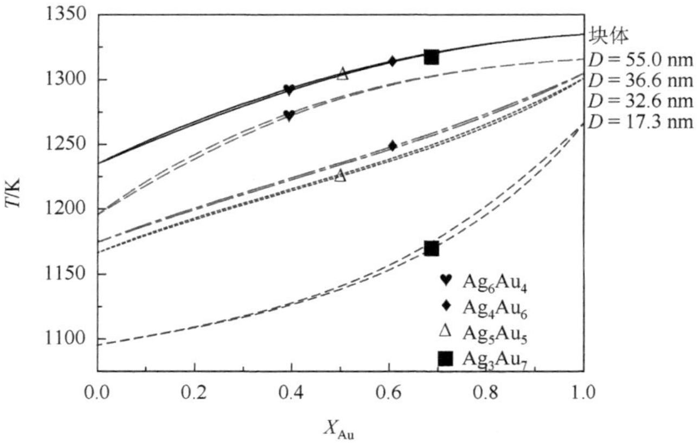


图 8-11　尺寸分别为 17.3 nm、32.6 nm、36.6 nm、55.0 nm 的 Au-Ag 纳米颗粒及块体相图

米合金熔化检测结果很好地吻合。此外，与 Joonho Lee 和 Fatemeh Monji 所计算的相图类似，可以看出同一成分的 Ag-Au 纳米颗粒的温度随着尺寸的减小而减小，各相图的形状也会随着纳米粒径的变化而变化。

### 8.3.3　金-银纳米颗粒热力学性质

结合 Ag-Au 热力学计算方法及所测定的实验结果，对 $Ag_3Au_7$、$Ag_4Au_6$、$Ag_5Au_5$ 和 $Ag_6Au_4$ 四种成分的纳米颗粒在不同粒径下的熔化温度进行计算，结果表明 Ag-Au 纳米颗粒的熔化温度随粒径的减小而减小且呈非线性关系，$Ag_3Au_7$、$Ag_4Au_6$、$Ag_5Au_5$ 和 $Ag_6Au_4$ 纳米颗粒粒径倒数-熔化温度的关系图如图 8-12 所示，从图中所知计算结果与实验结果相互吻合，计算误差小于 3 K。计算结果与实验结果具体数值如表 8-6 所示，其中 $T_M$ 代表实验测定温度，$T_C$ 代表计算所得温度。

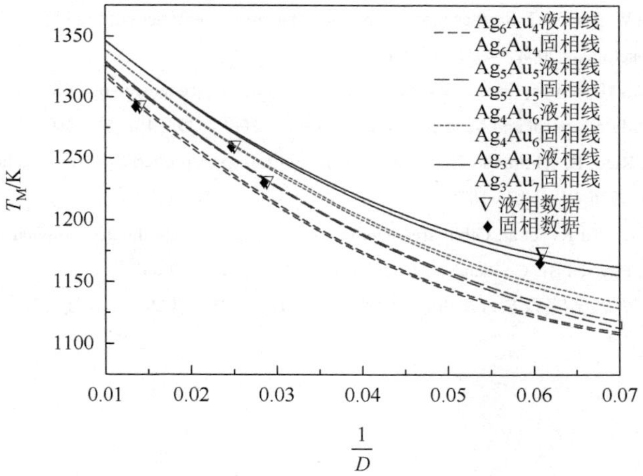


图 8-12　$Ag_3Au_7$、$Ag_4Au_6$、$Ag_5Au_5$ 和 $Ag_6Au_4$ 纳米颗粒粒径倒数-熔化温度的关系图

**表 8-6　$Ag_3Au_7$、$Ag_4Au_6$、$Ag_5Au_5$ 和 $Ag_6Au_4$ 纳米颗粒实验与计算结果统计**

| 成分 | 平均粒径/nm | $T_M$/K | | $T_C$/K | |
|---|---|---|---|---|---|
| | | 固相线 | 液相线 | 固相线 | 液相线 |
| $Ag_6Au_4$ | 55.0 | 1271.6 | 1279.2 | 1271.4 | 1279.1 |
| $Ag_5Au_5$ | 32.6 | 1224.7 | 1236.1 | 1225.3 | 1234.9 |
| $Ag_4Au_6$ | 36.6 | 1247.6 | 1250.8 | 1245.9 | 1248.2 |
| $Ag_3Au_7$ | 17.3 | 1169.0 | 1070.7 | 1169.7 | 1072.6 |

# 参 考 文 献


[1] 沈伟，唐成颖，徐伟. 化学还原法制备 Ag-Pd 纳米合金颗粒[J]. 电工材料，2014，3：6-9.

[2] Lee J，Sim K J. General equations of CALPHAD-type thermodynamic description for metallic nanoparticles systems[J]. Calphad，2014，44：129-132.

[3] Monji F，Jabbareh M A. Thermodynamic model for prediction of binary alloy nanoparticle phase diagram including size dependent surface tension effect[J]. Calphad，2017，58：1-5.

[4] Dick K，Dhanasekaran T，Zhang Z Y，et al. Size-dependent melting of silica-encapsulated gold nanoparticles[J]. Journal of the American Chemical Society，2002，124（10）：2312-2317.

[5] Tang C，Sung Y M，Lee J. Nonlinear size-dependent melting of the silica-encapsulated silver nanoparticles[J]. Applied Physics Letters，2012，100（20）：011902.

[6] Chen C L，Lee J G，Arakawa K，et al. In situ observations of crystalline-to-liquid and crystalline-to-gas transitions of substrate-supported Ag nanoparticles[J]. Applied Physics Letters，2010，96（25）：253104.

[7] Lee J，Nakamoto M，Tanaka T. Thermodynamic study on the melting of nanometer-sized gold particles on graphite substrate[J]. Journal of Materials Science，2005，40（9-10）：2167-2171.

[8] Lee J，Shimoda W，Tanaka T. Surface tension and its temperature coefficient of liquid Sn-X（X = Ag，Cu）alloys[J]. Materials Transactions，2004，45（9）：2864-2870.

[9] Nakamoto M，Liukkonen M，Friman M，et al. Measurement of surface tension of solid Cu by improved multiphase equilibrium[J]. Metallurgical and Materials Transactions B，2008，39（4）：570-580.

[10] Novakovic R，Ricci E，Giuranno D，et al. Surface and transport properties of Ag-Cu liquid alloys[J]. Surface Science，2005，576（1）：175-187.

[11] Luo W，Deng L，Su K，et al. Gibbs free energy approach to calculate the thermodynamic properties of copper nanocrystals[J]. Physica B：Condensed Matter，2011，406（4）：859-863.

[12] 苏婷. Ag 基纳米合金制备及热力学和电化学性质研究[D]. 桂林：桂林电子科技大学，2021.

# 第9章 石墨烯负载的金-铜纳米颗粒的制备与电化学性能

近年来对纳米材料的电化学性能研究促进了其在催化领域的应用，双金属催化剂通过两种金属间形成新的活性位点和诱导协同效应，与纯金属相比，其各项性能得到增强，具有在许多反应中提高催化活性的应用前景。这也被研究工作所证实。在宏观角度可以通过控制其元素组成及合成条件来优化其各项性质，在微观角度可以通过控制其原子顺序及尺寸等参数来使其达到目标性能，从而将二元合金体系的性能应用扩展至纳米尺度，并允许对其进行以实用价值为导向的性能微调。

Lu 等[1]通过反胶束法合成了 Au-Co@$SiO_2$ 核壳结构纳米球，受两种金属间的协同作用影响，$SiO_2$ 包覆的 Au-Co 纳米球对 $NH_3BH_3$ 的水解脱氢具有更高的催化活性。Buket 等[2]在油胺溶液中，还原出单分散的钯纳米颗粒，由液体浸渍法将合成的纳米颗粒分散在氧化石墨烯的表面，将制备的 Pd/rGO 催化剂应用于 $NH_3BH_3$ 的水解反应，其具有很高的活性，初始 TOF 值为 26.3 $min^{-1}$，并且催化剂在使用 10 次后仍保持 95%的初始活性。Yao 等[3]基于一锅法合成路线，结合反胶束方法，在多孔 $SiO_2$ 纳米球中制备 Cu-Co 纳米颗粒，研究表明，合成的二元合金纳米颗粒具有核壳结构，对室温下的水解脱氢具有更好的催化活性。Jaberi 等[4]将氧化石墨烯和 Au 的纳米复合材料以分层结构的方式通过电化学沉积在石墨片电极上，制得具有层片结构的 rGO-Au 纳米复合材料用于血液中糖化血红蛋白的测定。利用差分脉冲伏安法进行无定量标记检测，得到其检测灵敏度为 $2.692\times10^4$ A/$cm^2$，具有更好的检测性能。Rahman 等[5]采用化学还原法合成了不同成分配比的 Au-Cu 纳米颗粒，其粒径分布为 15～25 nm，以 1∶3 的比例混合 Au-Cu 纳米颗粒和 PPYox 时具有最高的响应电流，通过循环伏安法、方波伏安法及电化学阻抗谱测试得到复合电极 PPYox/Au-Cu-GCE 对环境毒素蒽的检出限为 150 mmol/L。Tee 等[6]在 140℃下制备得到形状可控的 Au-Cu 纳米管，受两金属间协同效应的影响，在碱性环境中具有较好的葡萄糖电催化活性。Patra 等[7]从绿色无毒合成的角度出发，以绿豆花水提物为还原剂和稳定剂，制备得到了 Au@Cu、Ag@Cu 两种核壳结构纳米颗粒，以纸片扩散法对两种纳米颗粒进行抗菌筛选，发现呈规则球形的 Au@Cu 纳米颗粒具有更优的抗菌活性。Amiripour 等[8]采用离子交换和恒电位电化学还原将

Cu 离子引入合成的在 P 纳米沸石载体中，然后 Au 通过简单的电置换技术部分取代 Cu，从而合成了新型 Au-Cu/NPZ/CPE 双金属传感器，在较低电势下具有较高的电催化活性，其对肼的检测具有优良的电分析性能。Neaţu 等[9]采用逐级沉积-沉淀法制备了负载 Au-Cu/$TiO_2$ 纳米颗粒，其作为光催化剂在模拟光照下通过水还原二氧化碳，甲烷的生成速率超过 2000 μmol/(g·h)，其光催化活性远超过对应单金属纳米催化剂。Liu 等[10]通过两步法制备得到了 SBA-15 负载的 Au-Cu 双金属纳米颗粒，在氧气气氛下对其进行煅烧处理，其对 CO 的催化氧化活性远高于单金属纳米颗粒。Llorca 等[11]研究了 Au-Cu/$TiO_2$ 催化剂与 $N_2O$ 进行丙烯环氧化反应，发现 $Au_1Cu_3$/$TiO_2$ 具有最佳的催化活性。Pina 等[12]研究了 Au-Cu/$SiO_2$ 催化剂对苯甲醇的选择性氧化，观察到了 Au/Cu 质量比为 4∶1 时的协同效应。Kim 等[13]研究了 Au-Cu 纳米合金从无序相到有序相的转变，其对 CO 的选择性随着纳米合金有序程度的提高而增强。Birhanu 等[14]合成了不同成分的 Au-Cu/MWCNT 纳米颗粒作为 $CO_2$ 还原的催化剂，将纳米颗粒合金化程度和表面组成与反应中间体相关联，结果表明，Au 和 Cu 在合金中的系统作用提高了其还原活性，表面富金的纳米颗粒增加了对 CO 的选择性。

本章基于制备 Au-Cu@$SiO_2$ 的成分比及实验方法，设计制备 Ag-Cu/GO 纳米颗粒，并探究不同制备条件对其催化氧化性能的影响。

# 9.1 石墨烯负载的金-铜纳米颗粒制备与表征

## 9.1.1 制备石墨烯负载的金-铜纳米颗粒实验原材料

本章实验中所用到的试剂材料如表 9.1 所示。

**表 9-1 实验原材料**

| 分类 | 药品名称 | 生产厂商 |
|---|---|---|
| 前驱体 | 四氯金酸（$HAuCl_4·3H_2O$，99.9%） | Aladdin |
| | 五水硫酸铜（$CuSO_4·5H_2O$，99.9%） | Aladdin |
| 还原剂 | 硼氢化钠（$NaBH_4$，≥99%） | Aladdin |
| | 聚乙二醇（$HO(CH_2CH_2O)_nH$，1000） | Aladdin |
| | 聚乙烯吡咯烷酮（$(C_6H_9NO)_n$，8000） | Aladdin |
| 表面稳定剂 | 柠檬酸三钠（$C_6H_5O_7Na_3$，99%） | Aladdin |
| 负载材料 | 试剂级氧化石墨烯溶液（1 mg/mL） | Aladdin |
| 测试试剂 | 葡萄糖（$C_6H_{12}O_6·H_2O$，98%） | Aladdin |

### 9.1.2　石墨烯负载的金-铜纳米颗粒制备方法

通过化学还原结合水热合成的方式，参照第 3 章，使用硼氢化钠（$NaBH_4$）在四氯金酸（$HAuCl_4·3H_2O$）与五水硫酸铜（$CuSO_4·5H_2O$）混合溶液成功还原出 Au-Cu 纳米颗粒的经验，我们设计了如图 9-1 所示的制备方法，实验步骤如下：

（1）将氧化石墨烯溶液稀释至 0.1 mg/mL，在超声环境放置 1 h 至溶液均匀分散，留作实验过程中备用。

（2）按照设计的成分配比，以 7∶3、6∶4、5∶5 的比例均匀混合 Au-Cu 的前驱体溶液，加入去离子水稀释，前驱体浓度配比参照本书第 4 章制备过程中设定比例。

（3）配置质量分数为 1%的柠檬酸三钠溶液，以 100∶3 的比例添加至步骤（2）所得溶液中，利用搅拌装置快速搅拌，通氩气排空气。

（4）配置 10 mmol/L $NaBH_4$ 溶液，待到 $NaBH_4$ 溶液气派消失后以 100∶3 的比例添加至步骤（3）所得到的溶液中，通入氩气，此时要调慢转子转速，防止团聚。

（5）本节制备过程中探究氧化石墨烯为载体的纳米颗粒催化氧化性能，对于 Au-Cu 体系，以 100∶3 的比例将步骤（1）所得到的匀散氧化石墨烯溶液加到完全混合的溶液中，避光保存 24 h，离心得到纳米颗粒，用无水乙醇、去离子水清洗 3 次后转至真空干燥箱备用，得到负载氧化石墨烯的 Au-Cu 纳米颗粒。

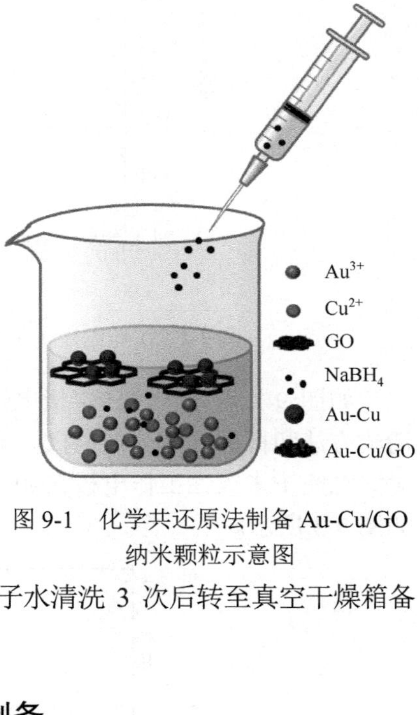


图 9-1　化学共还原法制备 Au-Cu/GO 纳米颗粒示意图

### 9.1.3　金-铜纳米颗粒修饰的玻碳电极的制备

电化学工作站是由参比电极（Ag/AgCl），对电极（Pt 片）和工作电极（GCE）组成的三电极系统，测试前对 GCE 工作电极进行洁净度的预处理：

（1）用洁净的擦镜纸除去表面为 0.25 $cm^2$ 玻碳电极表面的污垢，利用 2000 Cw① 的金相砂纸对其表面轻轻打磨，之后在干、湿麂皮上按照“倒 8 字”方式依次用 0.3 μm 和 0.05 μm 的抛光粉抛光至清洁镜面，依次分别在丙酮、$HNO_3$、NaOH 和去离子水中超声清洗 5 min 后放置于红外灯光下烘干；

① Cw 表示每英寸砂粒数。

（2）将 GCE 工作电极置于 0.01 mol/L $K_3[Fe(CN)_6]$溶液中进行 CV 曲线扫描，氧化与还原峰值电位差在 100 mV 以内，以检测电极表面清洁度是否达标，如图 9-2 所示，测试完毕后去离子水洗涤三次并在红外灯下烘干。

本章电化学实验工作在室温［（24±2）℃］下进行，每次实验前对溶液通氮气 3 min 以排出空气。

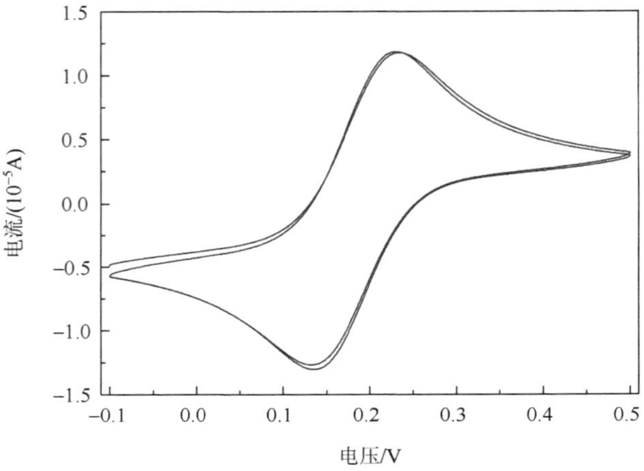


图 9-2　工作电极（GCE）在 $K_3[Fe(CN)_6]$溶液中循环伏安曲线

如图 9-2 所示，玻碳电极电位差符合清洁度要求，在后面的测试中以同样的清洁方法和标准处理工作电极。配置 pH = 7.4，浓度为 1 mmol/L 的葡萄糖溶液，对清洗完毕未改性工作电极在−0.5～0.5 V 的电位下，以 50 mV/s 进行测试，结果如图 9-3 所示。

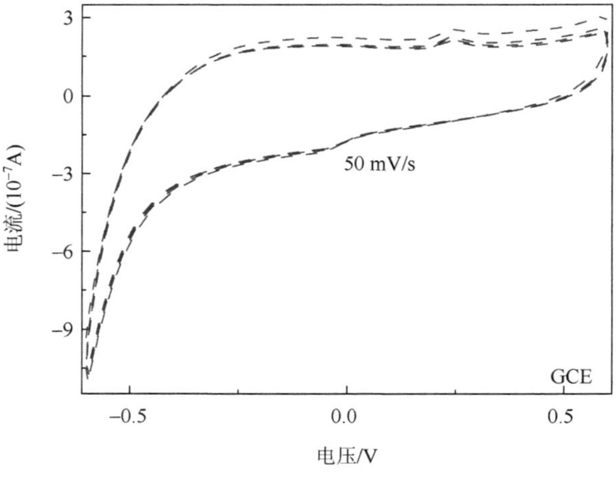


图 9-3　玻碳电极在 1 mmol/L 葡萄糖溶液（pH = 7.4）中循环伏安曲线

由图 9-3 可知，已经符合洁净度标准的玻碳电极在 pH = 7.4 的葡萄糖溶液中响应电流的数量级为 $10^{-7}$ A，未见工作电极与葡萄糖溶液发生反应。至此，三电极体系中的工作电极即玻碳电极的清洁度预处理结束，进入改性阶段。

将 1 mg/L 氧化石墨烯溶液稀释至负载合金时的浓度，利用移液枪准确移取一定量的稀释氧化石墨烯溶液，滴下一滴稀释液至于已处理完并符合洁净度要求的玻碳电极上，在红外烘灯下烘干，如此重复三次，使得共计 15 μL 的待测分散液滴在洁净的玻碳电极上。配置 1 mmol/L 的葡萄糖溶液，利用 NaOH 调节其 pH 至 7.4，在−0.5～0.5 V 的电位范围内，以 50 mV/s 的扫描速率对 GO/GCE 进行循环伏安（CV）测试，循环段数为 8，扫描结果如图 9-4 所示。

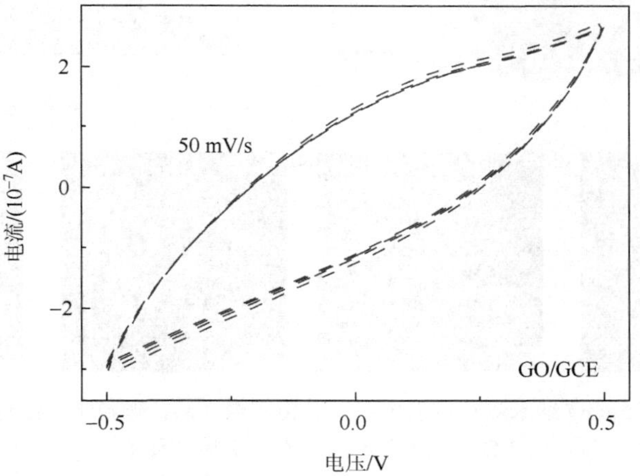


图 9-4　工作电极（氧化石墨烯）在 1 mmol/L 葡萄糖溶液（pH = 7.4）中循环伏安曲线

图 9-4 可知，在葡萄糖溶液的 pH = 7.4 时，氧化石墨烯负载的工作电极在溶液中未发生氧化反应或还原反应，且其响应电流的数量级为 $10^{-7}$ A，对未涂覆的玻碳电极和涂覆氧化石墨烯的玻碳电极进行循环伏安测试，为接下来氧化石墨烯负载的 Au-Cu 和 Ag-Cu 纳米颗粒电化学测试提供了对比基础。

### 9.1.4　石墨烯负载的金-铜纳米颗粒表征

1. 氧化石墨烯负载 Au-Cu 纳米颗粒的透射电子显微镜图

图 9-5（a）为 $Au_5Cu_5$/GO 的透射电子显微镜分析结果，Au-Cu/GO 纳米颗粒具有较好的形貌和分散性，整体呈现椭球形，从图中得到颗粒粒径大致为 10 nm；利用 Nano Measurer 软件对图 9-5（a）进行图像分析，得到图 9-5（b），其平均半径为 5.53 nm；图 9-5（c～f）分别为 $Au_5Cu_5$/GO 纳米颗粒的 EDS 面扫结果，其中，

（c）为 Au、Cu、C 三种元素的总体分布图，（d）、（e）、（f）分别为 Au、Cu、C 各元素的分布情况，其中 Au 和 Cu 元素的总体含量大致相同，符合 Au∶Cu＝5∶5 的成分配比，由此可以证明 Au-Cu/GO 纳米颗粒的合成。

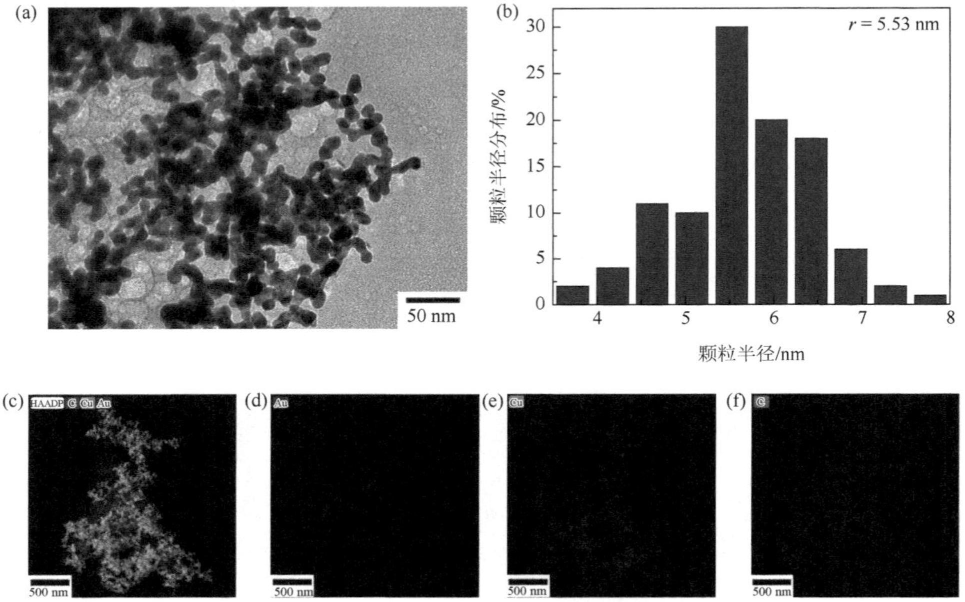


图 9-5　$Au_5Cu_5$/GO 纳米颗粒透射电子显微镜图像（a），颗粒半径统计结果（b）及 EDS 面扫结果（c～f）（后附彩图）

由图 9-6 透射电子显微镜图像可以得到，$Au_6Cu_4$/GO 纳米颗粒呈现球形和椭球形，与 $Au_5Cu_5$/GO 纳米颗粒具有类似的形貌结构，粒径分布较为均匀，未发生团聚现象；利用 Nano Measurer 对其进行粒径结果分析，其平均半径为 6.25 nm。

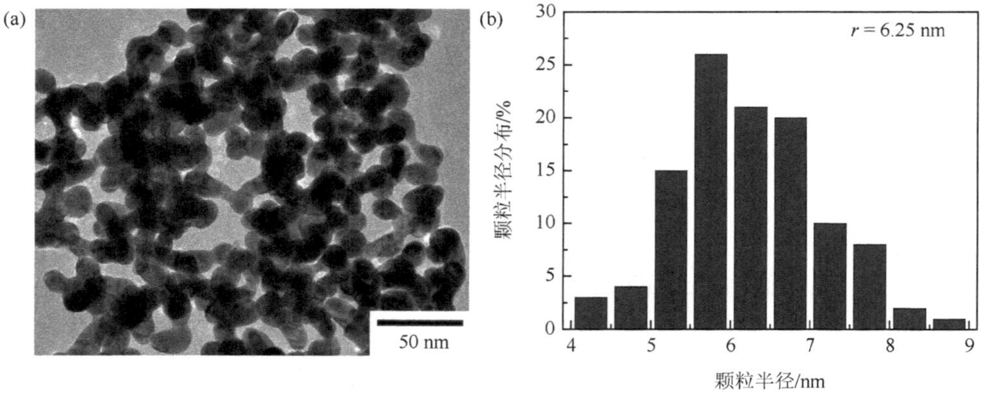


图 9-6　$Au_6Cu_4$/GO 纳米颗粒透射电子显微镜及粒径统计结果

### 2. 氧化石墨烯负载 Au-Cu 纳米颗粒的扫描电子显微镜图

在本书第 4 章关于 Au-Cu@$SiO_2$ 的制备中得到了粒径约为 10 nm 的纳米颗粒，基于其制备原理及注意事项，制备得到 Au-Cu/GO 纳米颗粒并进行扫描电子显微镜分析。图 9-7 所示为石墨烯负载 Au-Cu 合金的扫描电子显微镜图像。由此扫描电子显微镜结果可得：纳米颗粒呈现较好的分散性和均匀性，由图 9-7（a，b）可以看到，100 000 倍下的 Au-Cu/GO 纳米颗粒呈球形，与透射电子显微镜观察结果呈现一致性，结合透射电子显微镜 EDS 面扫结果，可以推测球形 Au-Cu/GO 纳米颗粒附着在氧化石墨烯表面，使氧化石墨烯载体的形貌未呈现在电子显微镜图像上，但对于 $Au_5Cu_5$/GO 的 EDS 面扫结果得到了 C 元素分布情况，证明氧化石墨烯的存在。图 9-7（c，d）为 30 000 倍下的扫描电子显微镜图像，从图中可以看出 Au-Cu/GO 纳米颗粒的大致分布情况。

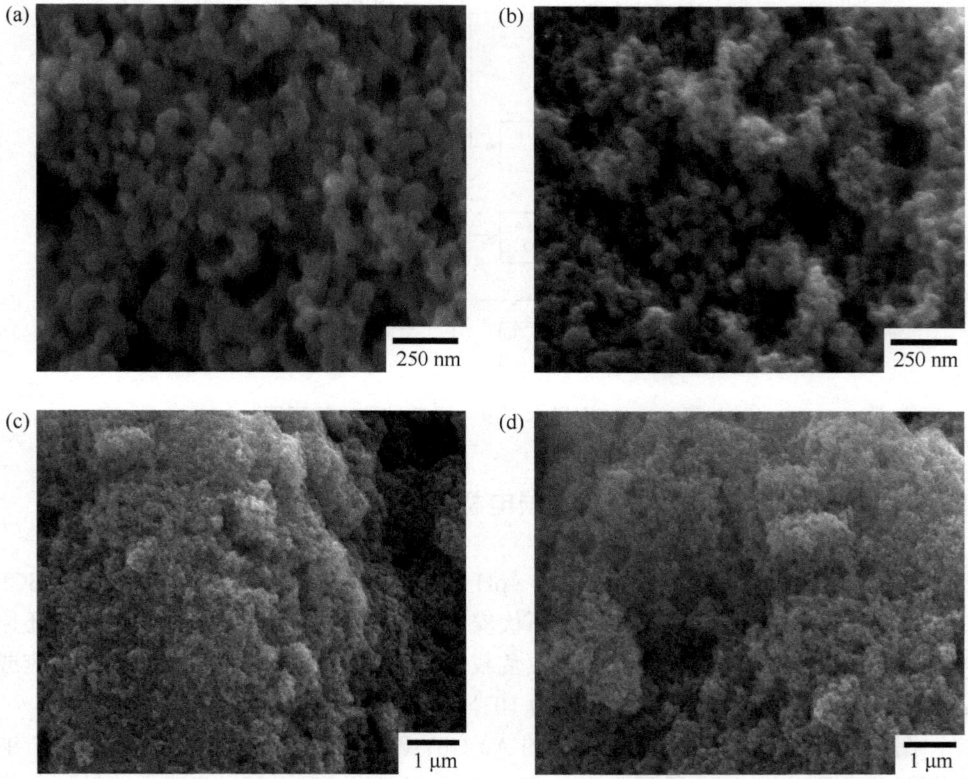


图 9-7　$Au_5Cu_5$/GO（a）、（b）在 100 000 倍下和 $Au_6Cu_4$/GO（c）、（d）在 30 000 倍下扫描电子显微镜结果

## 9.2　石墨烯负载的金-铜纳米颗粒的电化学性能测定

在传统的葡萄糖催化氧化过程中，需要以葡萄糖氧化酶（GOD）作为酶类催化剂来促进反应进程，但其储存性能差。相比之下，纳米颗粒具有较好的电催化性能，制备方式简单，具有较好稳定性，易于贮存。

葡萄糖直接在纳米颗粒的催化氧化性能作用下被氧化为 $C_6H_{12}O_7$，具体反应方程式如下：$C_6H_{12}O_6 + 2OH^- \longrightarrow C_6H_{12}O_7 + H_2O + 2e^-$，葡萄糖被氧化产生电子的定向移动，表现在循环伏安曲线中为氧化峰的出现，故可从氧化峰的半峰宽和峰强结合循环伏安曲线的平滑程度来简单评价纳米颗粒对于葡萄糖的催化氧化作用优劣。图 9-8 为 Au-Cu 纳米颗粒三电极体系电化学测试技术流程图。

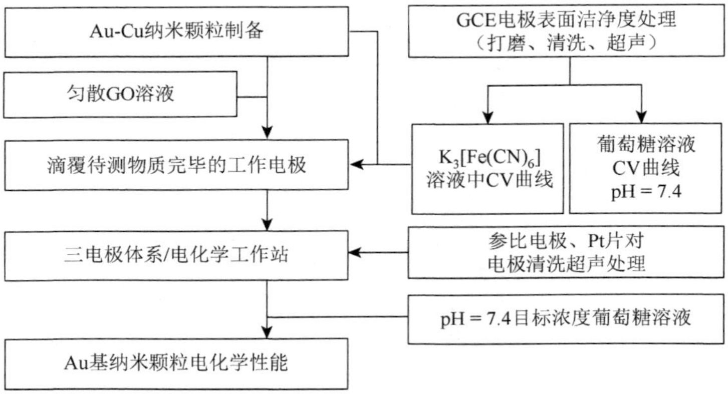


图 9-8　三电极体系电化学测试技术流程图

### 9.2.1　金-铜纳米颗粒修饰的玻碳电极在不同扫速下的循环伏安曲线

在浓度为 1 mmol/L 葡萄糖溶液中（pH = 7.4），以 50 mV/s 的扫速对 Au-Cu/GCE 进行 CV 测试，由图 9-9 可知，循环伏安测试结果显示反应过程无氧化峰或还原峰存在，由此得出，Au-Cu 纳米颗粒负载的工作电极在溶液中未发生氧化反应或还原反应，且其电流分布的数量级为 $10^{-6}$ A。

图 9-10 分别为氧化石墨烯负载的 $Au_7Cu_3$（a）、$Au_6Cu_4$（c）、$Au_5Cu_5$（e）纳米颗粒在 0.5 mmol/L 葡萄糖溶液（pH = 7.4）和 80～290 mV/s 扫速下的循环伏安曲线，图（b）、（d）、（f）分别为对应的扫速-响应电流曲线。在氧化石墨烯负载 Au-Cu 纳米颗粒对葡萄糖的电化学性能测试中，在−0.15～0 V 之间观察到一个电

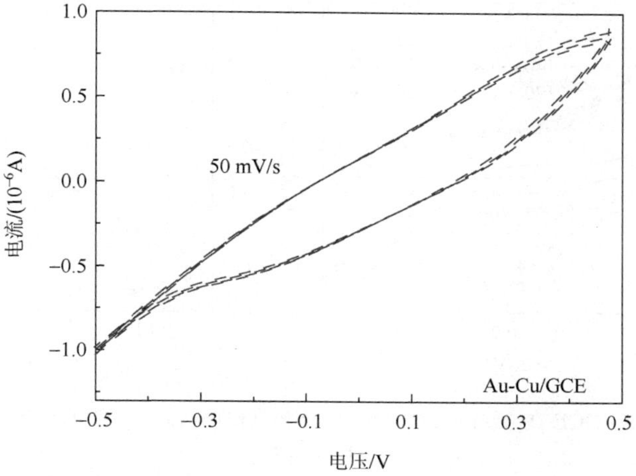


图 9-9　Au-Cu 纳米颗粒在 1 mmol/L 的葡萄糖溶液中循环伏安曲线

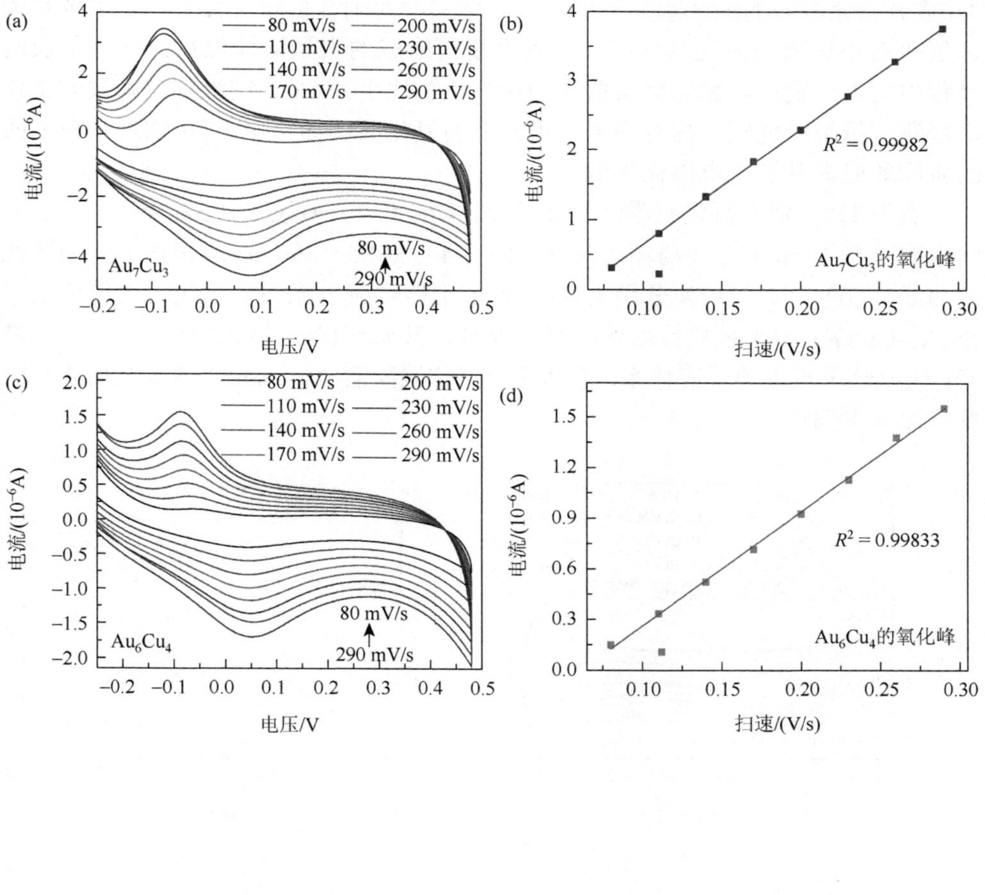

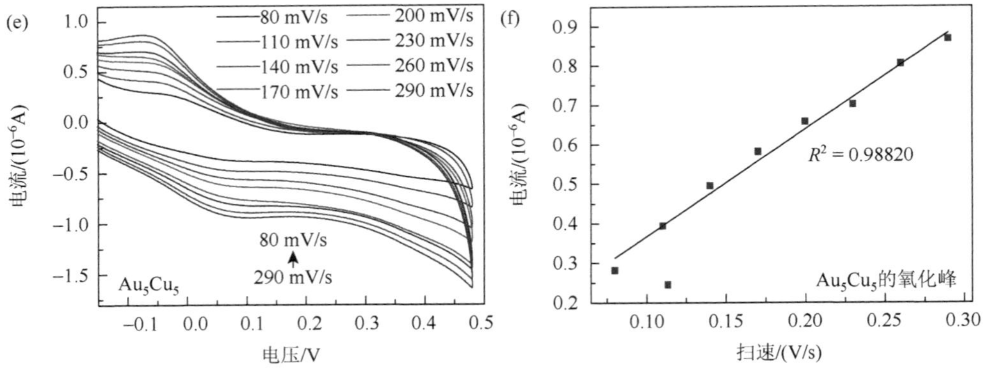


图 9-10　Au-Cu/GO/GCE 在 0.5 mmol/L 葡萄糖溶液（pH = 7.4）中的循环伏安曲线及扫速-响应电流关系

流变化趋势，为电化学性质中的氧化峰。在不同成分配比的 Au-Cu 纳米颗粒中，Au 成分占比较高的纳米颗粒呈现出更为优秀的对葡萄糖氧化性能，这主要是因为氧化石墨烯因较高的电导率和比表面积而形成的大量活性位点，促进了反应过程中的电子输送。循环伏安曲线响应电流相比于 Au-Cu 纳米颗粒负载的工作电极测试结果出现较大幅度增加，由此证明氧化石墨烯与 Au-Cu 纳米颗粒之间的协同效应提升了其电催化性能。

图 9-11 分别为氧化石墨烯负载的 $Au_7Cu_3$（a）、$Au_6Cu_4$（c）、$Au_5Cu_5$（e）纳米颗粒在 1 mmol/L 葡萄糖溶液（pH = 7.4）和 80～290 mV/s 扫速下的循环伏安曲线，（b）、（d）、（f）分别为其对应的扫速-响应电流关系曲线。由图可知：在 Au-Cu/GO 纳米颗粒检测葡萄糖溶液时，其循环伏安曲线表现出氧化和还原峰，构成一个可逆的反应体系，但其还原峰位置随着 Au-Cu/GO 纳米颗粒成分的变化而发生偏移。

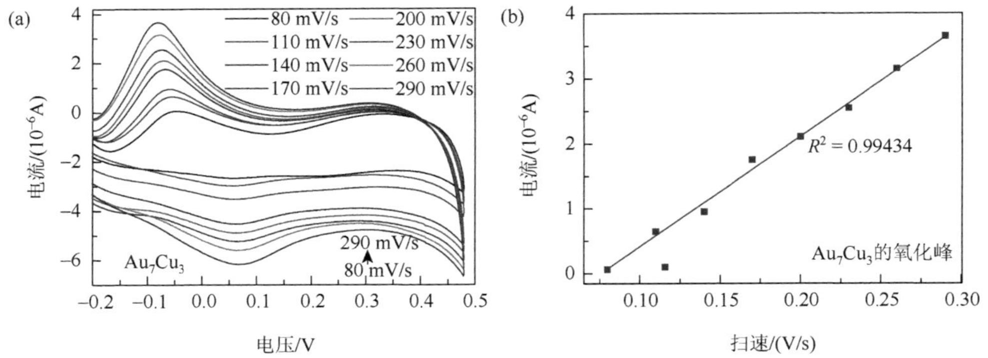

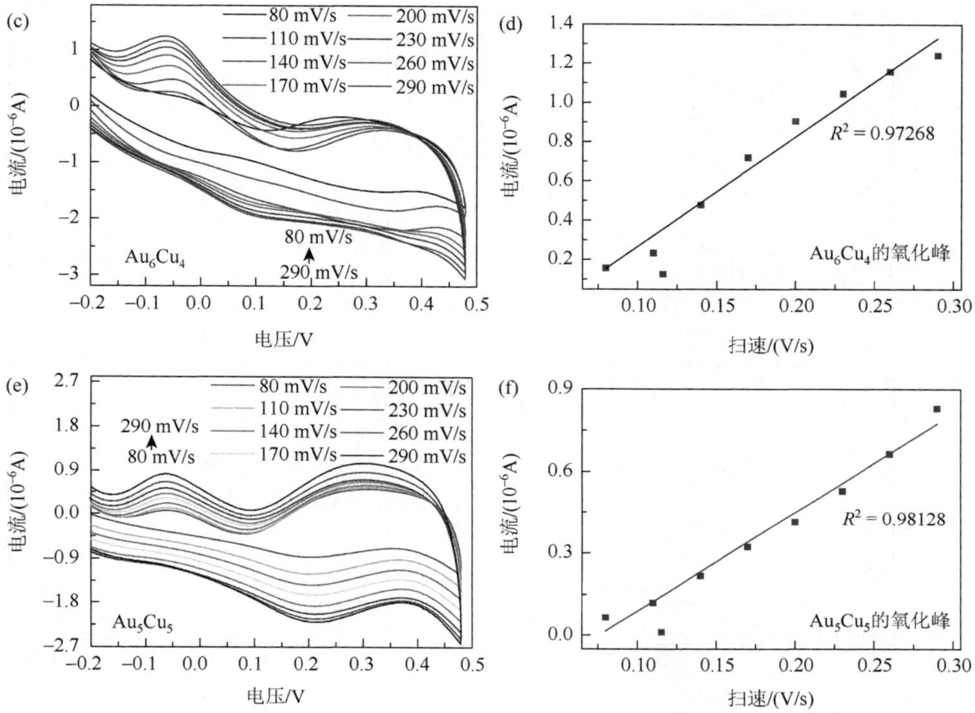


图 9-11　Au-Cu/GO/GCE 在 1 mmol/L 葡萄糖溶液（pH = 7.4）中的循环伏安曲线：$Au_7Cu_3$（a）、$Au_6Cu_4$（c）、$Au_5Cu_5$（e）及扫速-响应电流关系：$Au_7Cu_3$（b）、$Au_6Cu_4$（d）、$Au_5Cu_5$（f）

对比 Au-Cu/GO 纳米颗粒在浓度为 0.5 mmol/L 和 1 mmol/L 葡萄糖溶液中的 CV 测试结果，Au-Cu/GO 纳米颗粒氧化还原葡萄糖的响应电流随着扫描速率的增加逐渐增大，在扫描速率为 290 mV/s 时达到最佳，且不同成分的纳米颗粒对葡萄糖检测的循环伏安曲线中，其响应电流与扫描速率成正比例线性关系，可以证明 Au-Cu 纳米颗粒及氧化石墨烯载体在玻碳电极表面稳定存在且没有被分解或脱落到葡萄糖电解液中。

### 9.2.2　不同成分金-铜纳米颗粒修饰的玻碳电极的循环伏安曲线

如图 9-12 所示，对于 $Au_7Cu_3$/GO 纳米颗粒，随着葡萄糖浓度的增加，其循环伏安曲线的氧化峰峰值电流与葡萄糖浓度呈现正比例关系，存在较小幅度的增大。但对于 $Au_6Cu_4$/GO 和 $Au_5Cu_5$/GO 两种成分的纳米颗粒的氧化峰则未呈现随葡萄糖浓度变化的正比例关系，判断其原因为这两种成分的合金检测限度较低，对于较高浓度的葡萄糖溶液检测能力较差。在相同浓度的葡萄糖溶液中，不同成分 Au-Cu/GO 纳米颗粒的氧化峰峰值电流随着 Au 在合金中含量占比的增加呈近似线性增大。

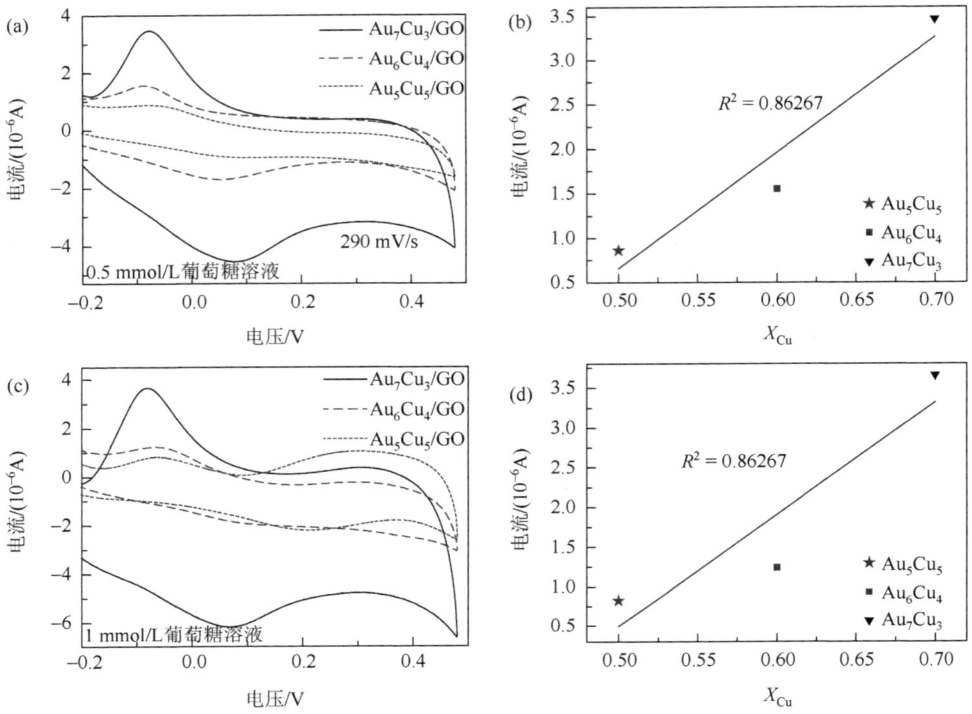


图 9-12　Au-Cu/GO 纳米颗粒对 0.5 mmol/L、1 mmol/L 葡萄糖溶液（pH = 7.4）检测的循环伏安曲线（扫描速率：290 mV/s）及氧化峰峰值电流对应成分关系

## 9.3　金-铜纳米颗粒电化学性能结果总结

利用一种简单、环保的方法合成了氧化石墨烯负载的不同成分 Au-Cu 纳米颗粒，通过 SEM 和 TEM 对其进行形貌表征，并基于循环伏安法对不同浓度葡萄糖的进行检测，利用循环伏安曲线对两种合金的电化学性能进行测试，测试结果表明：氧化石墨烯负载的 Au-Cu 纳米颗粒在成分配比为 Au∶Cu = 7∶3 时展现出最佳的电化学响应，且随着 Cu 组分占比在合金中不断提高，其电化学响应电流降低。

### 参 考 文 献

[1]　Lu Z H，Jiang H L，Yadav M，et al. Synergistic catalysis of Au-Co@$SiO_2$ nanospheres in hydrolytic dehydrogenation of ammonia borane for chemical hydrogen storage[J]. Journal of Materials Chemistry，2012，22（11）：5065-5071.

[2]　Buket K I，Encanl S，Metin N. Hydrolytic dehydrogenation of ammonia borane catalyzed by reduced graphene oxide supported monodisperse palladium nanoparticles：high activity and detailed reaction kinetics[J]. Molecular

Catalysis，2012，361-362：104-110.

[3] Yao Q，Lu Z H，Wang Y，et al. Synergetic catalysis of non-noble bimetallic Cu-Co nanoparticles embedded in $SiO_2$ nanospheres in hydrolytic dehydrogenation of ammonia borane[J]. Journal of Physical Chemistry C，2015，119（25）：14167-14174.

[4] Jaberi S，Ghaffarinejad A，Omidinia E. An electrochemical paper based nano-genosensor modified with reduced graphene oxide-gold nanostructure for determination of glycated hemoglobin in blood[J]. Analytica Chimica Acta，2019，1078：42-45.

[5] Rahman L U，Shah A，Han C，et al. Monitoring of anthracene using nanoscale AuCu bimetallic alloy nanoparticles synthesized with various compositions[J]. ACS Omega，2020，5（35）：22494-22501.

[6] Tee S Y，Ye E，Pan P H，et al. Fabrication of bimetallic Cu/Au nanotubes and their sensitive，selective，reproducible and reusable electrochemical sensing of glucose[J]. Nanoscale，2015，7（25）：11190-11198.

[7] Patra N，Sahoo A，Behera A. Synthesis and differential antibacterial activity of bioconjugated bimetallic nanoparticles[J]. Pharmaceutical Chemistry Journal，2020，54（8）：865-869.

[8] Amiripour F，Azizi S N，Ghasemi S. Gold-copper bimetallic nanoparticles supported on nano P zeolite modified carbon paste electrode as an efficient electrocatalyst and sensitive sensor for determination of hydrazine[J]. Biosensors and Bioelectronics，2018，107：111-117.

[9] Neaţu S，Maciá-Agulló J A，Concepción P，et al. Gold-copper nanoalloys supported on $TiO_2$ as photocatalysts for $CO_2$ reduction by water[J]. Journal of the American Chemical Society，2014，136（45）：15969-15976.

[10] Liu X，Wang A，Li L，et al. Structural changes of Au-Cu bimetallic catalysts in CO oxidation：*in situ* XRD，EPR，XANES，and FT-IR characterizations[J]. Journal of Catalysis，2011，278（2）：288-296.

[11] Llorca J，Domínguez M，Ledesma C，et al. Propene epoxidation over $TiO_2$-supported Au-Cu alloy catalysts prepared from thiol-capped nanoparticles[J]. Journal of Catalysis，2008，258（1）：187-198.

[12] Pina C D，Falletta E，Rossi M. Highly selective oxidation of benzyl alcohol to benzaldehyde catalyzed by bimetallic gold-copper catalyst[J]. Journal of Catalysis，2008，260（2）：384-386.

[13] Kim D，Xie C，Becknell N，et al. Electrochemical activation of $CO_2$ through atomic ordering transformations of AuCu nanoparticles[J]. Journal of the American Chemical Society，2017，139（24）：8329-8336.

[14] Birhanu M K，Tsai M C，Chen C T，et al. Electrocatalytic reduction of carbon dioxide on gold－copper bimetallic nanoparticles：effects of surface composition on selectivity[J]. Electrochimica Acta，2020，356：136756.

# 第 10 章　石墨烯负载的银-铜纳米颗粒的制备与电化学性能

Ag-Cu 纳米颗粒因其优异的电化学性能、生物抗菌性能[1]、光催化[2]和电催化[3, 4]性能等而备受关注，现在它已经能够应用于微连接、光催化及生物传感领域[3]。为了获得准确的银-铜纳米颗粒的共晶熔化温度，科学家们利用差示扫描量热仪、原位透射电子显微镜等对其温度进行测量；同时他们也利用计算机模拟结合热力学模型对其进行研究。2009 年 Huang 等[5]第一次报道了碳材料包覆的 Ag-Cu 纳米颗粒熔化温度的测定。2014 年，Sopoušek 等[6]对 Ag-Cu 的共晶熔化温度进行了计算，但是没有相应的实验数据作为支撑。2015 年，Delsante 等[7]采用化学还原法利用 PEG6000 作为封端剂分别合成了不同成分且粒径在 10～15 nm 之间的 Ag-Cu 纳米颗粒，通过 DSC 对熔化和凝固时的共晶熔化温度进行测定。进一步通过对 Ag-Cu 纳米颗粒的共晶熔化温度进行拟合 Delsante 指出 Ag-Cu 纳米颗粒的共晶熔化温度与粒径呈现线性关系，但是通过透射电子显微镜的观察，发现所制备的 Ag-Cu 纳米颗粒存在团聚的现象，致使他的数据误差较大，与 Huang 等所测得的数据相差高达 60℃。然而，在本书第 6 章工作之前，关于 Ag-Cu 共晶熔化温度的实验和计算自洽的热力学数据未能被报道。2016 年 Ramalingam 等[8]以高纯度的去离子水为溶剂制备出了甘油转化率为 27%的 Ag-Cu 纳米颗粒，2016 年 Nanda 等[9]发现在用含银 5%的铜基催化剂时甘油转化为丙二醇的速度明显加快了，且铜与银的浸渍顺序影响着催化剂的物理化学性能。Jin 等[10, 11]在 2015 年以泡沫镍为基底，采用电沉积法合成了一种具有树枝状形貌的 Ag-Cu 电催化剂。通过循环伏安线性扫描法和旋转圆盘电极极化法对催化剂在碱性溶液中的氧化还原反应（ORR）的催化性能和对碳酸盐离子的耐受性能进行了评价。特别是可充电的锌空气电池具有较高的充放效率，在较长的充放电周期内具有良好的稳定性。用场发射 TEM 表征表明，表面粗糙的 Ag-Cu 电催化剂由直径为 40～50 nm 的小纳米板组成。在这些纳米板中，铜原子在银原子的晶格中部分合金化。这种以 Ag-Cu 催化剂为基础的空气负极，无论是在一次电池还是可充电锌空气电池中都显示出优异的电池性能。同年 Li 等[12]通过三维泡沫镍为支架，制备了一种高选择性、稳定性及重现性的 Ag-Cu 纳米非酶葡萄糖传感器，用于检测葡萄糖浓度，在他的实验中体现了 Ag 基纳米与掺杂的铜原子之间具有协同作用。样品修饰的电极灵敏度高达到 7745.7 μA·mmol/L，兼顾电化学性能好及成本低、制造简单的优点。本章主要介绍 Ag-Cu 纳米颗粒电化学性能研究相关结果。

## 10.1　石墨烯负载的银-铜纳米颗粒制备与表征

至今为止，许多金属催化剂已经被开发用于电催化性能提升，其中，金属有机骨架，稀有金属氧化物，氧化石墨烯等材料常作为载体来固定纳米金属颗粒。氧化石墨烯具有化学惰性，容易产生各种形态及孔隙，具有极好的导电性和较好的化学稳定性，其表面的分散载荷为金属颗粒提供了较好的均匀分布条件，还可能与金属的界面相互作用，使其催化活性得到提升。另外，由于氧化石墨烯具有比常规材料更为优越的比表面积和官能团，能够形成更多的活性位点，以有效分散和稳定金属纳米颗粒，氧化石墨烯因为这些较为优越的特性常被用作各种贵金属纳米颗粒的理想载体材料。大量的工作研究表明，合适的载体不仅可以保证活性金属纳米颗粒的分散性，还可以通过与金属与载体之间的相互作用促进电化学性能的提升。本章选择氧化石墨烯作为 Ag-Cu 纳米颗粒的载体，改善了电极表面的电子传递，增强了电极表面的信号，提高了两种纳米颗粒对葡萄糖催化氧化的响应电流，从而提高其电化学性能。

课题组前期关于 Ag-Cu/GO 纳米颗粒的电化学性能开展了相关研究，但实验制得 Ag-Cu 纳米颗粒粒径及形貌不可控，易出现团聚现象，且在电化学测试中 CV 曲线不平滑，出现杂峰。本章采用化学共还原结合水热合成、添加不同类型的非离子型表面活性剂三种方案制备获得粒径可控、尺寸较为均匀的 Ag-Cu/GO 纳米颗粒，进一步开展 Ag-Cu/GO 纳米颗粒对葡萄糖的催化氧化的电催化性能研究。设定三组对比实验，通过化学共还原法比对聚乙烯吡咯烷酮和聚乙二醇对 Ag-Cu/GO 纳米颗粒催化氧化作用的影响，结合水热合成方法研究 $NaBH_4$ 还原剂对 Ag-Cu/GO 纳米颗粒的还原作用及对其催化氧化作用的影响。

### 10.1.1　石墨烯负载的银-铜纳米颗粒实验原材料及设备

采用三电极测试方法对 Ag-Cu 纳米颗粒的电化学性能进行测试，选择电化学性能测试中最常用的饱和甘汞电极作为参比电极，铂电极作为对电极，石墨烯负载的 Ag-Cu 纳米颗粒修饰的玻碳电极作为工作电极。在碱性环境下，依托电化学工作站测定的不同扫速及不同葡萄糖浓度的伏安曲线，分析 Ag-Cu 纳米颗粒的电化学性质。其所用实验所用试剂及器材的产品型号及生产厂家如表 10-1、表 10-2 所示。

**表 10-1　石墨烯负载的 Ag-Cu 电化学实验制备所用原材料**

| 种类 | 药品名称 | 生产厂商 |
| --- | --- | --- |
| 前驱体 | 五水硫酸铜（$CuSO_4·5H_2O$，99.9%） | Aladdin |
| | 硝酸银（$AgNO_3$，99.9%） | Aladdin |
| 还原剂 | 硼氢化钠（$NaBH_4$，≥99%） | Aladdin |
| 表面活性剂 | 聚乙二醇（$HO(CH_2CH_2O)_nH$，1000） | Aladdin |
| | 聚乙烯吡咯烷酮（$(C_6H_9NO)_n$，8000） | Aladdin |
| 表面稳定剂 | 柠檬酸三钠（$C_6H_5O_7Na_3$，99%） | Aladdin |
| 负载材料 | 试剂级氧化石墨烯溶液（1 mg/mL） | Aladdin |
| 测试试剂 | 葡萄糖（$C_6H_{12}O_6·H_2O$，98%） | Aladdin |

**表 10-2　电化学实验所用设备**

| 设备名称 | 产品型号 | 生产厂家 |
| --- | --- | --- |
| 电化学工作站 | CHI660B | 上海辰华 |
| 玻碳电极 | 3 mm | 高仕睿联 |
| 饱和甘汞电极 | 232 型 | 高仕睿联 |
| 铂片电极 | 10×10×0.2 | 高仕睿联 |
| 饱和甘汞电极 | 212 型 | 高仕睿联 |
| 超声波清洗机 | MHY-17293 | 美华仪 |
| 真空干燥箱 | DZF-6030A | 上海一恒 |
| 离心机 | TGL-16G-B | 湖南星科 |
| 磁力加热搅拌器 | 78-1 | 常州国华 |

## 10.1.2　石墨烯负载的银-铜纳米颗粒制备方法

方案一：水热合成结合化学共还原法，参照本书第 9 章 Au-Cu/GO 的制备方法，示意图如图 10-1 所示。不同点有：以 $AgNO_3$ 和 $CuSO_4·5H_2O$ 作为 Ag 和 Cu 的前驱体，按照设定的成分配比浓度均匀混合并稀释，最终制得浓度为 0.01 mol/L 的混合溶液。以化学共还原法为基础，结合水热合成方法制备 Ag-Cu/GO，溶液不得超过聚四氟乙烯内衬标准容量的 80%，将内衬与反应釜装配完毕放入马弗炉中 140℃温度下放置 8 h，加热完毕离心、清洗、干燥后即可获得 Ag-Cu/GO 纳米颗粒。

方案二：在化学还原方法的基础上，采用聚乙二醇作为表面活性剂，利用聚乙二醇对于纳米颗粒的分散作用来获得更为均匀的 Ag-Cu/GO 纳米颗粒，对于其余步骤与相同，这里所用到的聚乙二醇浓度为 50 mmol/L，以 100∶3 的比例添加至已加入 $NaBH_4$ 的合金溶液中。

方案三：以聚乙烯吡咯烷酮（PVP）作为表面活性剂，与方案二中的非离子型表面活性剂相似，其浓度与方案二中用到的聚乙二醇相同，其余步骤与上述方案相同。

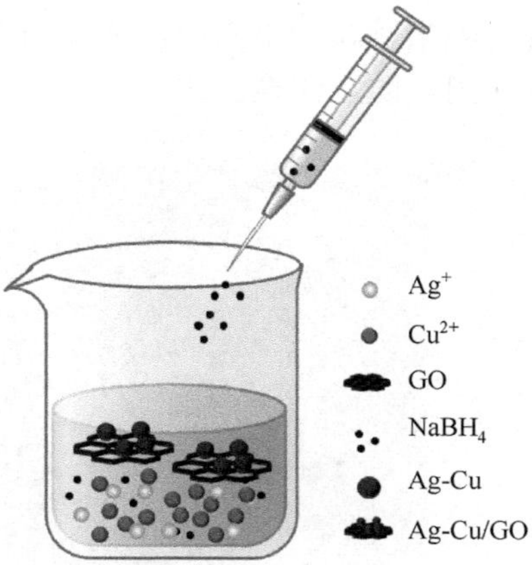


图 10-1　以化学共还原法制备氧化石墨烯负载 Ag-Cu 纳米颗粒示意图

注意事项：

（1）所用的内衬均以硝酸溶液作为清洁剂，置入马弗炉中在 110℃下放置 6 h，取出后以去离子水和无水乙醇清洗，再烘干。

（2）$CuSO_4·5H_2O$ 易潮解，需在干燥条件下保存。

（3）纳米颗粒制备需要极高的洁净度，杂质或污垢易成为团聚核心，故实验中所用到的玻璃仪器都需以王水清洗，后以去离子水洗净烘干。

### 10.1.3　银-铜纳米颗粒修饰的玻碳电极的制备

石墨烯负载的 Ag-Cu 纳米颗粒修饰的玻碳电极的制备与第 9 章石墨烯负载的 Au-Cu 纳米颗粒修饰的玻碳电极的制备方法类似。

### 10.1.4　石墨烯负载的银-铜纳米颗粒的表征

1. 氧化石墨烯负载 Ag-Cu 纳米颗粒的透射电子显微镜图

为了确定获得 Ag-Cu/GO 纳米颗粒粒径大小及分布情况，对其进行透射电子显微镜观察，所得结果如图 10-2 所示：图 10-2（a）为化学还原结合水热合成制备的 $Ag_4Cu_6$/GO 纳米颗粒，其形状为椭球形，粒径约为 10 nm，但其整体的分散性情况较差，可能发生了纳米颗粒团聚的现象，纳米颗粒表面具有较高的能量，彼此相互靠近团聚以降低能量达到稳定；图 10-2（b）为聚乙二醇作为表面活性剂制备的椭球形 $Ag_4Cu_6$/GO 纳米颗粒，其平均粒径约为 15 nm，整体分散性较好；图 10-2（c，d）为添加 PVP 表面活性剂后，基于化学共还原法制备的 $Ag_5Cu_5$/GO 及 $Ag_6Cu_4$/GO 纳米颗粒，由 PVP 作为表面活性剂制得的 Ag-Cu/GO 具有较好的形貌和分散性，平均颗粒半径约为 10 nm。主要是因为 PVP 通过氢键与纳米颗粒发生作用，适量的 PVP 具有较好的分散作用，抵消纳米颗粒间相互作用，防止团聚。

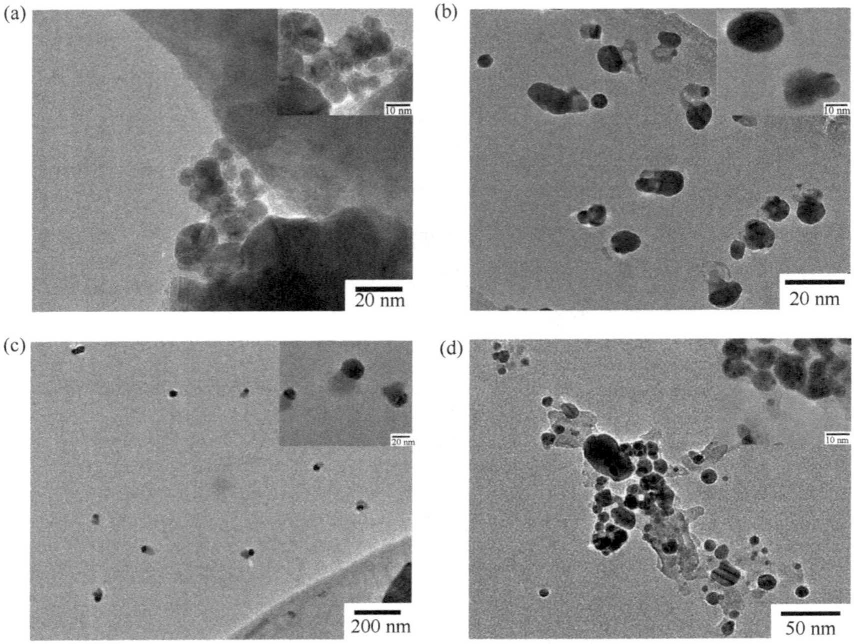


图 10-2　（a）化学还原结合水热合成制备的 $Ag_4Cu_6$/GO；（b）添加聚乙二醇表面活性剂制备的 $Ag_4Cu_6$/GO；（c）添加 PVP 表面活性剂制备的 $Ag_5Cu_5$/GO；（d）添加 PVP 表面活性剂制备的 $Ag_6Cu_4$/GO 透射电子显微镜结果

为了确定球形纳米颗粒的成分组成，对聚乙二醇为表面活性剂制备得到的 $Ag_4Cu_6$/GO 纳米颗粒进行 EDS 面扫分析，图 10-3 面扫结果表明：Ag 和 Cu 元素的分布情况与其成分配比大致相符，且对 C 元素进行扫描以验证氧化石墨烯的存在，面扫结果证明了 $Ag_4Cu_6$/GO 纳米颗粒的合成。

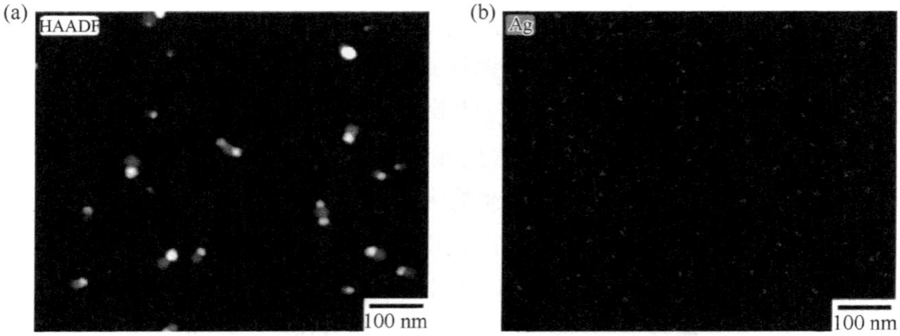

图 10-3　聚乙二醇为表面活性剂制备 $Ag_4Cu_6$/GO 纳米颗粒的 EDS 面扫结果（后附彩图）

2. 氧化石墨烯负载 Ag-Cu 纳米颗粒的扫描电子显微镜图

图 10-4 为不同制备方法得到的 Ag-Cu/GO 纳米颗粒形貌分布结果，图 10-4（a）为化学还原结合水热合成制备的 $Ag_4Cu_6$/GO 纳米颗粒低分辨扫描电子显微镜图像，Ag-Cu/GO 纳米颗粒的粒径分布呈现不均匀状态，由于离心、烘干过程，氧化石墨烯在溶液中分布不均匀，出现部分位置浓度过大或过小的现象。但结合透射电子显微镜图像结果，该方法制备的 Ag-Cu/GO 纳米颗粒整体呈现椭球形；图 10-4（b）为聚乙二醇作为表面活性剂，还原制备的 $Ag_4Cu_6$/GO 纳米颗粒在 60 000 倍率下的扫描电子显微镜图像，相比于图 10-4（a），该样品具有较好的分散性，但整体分布情况不够理想，出现团聚导致的不规则区域，可能存在样品在离心、烘干过程中发生团聚的现象；图 10-4（c）为 PVP 作为表面活性剂，还原制备的 $Ag_5Cu_5$/GO 纳米颗粒在 60 000 倍率下的扫描电子显微镜结果，该组纳米颗粒分布均匀，纳米颗粒较为规则，该区域未见到氧化石墨烯的分布情况，推测纳米颗粒较为均匀地分布在氧化石墨烯表面；图 10-4（d）为 PVP 作为表面活性剂，通过化学共还原法制备的 $Ag_6Cu_4$/GO 纳米颗粒在 60 000 倍率下的扫描电子显微镜结果，在该放大倍率下，发现了氧化石墨烯的分布情况，结合透射电子显微镜观察结果，球形 $Ag_6Cu_4$/GO 纳米颗粒均匀分布在氧化石墨烯表面。

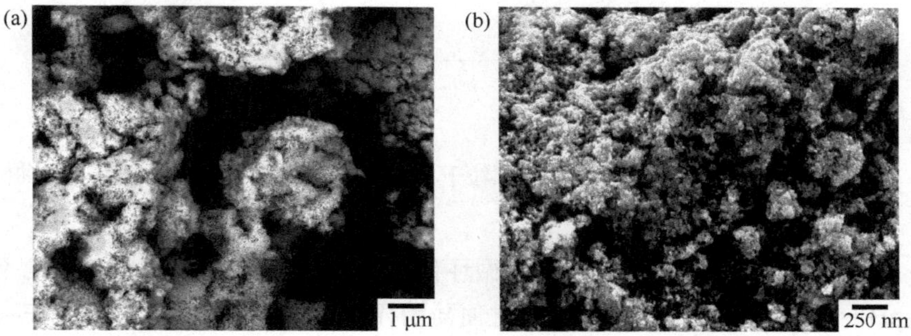

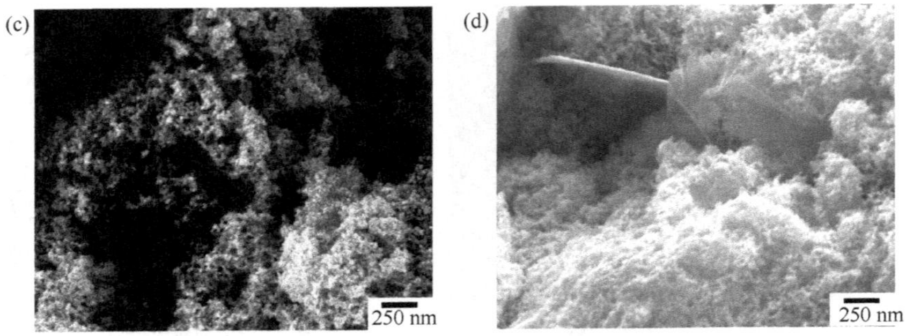


图 10-4　（a）化学还原结合水热合成制备的 $Ag_4Cu_6$/GO；（b）添加聚乙二醇表面活性剂制备的 $Ag_4Cu_6$/GO；（c）添加 PVP 表面活性剂制备的 $Ag_5Cu_5$/GO；（d）添加 PVP 表面活性剂制备的 $Ag_6Cu_4$/GO 扫描电子显微镜结果

# 10.2　石墨烯负载的银-铜纳米颗粒的电化学性能测定

## 10.2.1　银-铜纳米颗粒修饰的玻碳电极在不同扫速下的循环伏安曲线

为与 Ag-Cu/GO 对葡萄糖催化氧化能力形成对比，在 50 mV/s 扫速下，于 pH = 7.4 的 1 mmol/L 葡萄糖溶液中对无负载氧化石墨烯 Ag-Cu 纳米颗粒在–0.6～0.6 V 的电位下进行循环伏安测试，设定循环段数为 8，测试结果如图 10-5 所示。

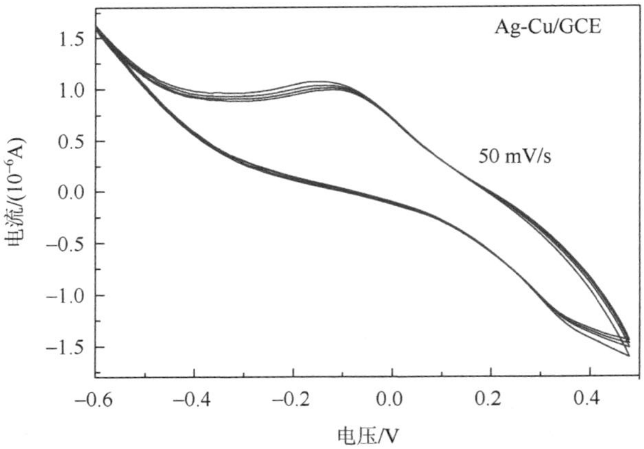


图 10-5　无负载的 Ag-Cu 纳米颗粒于 1 mmol/L 的葡萄糖溶液中循环伏安曲线

由 Ag-Cu 纳米颗粒对葡萄糖的循环伏安测试结果可得：在 1 mmol/L 葡萄糖溶液（pH = 7.4）中，Ag-Cu 纳米颗粒对葡萄糖存在一定的催化氧化反应，在–0.2～0 V

的范围内存在一个氧化峰，其响应电流的数量级为 $10^{-6}$ A，相比于单纯的玻碳电极在相同条件下对葡萄糖的催化氧化曲线，其响应电流高出 1 个数量级，证明了 Ag-Cu 纳米颗粒电催化能力，与 Ag-Cu/GO 纳米颗粒对葡萄糖催化能力提供对比。

1. 化学还原结合水热合成制备的 Ag-Cu/GO 的循环伏安曲线

1）$Ag_7Cu_3$ 电极在不同扫速下的循环伏安曲线

苏婷[13]首先用电化学工作站测试石墨烯负载的 $Ag_7Cu_3$ 纳米颗粒修饰的玻碳电极于 pH 约为 7.35 且葡萄糖浓度为 0.2 mmol/L 环境中（pH 用 NaOH 稀溶液调节，pH 计测量），在不同扫速（50～300 mV/s）下的循环伏安曲线，如图 10-6 所示。在扫描过程中，出现明显的氧化峰和与之对应的还原峰。氧化峰边还有峰强不高的峰出现，随着扫速的增大氧化峰及还原峰峰强更加明显，还原峰在此过程中的峰位有轻微向右移动的趋势，氧化峰移动趋势不明显。

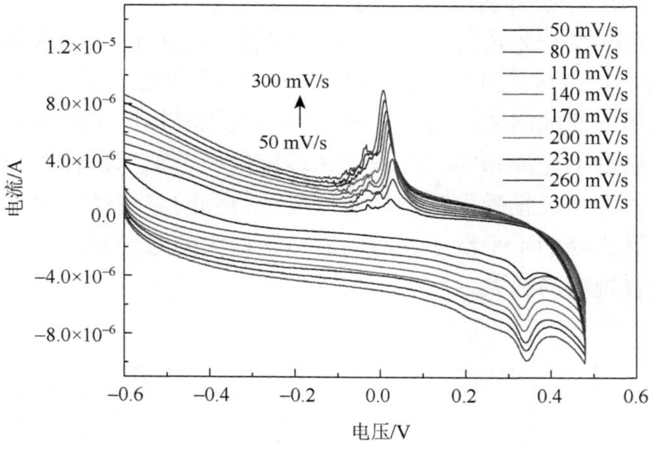


图 10-6　$Ag_7Cu_3$ 在不同扫速下的循环伏安曲线

2）$Ag_6Cu_4$ 电极在不同扫速下的循环伏安曲线

图 10-7 为苏婷[13]测定的 $Ag_6Cu_4$ 纳米颗粒修饰的玻碳电极在 pH = 7.35 且葡萄糖浓度为 0.2 mmol/L 环境中，不同扫速下的循环伏安曲线，相对于 $Ag_7Cu_3$ 纳米颗粒在不同扫速下的循环伏安曲线，其氧化还原电压都差距不大，但是氧化还原电流有所增加，并且氧化峰变得光滑，氧化峰电流峰值与扫速大小的线性关系更加的明显。

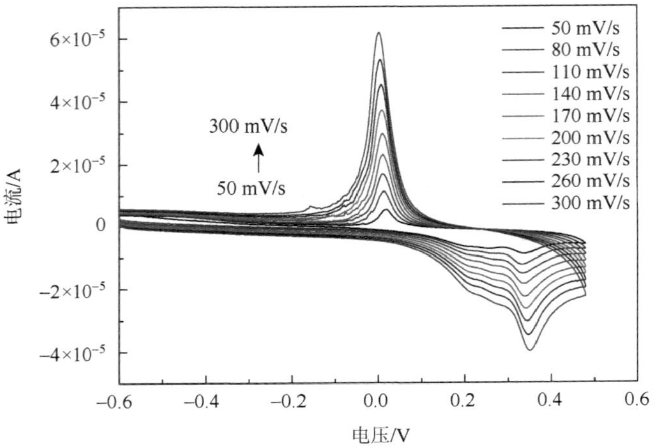


图 10-7　$Ag_6Cu_4$ 在不同扫速下的循环伏安曲线

3）$Ag_5Cu_5$ 电极在不同扫速下的循环伏安曲线

图 10-8 为苏婷[13]测定的氧化石墨烯负载的 $Ag_5Cu_5$ 颗粒修饰的玻碳电极在 pH = 7.35 且葡萄糖浓度为 0.2 mmol/L 环境中，在不同扫速下的循环伏安曲线，可以看到氧化峰随扫速的增加而有规律的增加但氧化峰接近负电位的一侧已经变得非常不光滑，这种不光滑和实验过程中在玻碳电极上纳米颗粒的滴涂不均匀有关系，导致电荷在传递过程受到影响，所以最后得到的电信号出现“毛毛刺刺”的现象。相对于氧化峰的不平滑还原峰向着电压增大的方向移动，还原峰电流随着扫速的增大而有规律的增大。

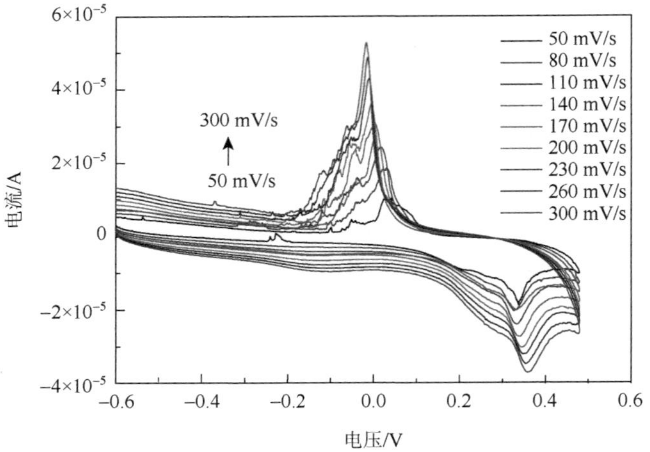


图 10-8　$Ag_5Cu_5$ 在不同扫速下的循环伏安曲线

4）三种成分的 Ag-Cu 纳米颗粒氧化峰电流与扫速关系

图 10-9 对氧化石墨烯负载的成分为 $Ag_7Cu_3$、$Ag_6Cu_4$、$Ag_5Cu_5$ 的纳米颗粒修饰的玻碳电极氧化峰电流与扫速的关系进行了线性拟合。由图可知，三种成分的纳米颗粒在浓度为 0.2 mmol/L 葡萄糖溶液中的氧化峰峰值电流与扫速线性关系良好，$Ag_7Cu_3$ 的峰电流随电压增大的速率最快，$Ag_5Cu_5$ 在扫速低于 300 mV/s 时响应最佳。铜含量的增加在一定程度上促进氧化电流的增大。但就一般而言，做电化学实验扫速一般在 200 mV/s 以下，所以 $Ag_5Cu_5$ 在扫速在 200 mV/s 以下时，氧化峰电流响应明显优于其他两种成分的纳米颗粒的电流响应。

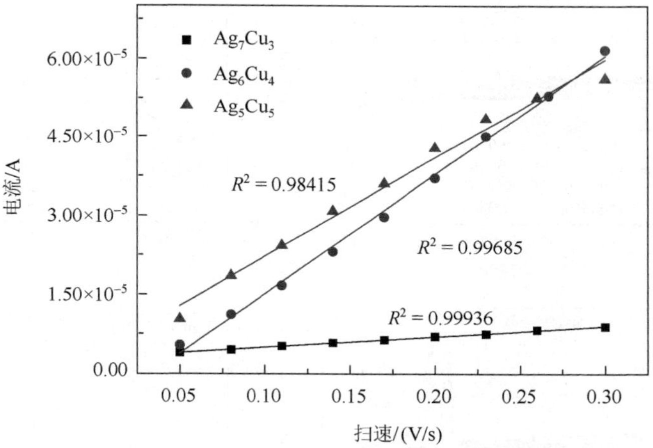


图 10-9　$Ag_7Cu_3$、$Ag_6Cu_4$、$Ag_5Cu_5$ 在浓度为 0.2 mmol/L 葡萄糖溶液中氧化峰电流-扫速之间的关系图

## 2. $Ag_4Cu_6$ 电极在不同浓度葡萄糖浓度和不同扫速下的循环伏安曲线

楚孟哲[14]则测定了化学还原结合水热合成法制备的 $Ag_4Cu_6$ 纳米颗粒在不同葡萄糖浓度（1～4 mmol/L）和不同扫速（50～290 mV/s）下的循环伏安曲线及对应的扫速-电流关系，其测试结果如图 10-10 所示。

纳米颗粒具有很高的表面能量和较低的表面电荷密度，单独的颗粒间趋向于聚集状态令其能量降低至稳定状态。化学共还原法结合水热合成法具有比单纯的化学还原更为温和的实验环境，在其合成过程中由外界加热所提供的能量驱动纳米颗粒的合成，在一定程度上可以制备更为均匀的纳米颗粒。相比于无负载的 Ag-Cu 纳米颗粒，相同电位处的电流增大与氧化石墨烯的含氧官能团被还原有关。纳米颗粒的存在会使氧化峰电流增大，这是由于 Ag-Cu 纳米颗粒对葡萄糖发生作用的结果。氧化反应峰处的响应电流随着扫描速率的增大而增大，促进反应

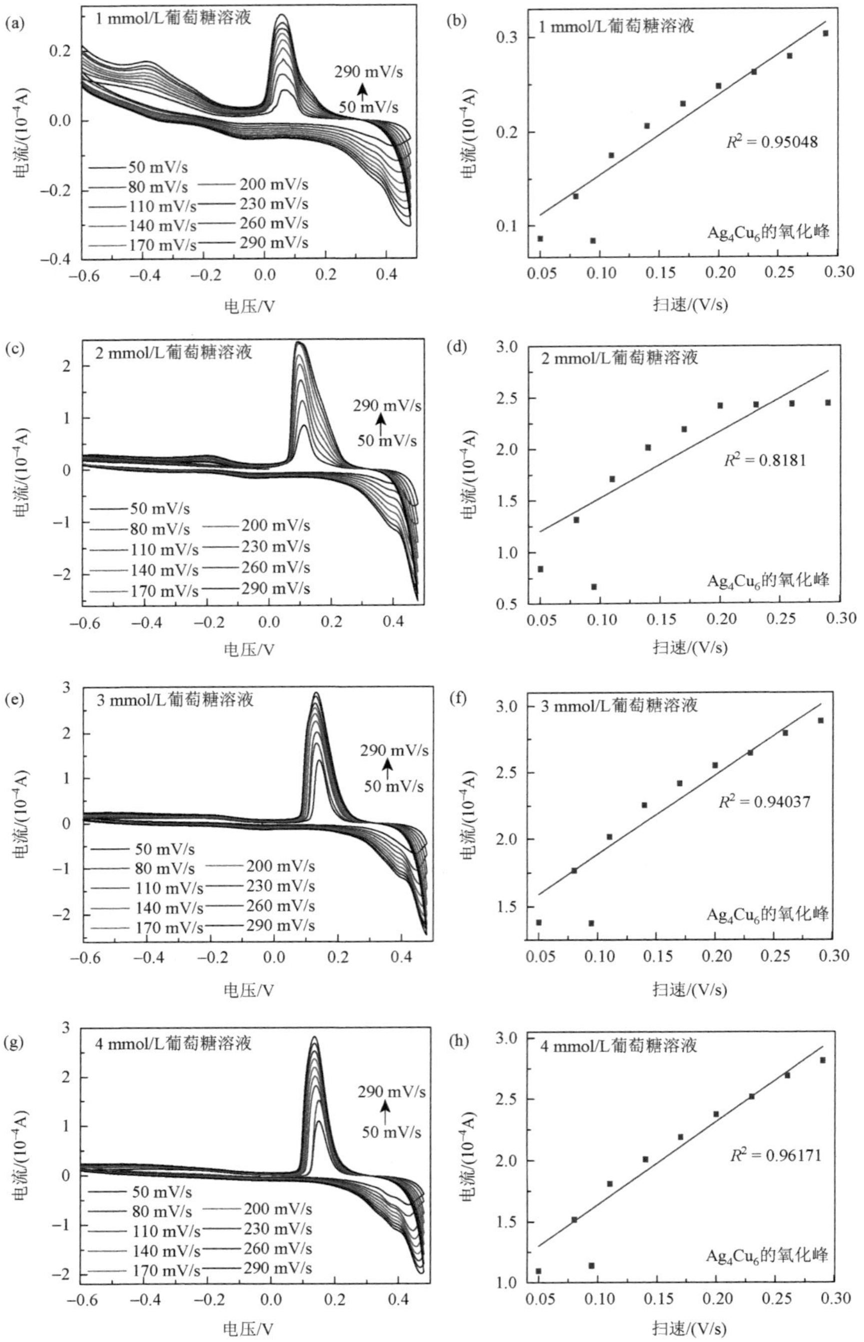


图 10-10　化学还原结合水热合成制备的 $Ag_4Cu_6$/GO 纳米颗粒在浓度为 1～4 mmol/L 葡萄糖溶液中以不同扫速下的循环伏安曲线及对应的扫速-响应电流关系

进度，进而增加对催化剂的用量，反应过程中所产生的氧化电流很高，足以覆盖氧化石墨烯还原产生的电流。通过对比图 10-10 中纳米颗粒在不同扫速下的 CV 曲线，可以发现 $Ag_4Cu_6$/GO 在 0.1～0.2 V 之间具有一个较高的氧化峰，其氧化峰峰值随着扫描速率的增加而提高，且横向对比不同浓度的葡萄糖溶液，其氧化峰所在电位未发生较大偏移，说明反应过程中体系及 Ag-Cu/GO/GCE 改性电极整体较为稳定。

在化学共还原法结合水热法制备 Ag-Cu/GO 纳米颗粒的过程中，通过透射电子显微镜得到的 Ag-Cu/GO 颗粒的形貌，发现其粒径不均匀且部分呈现团聚现象，推测这是因为颗粒表面未起到保护作用的壳层或膜层，导致本来呈现均匀粒径的纳米颗粒因为降低能量以达到稳定的需求，逐渐相互靠近，但水热合成中温度的升高又提高了其能量阈值，故呈现部分纳米颗粒粒径较大，但仍可观察到较为均匀的 Ag-Cu/GO 纳米颗粒。对比第 9 章制备的 Au-Cu/GO 和 Ag-Cu/GO 两种纳米颗粒对于葡萄糖的催化氧化结果，Au-Cu/GO 对于葡萄糖的响应电流相比 Ag-Cu/GO 相差两个数量级，进一步研究添加表面活性剂对于 Ag-Cu/GO 的影响也很有意义。下小节介绍考虑匹配不同的表面活性剂对纳米颗粒表面形成保护作用，以得到均匀分散的纳米颗粒。下面先介绍为添加聚乙二醇为表面活性剂的 Ag-Cu/GO 对 1～4 mmol/L 葡萄糖催化氧化性能的 CV 曲线相关结果。

3. 聚乙二醇为表面活性剂制备的 Ag-Cu/GO 的循环伏安曲线

楚孟哲[14]基于聚乙二醇为表面活性剂制备 $Ag_4Cu_6$/GO 的透射电子显微镜及扫描电子显微镜形貌结果，结合图 10-11 可以得到：添加聚乙二醇作为表面活性剂后，Ag-Cu/GO 对于葡萄糖的催化氧化性能得到一定提升，且其循环伏安曲线相比化学还原结合水热合成方法制备的 Ag-Cu/GO 纳米颗粒循环伏安曲线更为稳定，扫描速率由 50 mV/s 开始，以 30 mV/s 递增的速率提升至 290 mV/s 的过程中，本组测试结果未出现上一组中扫描速率增加，但其响应电流基本不变的情况，且本组所得扫描速率-响应电流拟合方程误差均值小于化学还原结合水热合成制备纳米颗粒的测试结果，整体呈现响应电流随扫速增加而线性增大的规律。但本组合金对于葡萄糖检测的响应电流峰值较上组大致相同。

聚乙二醇作为一种高分子型表面活性剂，可以降低纳米颗粒表面张力，其对于纳米颗粒具有一定分散作用，高分子碳链附着在纳米颗粒表层形成一层壳层，防止纳米颗粒间未达到稳定状态相互聚集而发生团聚，非离子型表面活性剂分子量越大，对纳米颗粒的分散效果越好，但是活性剂浓度过大会形成胶束，可能起到相反的作用。

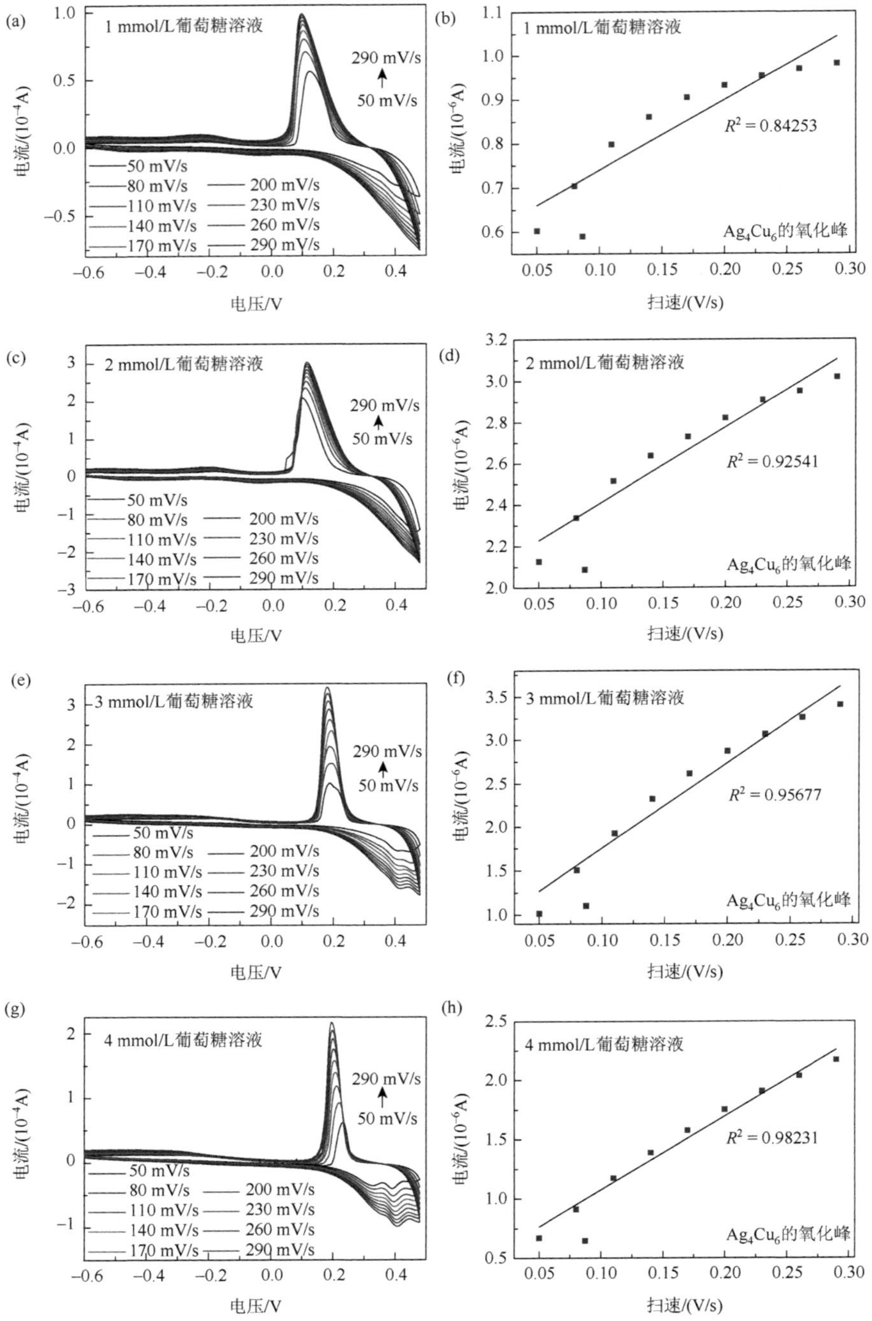


图 10-11　化学共还原法（聚乙二醇）制备 $Ag_4Cu_6$/GO 纳米颗粒在浓度为 1～4 mmol/L 葡萄糖溶液中以不同扫速下的循环伏安曲线及对应的扫速-响应电流关系

4. PVP 为表面活性剂制备的 Ag-Cu/GO 的循环伏安曲线

图 10-12 为 PVP 作为表面活性剂制备 $Ag_6Cu_4$/GO 在不同浓度葡萄糖溶液中的循环伏安曲线，曲线整体平滑有序，说明氧化石墨烯作为载体改善了电极表面的电子传递，且与无负载的 Ag-Cu 纳米颗粒循环伏安法检测葡萄糖呈现出来的氧化峰峰值电流相比，$Ag_6Cu_4$/GO 催化氧化葡萄糖的响应电流高出了两个数量级，说明氧化石墨烯载体增强了电极表面的信号，基于 $Ag_6Cu_4$/GO 的扫速-响应电流曲

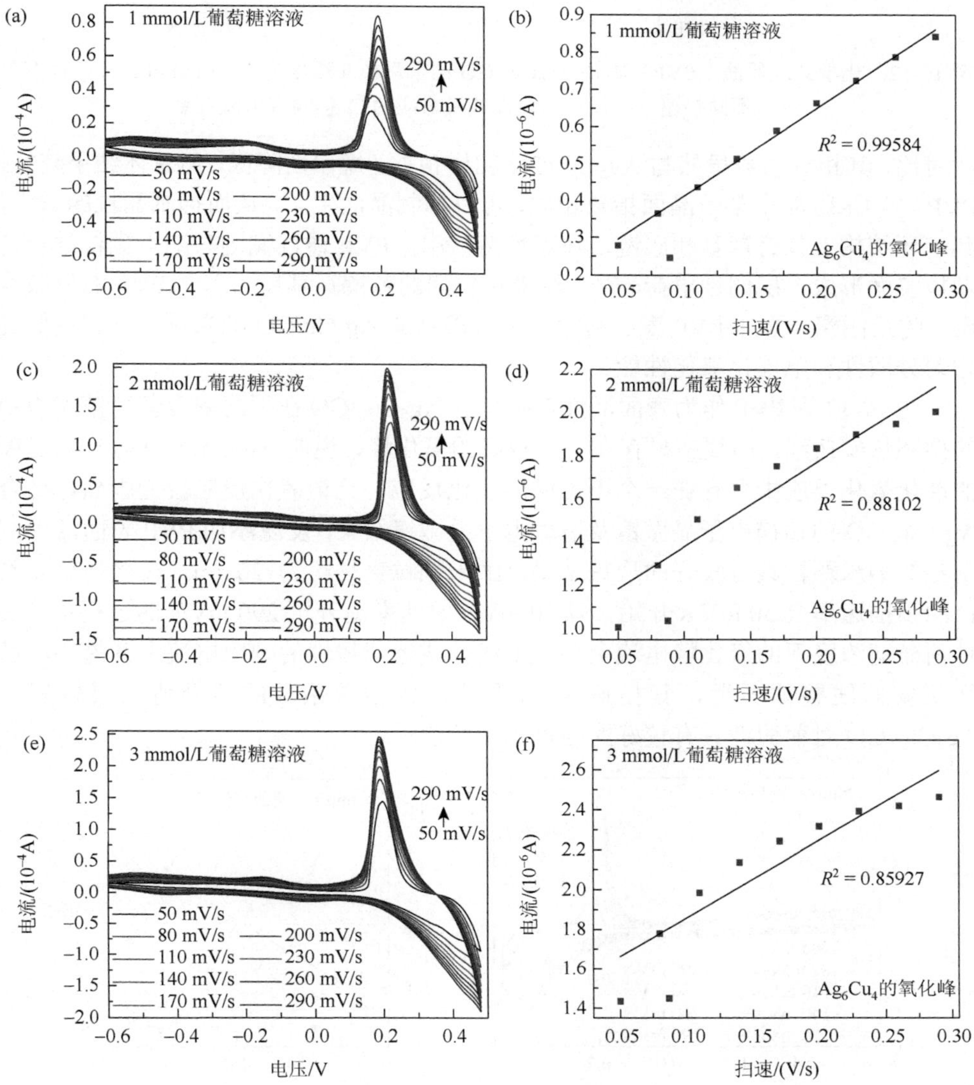

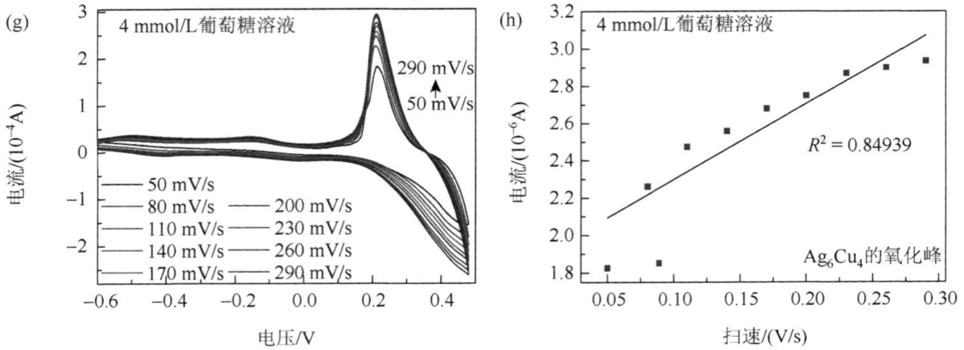


图 10-12　化学共还原法（PVP）制备 $Ag_6Cu_4$/GO 纳米颗粒在浓度为 1～4 mmol/L 葡萄糖溶液中以不同扫速下的循环伏安曲线及对应的扫速-响应电流关系

线对比，其相关系数虽然与 $Ag_5Cu_5$/GO 相比稍差，规律性降低，但总体结果较好。PVP 与纳米颗粒中某一晶面指数相同，可以抑制晶面生长，从而抑制晶粒的长大，其苯环结构上具有羟基和碳链，在碱性溶液中，PVP 通过氢键与纳米颗粒结合，颗粒表面形成一层同性电荷壳层，纳米颗粒间的范德瓦耳斯力弱于 PVP 的分散作用，防止团聚。添加 PVP 表面活性剂制备得到的 Ag-Cu/GO 纳米颗粒具有更好的均匀分散性和电催化氧化性能。

图 10-13 为 PVP 作为表面活性剂制备的 $Ag_5Cu_5$/GO 在不同浓度葡萄糖溶液中的循环伏安曲线，曲线中只存在一个较高的氧化峰，说明 $Ag_5Cu_5$/GO 对于葡萄糖的催化氧化反应中只存在一个不可逆的氧化反应，且该氧化反应较为剧烈，结合 $Ag_5Cu_5$/GO 的扫描电子显微镜及透射电子显微镜结果，发现添加 PVP 表面活性剂制备的纳米颗粒具有较好的形貌结果，纳米颗粒直径约为 20 nm。在循环伏安测试的扫描速率自 50 mV/s 开始，以 30 mV/s 的速率提升至 290 mV/s 的过程中，四种葡萄糖浓度下的氧化峰电流全部呈现线性或近似线性的响应电流上升趋势，循环伏安曲线整体平滑，其扫速-响应电流曲线相关系数的拟合值结果较好，$Ag_5Cu_5$/GO 对葡萄糖具有较好的催化氧化性能。

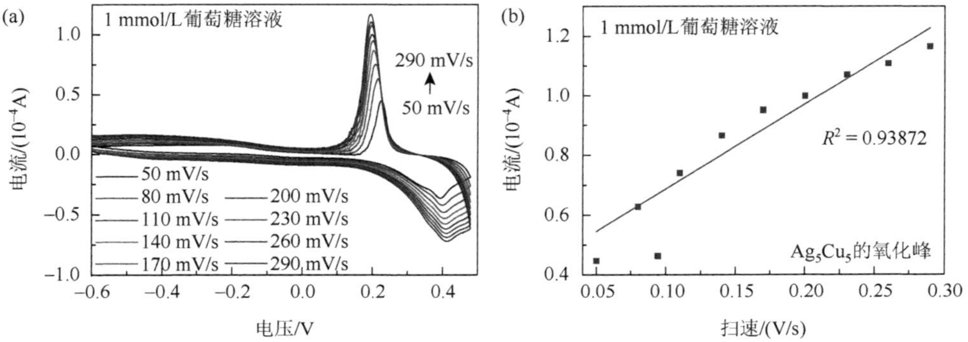

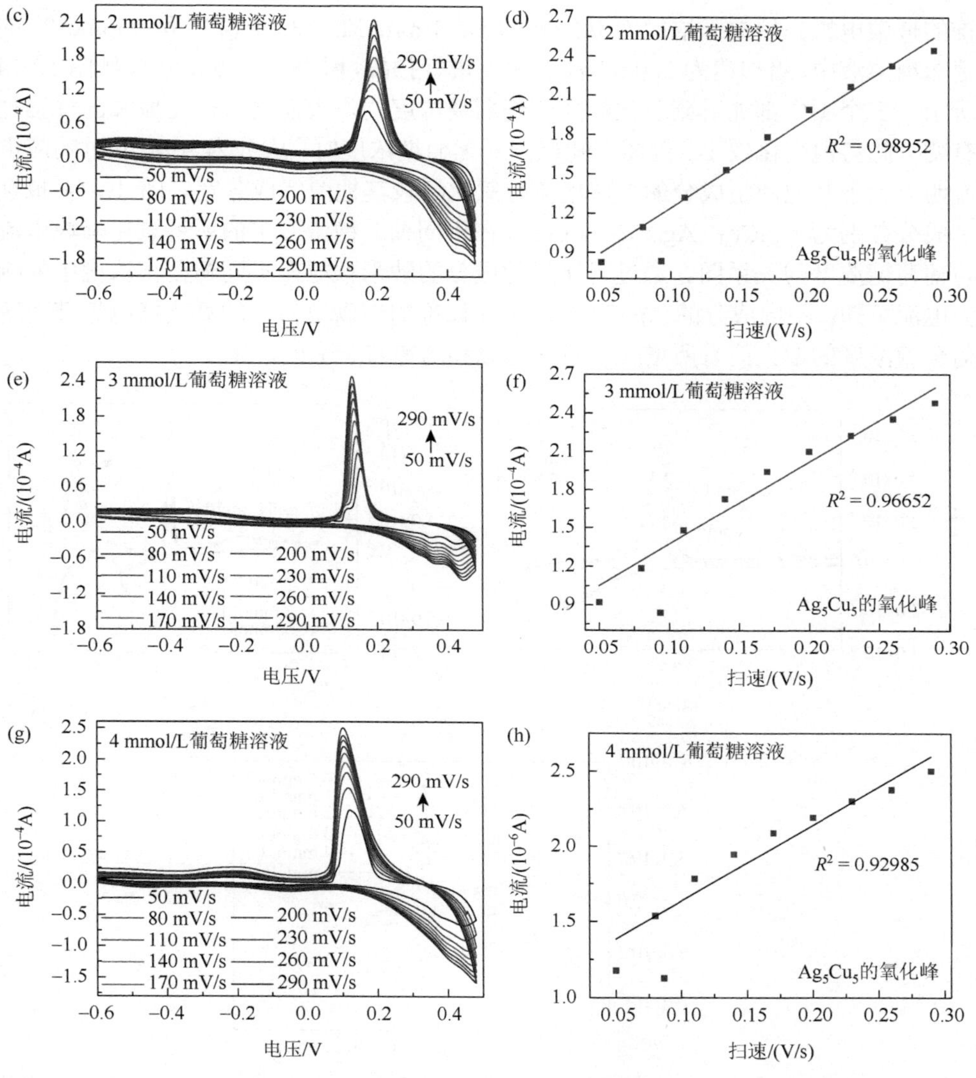


图 10-13　化学共还原法（PVP）制备的 $Ag_5Cu_5$/GO 纳米颗粒在浓度为 1～4 mmol/L 葡萄糖溶液中在不同扫速下的循环伏安曲线及对应的扫速-电流关系

### 10.2.2 银-铜纳米颗粒修饰的玻碳电极在不同葡萄糖浓度下的循环伏安曲线

1. 化学还原结合水热合成制备的 Ag-Cu/GO

苏婷[13]将氧化石墨烯负载的成分为 $Ag_7Cu_3$、$Ag_6Cu_4$、$Ag_5Cu_5$ 的纳米颗粒修饰的玻碳电极先后放于浓度为 0.5 mmol/L、1 mmol/L、2 mmol/L 和 5 mmol/L 的葡萄糖溶液中，用扫速为 200 mV/s 的速度进行扫描，所得到的测试结果如图 10-14 所示。三个图中都能看到氧化峰随着葡萄糖浓度的增大而增大，还原峰的峰强也有变大趋势但变化较小。由图可知在同一葡萄糖浓度时，成分为 $Ag_5Cu_5$ 时响应电流明显大于其他两组成分的响应电流且氧化峰较其他两组成分宽。图 10-14 拟合了成分分别为 $Ag_7Cu_3$、$Ag_6Cu_4$、$Ag_5Cu_5$ 在不同葡萄糖浓度中的所得氧化峰峰电流与葡萄糖浓度的关系图。通过对比三种成分的纳米颗粒在不同葡萄糖浓度中的响应电流可知，不同成分的 Ag-Cu 纳米颗粒修饰的玻碳电极中的氧化峰电流都随着葡萄糖浓度的增大而有所增大，只是增幅和增速有较大的区别。

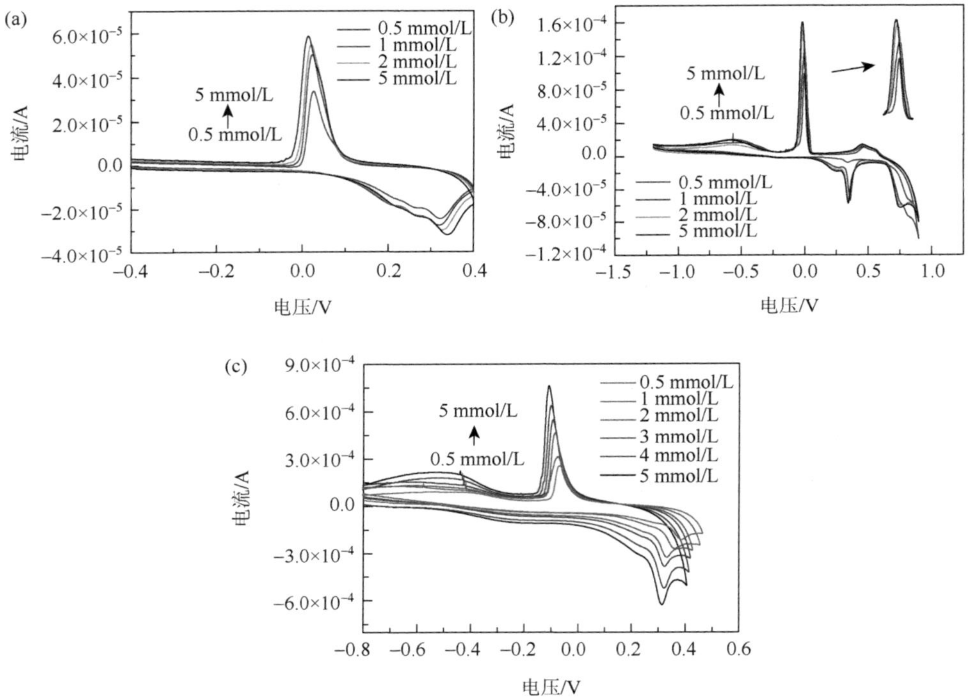


图 10-14　$Ag_7Cu_3$（a）、$Ag_6Cu_4$（b）、$Ag_5Cu_5$（c）分别修饰的玻碳电极在不同浓度葡萄糖溶液中的循环伏安曲线

其中成分为 $Ag_7Cu_3$、$Ag_6Cu_4$ 纳米颗粒修饰的玻碳电极在葡萄糖浓度为 5 mmol/L 时氧化峰电流仅为 $6\times10^{-5}$ A、$1.6\times10^{-4}$ A；而成分为 $Ag_5Cu_5$ 纳米颗粒修饰的玻碳电极在葡萄糖浓度为 0.5 mmol/L 时氧化峰电流已大于 $3\times10^{-4}$ A，当电极在葡萄糖浓度为 5 mmol/L 时，氧化峰电流更是接近于 $8\times10^{-4}$ A 且氧化峰响应电流的大小与葡萄糖浓度线性关系较其他两组好。因此 $Ag_5Cu_5$ 修饰的玻碳电极相

对于其他两成分修饰的玻碳电极检测葡萄糖具有明显的优势。随之将 $Ag_5Cu_5$ 修饰的玻碳电极置于葡萄糖浓度为 3 mmol/L 和 4 mmol/L 溶液中在 200 mV/s 扫速下测定伏安曲线，其结果如图 10-14（c）及图 10-15 所示。

由图 10-15 可知氧化石墨烯负载的成分为 $Ag_5Cu_5$ 的玻碳电极氧化峰响应电流的大小与葡萄糖浓度线性关系良好。因此在之后的实验中，可以选取成分为 $Ag_5Cu_5$ 纳米颗粒来修饰的玻碳电极作为重要的研究对象。

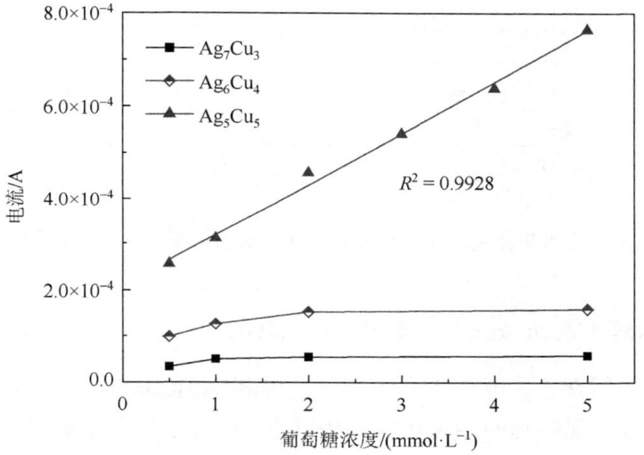


图 10-15　$Ag_7Cu_3$、$Ag_6Cu_4$、$Ag_5Cu_5$ 检测葡萄糖所得氧化峰响应电流与葡萄糖浓度的关系图

楚孟哲[14]利用化学还原结合水热合成方法制备得到的 $Ag_4Cu_6$/GO 纳米颗粒在不同浓度的葡萄糖溶液中循环伏安测试结果如图 10-16 所示：在 170 mV/s 的扫速下，$Ag_4Cu_6$/GO 在葡萄糖检测的循环伏安曲线只存在一个氧化峰，其峰位分布在 0～0.2 V 范围内，随着葡萄糖浓度的提高，峰值电流呈现先增大后减小的趋势，在 3 mmol/L 的葡萄糖溶液中其响应电流达到最大值，循环伏安曲线整体较为平滑，说明该方法合成的 $Ag_4Cu_6$/GO 对葡萄糖具有较好的催化氧化性能。结合不同浓度葡萄糖溶液中的响应电流可以推测得到：虽然 $Ag_4Cu_6$/GO 对 1 mmol/L 的葡萄糖溶液氧化峰电流相对较小，但也达到了 $10^{-5}$ A 数量级，相比 Au-Cu/GO 的响应电流还要高出 1 个数量级，化学还原结合水热合成方法制备得到的 $Ag_4Cu_6$/GO 纳米颗粒对 3 mmol/L 葡萄糖溶液检测结果最优。

按照经验规律，纳米颗粒对葡萄糖的催化氧化作用一般随着葡萄糖浓度的升高而增大，达到峰值后响应电流会降低。比此四种成分的合金检测葡萄糖所得的氧化峰电流与葡萄糖浓度的关系、合金 $Ag_5Cu_5$ 用于葡萄糖浓度检测效果最好。

结合前面已获得关于纳米颗粒对不同浓度葡萄糖的催化氧化 CV 曲线，对比得到相同扫描速度下的 CV 曲线，控制变量，比较其在不同葡萄糖浓度中响应电流的强弱。

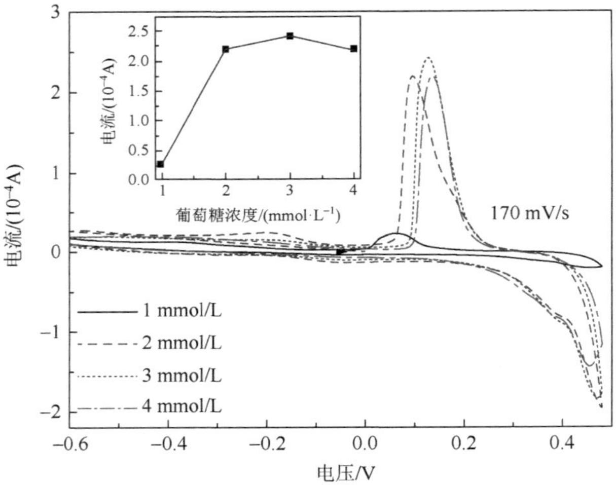


图 10-16　化学还原结合水热合成制备的 $Ag_4Cu_6$/GO 纳米颗粒在不同浓度葡萄糖溶液中的 CV 曲线

2. 聚乙二醇为表面活性剂制备的 Ag-Cu/GO

楚孟哲[14]使用聚乙二醇作为表面活性剂提高 $Ag_4Cu_6$/GO 的分散性，通过透射及扫描电子显微镜观察到的纳米颗粒形貌结果，可以发现其形貌和粒径较方案一获得结果更为均匀，由图 10-17 可得，聚乙二醇为表面活性剂制备得到的 $Ag_4Cu_6$/GO 对不同浓度葡萄糖溶液检测的循环伏安曲线在 0～0.2 V 范围内存在一个较高的氧

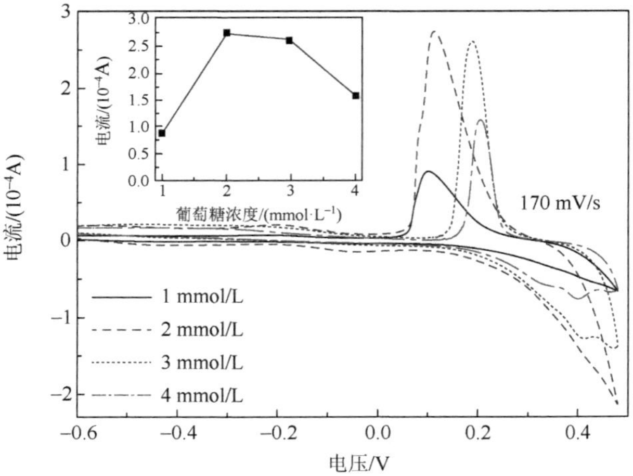


图 10-17　化学共还原法（聚乙二醇）制备的 $Ag_4Cu_6$/GO 纳米颗粒在浓度为 1～4 mmol/L 葡萄糖溶液中以 170 mV/s 扫速下的循环伏安曲线及对应的扫速-电流关系

化峰，对于 2 mmol/L 和 3 mmol/L 的葡糖溶液检测的循环伏安曲线，在电位为 0.4 V 处存在一个较小的还原峰，说明此时存在少量氧化反应产物被还原，形成一个完整的氧化还原反应过程。另外，随着葡萄糖溶液浓度的提高，其响应电流增加至峰值后降低，在 2 mmol/L 的葡萄糖溶液中达到最大值，后响应电流峰值随着葡萄糖浓度升高而减小。

3. PVP 为表面活性剂制备的 Ag-Cu/GO

整合不同扫速下的 $Ag_5Cu_5$/GO 和 $Ag_6Cu_4$/GO 对于不同浓度葡萄糖溶液检测的循环伏安曲线，在 170 mV/s 的扫描速率下形成对比。由图 10-18（a）可得：$Ag_5Cu_5$/GO 对于葡萄糖检测的循环伏安曲线在 0～0.3 V 电位时存在一个具有较高峰值电流的氧化峰，其响应电流随着葡萄糖溶液浓度的升高不断增大，但当葡萄糖溶液浓度大于 2 mmol/L 后，响应电流增大趋势放缓，循环伏安曲线中峰位开始的地方为催化氧化反应开始的电位，其氧化峰峰值处为氧化反应发生的最大速率，$Ag_5Cu_5$/GO 检测峰的峰位向左偏移说明需要更小的电压就可以开始发生反应。由图 10-18（b）可得，随着葡萄糖浓度的提高，其氧化峰峰值呈现近似线性增加，线性拟合程度优于 $Ag_5Cu_5$/GO 纳米颗粒，但其氧化峰所在电位范围基本未发生变化。总体来说，由 PVP 作为表面活性剂，通过化学共还原法制备得到的 Ag-Cu/GO 纳米颗粒对葡萄糖溶液具有较为稳定的催化氧化性能，反应的最大速率随着葡萄糖溶液浓度的升高而增大，其中相同葡萄糖浓度下，$Ag_6Cu_4$/GO 循环伏安检测曲线的氧化峰电流高于 $Ag_5Cu_5$/GO，两种纳米颗粒间仅存在 Ag 和 Cu 不同配比差别，接下来探究 Cu 含量对纳米颗粒催化氧化葡萄糖能力的影响。

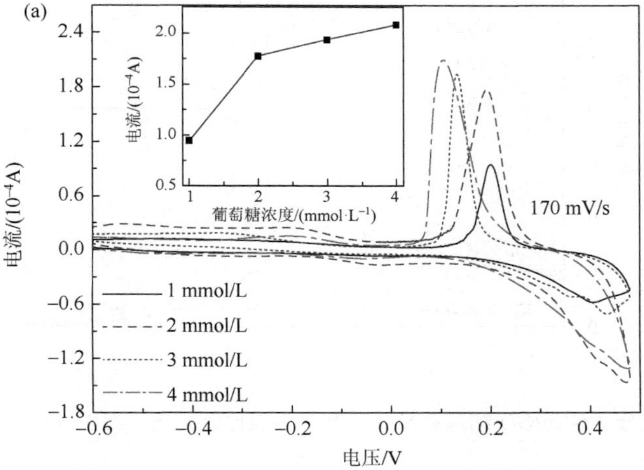

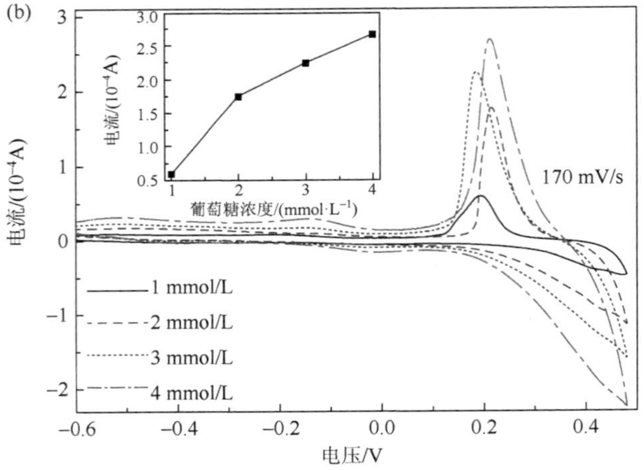


图 10-18　化学共还原法（PVP）制备（a）$Ag_5Cu_5$/GO；（b）$Ag_6Cu_4$/GO 纳米颗粒在 170 mV/s 的扫速下测量浓度为 1 mmol/L、2 mmol/L、3 mmol/L 和 4 mmol/L 的葡萄糖溶液伏安特性曲线

基于方案三所得到的测试结果，设计并制备了以 PVP 为表面活性剂、氧化石墨烯负载的 $Ag_4Cu_6$、$Ag_5Cu_5$、$Ag_6Cu_4$、$Ag_7Cu_3$、$Ag_8Cu_2$ 五种不同成分的纳米颗粒，在 pH = 7.4 的 1 mmol/L 葡萄糖溶液中，在 50 mV/s 的扫速下对五种成分的纳米颗粒进行循环伏安曲线检测，结果如图 10-19 所示，随着 Ag 在纳米颗粒中占比的上升，对应 Ag-Cu/GO 纳米颗粒的响应电流逐渐增大，说明 Ag-Cu/GO 纳米颗粒中 Ag 对其电催化活性的贡献高于 Cu。

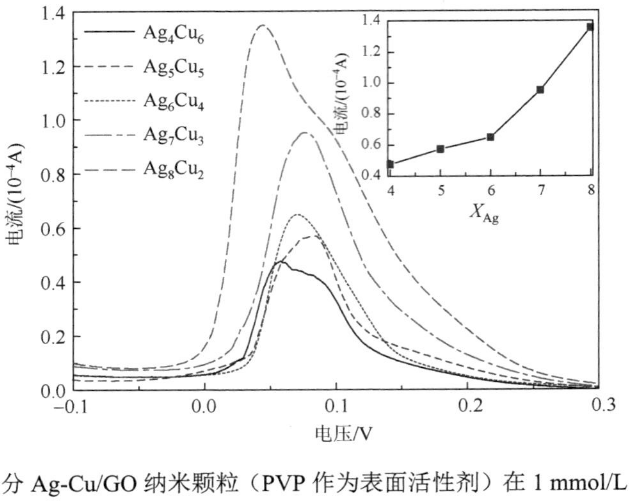


图 10-19　不同成分 Ag-Cu/GO 纳米颗粒（PVP 作为表面活性剂）在 1 mmol/L 葡萄糖溶液中的循环伏安曲线

## 10.3　银-铜纳米颗粒电化学性能研究结果总结

（1）将制备的氧化石墨烯负载的 Ag-Cu 纳米颗粒修饰的电极放置于 pH = 7.35 的浓度为 0.2 mmol/L 的葡萄糖中，用不同的扫速对其进行扫描，分析得到的循环伏安曲线发现，随着扫速的增大，氧化峰电流也随之呈现线性增大。对比三种成分氧化峰电流峰值，$Ag_5Cu_5$ 在扫速 50～300 mV/s 之间时响应电流较大，但是该成分杂峰明显多于其他两种成分。

（2）将制备的氧化石墨烯负载的 Ag-Cu 纳米颗粒修饰的电极放置于 pH = 7.35 的不同浓度的葡萄糖溶液中，用 200 mV/s 进行扫描时发现随着葡萄糖浓度的升高响应电流也有所增加，响应电流大小随着铜元素的增加而增大，其中以成分为 $Ag_5Cu_5$ 的响应电流最大且线性关系最好。

## 参 考 文 献


[1] Valodkar M，Modi S，Pal A，et al. Synthesis and antibacterial activity of Cu，Ag，and Cu-Ag alloy nanoparticles：a green approach[J]. Materials Research Bulletin，2011，46（3）：384-389.

[2] He L，Liu C，Zhou Y，et al. Self-catalytic stabilized Ag-Cu nanoparticles with tailored SERS response for plasmonic photocatalysis[J]. Applied Surface Science，2018，434：265-272.

[3] Gamerith S，Klug A，Scheiber H，et al. Direct ink-jet printing of Ag-Cu nanoparticle and Ag-precursor based electrodes for OFET applications[J]. Advanced Functional Materials，2007，17（6）：3111-3118.

[4] Liu J，Chen F. Plasmon enhanced photoelectrochemical activity of Ag-Cu nanoparticles on $TiO_2$/Ti substrates[J]. International Journal of Electrochemical Science，2012，7（10）：9560-9572.

[5] Huang C H，Wang H P，Chang J E，et al. Synthesis of nanosize-controllable copper and its alloys in carbon shells[J]. Chemical Communications，2009（31）：4663-4665.

[6] Sopoušek J，Pinkas J，Brož P. Ag-Cu colloid synthesis：bimetallic nanoparticle characterisation and thermal treatment[J]. Journal of Nanomaterials，2014，2014：638964.

[7] Delsante S，Borzone G，Novakovic R，et al. Synthesis and thermodynamics of Ag-Cu nanoparticles[J]. Physical Chemistry Chemical Physics，2015，17（42）：28387-28393.

[8] Ramalingam R J，Radhika T，Adam F，et al. Acetylation of glycerol over bimetallic Ag-Cu doped rice husk silica based biomass catalyst for bio-fuel additives application[J]. International Journal of Industrial Chemistry，2016，7（2）：187-194.

[9] Nanda M R，Yuan Z S，Qin W S，et al. Recent advancements in catalytic conversion of glycerol into propylene glycol：a review[J]. Catalysis Reviews：Science and Engineering，2016，58（3）：309-336.

[10] Jin Y，Chen F，Lei Y，et al. A silver-copper alloy as an oxygen reduction electrocatalyst for an advanced zinc-air battery[J]. ChemCatChem，2015，7（15）：2377-2383.

[11] Jin Y，Chen F. Facile preparation of Ag-Cu bifunctional electrocatalysts for zinc-air batteries[J]. Electrochimica Acta，2015，158：437-445.

[12] Li H，Guo C Y，Xu C L，et al. A highly sensitive non-enzymatic glucose sensor based on bimetallic Cu-Ag superstructures[J]. Biosensors and Bioelectronics，2015，63：339-346.

[13] 苏婷. Ag 基纳米合金制备及热力学和电化学性质研究[D]. 桂林：桂林电子科技大学，2021.

[14] 楚孟哲.（Au，Ag）-Cu 纳米合金制备及热力学与电化学性能研究[D]. 桂林：桂林电子科技大学，2022.

# 第 11 章　石墨烯负载的金-银纳米颗粒的制备与电化学性能

近年来，贵金属单质、贵金属-过渡元素、贵金属-贵金属因其优异的催化性能，成为了纳米化学、材料科学、催化化学等诸多学科交叉领域前沿的基础课题之一。2013 年，Chudnenko 和 Pal'yanova[1]对三元系 Ag-Au-Hg 固溶体的标准热力学函数进行评估，建立了 Ag-Au 固溶体的热力学模型，为之后 Ag-Au 二元体系的热力学性质研究提供借鉴基础。Yan 等[2]合成了具有树枝状铂壳结构的 Ag-Au@Pt 纳米膜，并通过实验证明 Ag-Au@Pt 纳米膜对甲醇的氧化反应具有较好的电催化性能，其活性远高于 Pt/C 催化剂，并且具有较好的抗中毒能力。Zhu 等[3]制备了三层纳米壳层的 Ag-Au 纳米颗粒，发现纳米粒径的大小与荧光猝灭效率相关，在银芯内部没有间隙或隔离层过厚且大于 13 nm 时，用于抑制罗丹明（R6G）荧光猝灭效率降低，在 60 nm 银纳米颗粒的基础上合成三层纳米壳层，样品的荧光猝灭效率最高，优于其他两种尺寸（42 nm、79 nm）。Shiho 等[4]在 2010 年通过将 $AgClO_4$ 置于金纳米颗粒水分散溶液中，在金纳米颗粒的水分散溶液中制备出了具有核壳结构的双金属银金纳米颗粒，同时还研究了 Ag/Au 双金属纳米颗粒催化活性，实验证明在相同条件下 Ag-Au 纳米颗粒的催化活性远高于单金属纳米颗粒的催化活性。Saha 等[5]通过将凝胶作为还原剂和稳定剂，制备了纳米 Ag/Au 海藻硅酸钙凝胶珠，通过扫描电子显微镜和透射电子显微镜的表征发现制备的 Ag/Au 纳米颗粒的尺寸均小于 10 纳米且呈规则的球状，用于还原 4-硝基苯酚，发现该方法制备的 Ag/Au 纳米颗粒具有很高的还原效率。之后，Marcos[6]等通过将电化学法制备的 Ag-Au 纳米颗粒用于催化 4-硝基苯酚，发现 Au 含量的增大导致了 SPRA 峰值的红移和展宽，通过 Ag-Au 纳米多孔壁的形成及空心内层的控制，制备了高效的 Ag-Au 催化剂，其催化效率为 Ag 纳米催化性能的 9 倍。Zhang 等[7]通过一锅法制备了 Au 纳米颗粒包覆的 Ag-Au 纳米颗粒用于催化氧化葡萄糖，结果表明 Ag-Au@Au 纳米颗粒对葡萄糖具有良好的催化性。石墨烯有别于一般的碳纳米材料，它是已知硬度最高的材料之一，它也是世界范围内目前发现导电率最高的材料，室温下石墨烯的电子迁移率都在 15 000 $cmV^{-1}\cdot s^{-1}$ 左右，在某些特定的低温条件下，它的迁移率更是比常温下的迁移率还能高出十倍之多，其优异的性能促使石墨烯材料也是目前学术界研究的热点之一[8]。

本章将主要介绍石墨烯负载的 Ag-Au 纳米颗粒的电化学性能[9]。主要包括三个方面的工作，先是将不同成分配比的 Ag-Au 纳米颗粒负载于氧化石墨烯，用于修饰玻碳电极；再通过电化学工作站测得在碱性条件下不同扫速和不同葡萄糖浓度下 Ag-Au 纳米颗粒修饰的玻碳电极的响应情况；最后，通过循环伏安法来分析 Ag-Au 纳米体系在氧化还原反应过程中氧化还原峰的位置及峰强，探究 Ag、Au 元素的配比及氧化石墨烯的含量对催化活性的影响，掌握其中的变化规律。

## 11.1　石墨烯负载的金-银纳米颗粒制备与表征

### 11.1.1　石墨烯负载的金-银纳米颗粒制备方法

石墨烯负载的 Ag-Au 纳米颗粒的制备流程与第 8 章中制备 Ag-Au@$SiO_2$ 纳米颗粒的方法类似。参考第 8 章中实验方案利用硼氢化钠（$NaHB_4$）共同还原前驱体硝酸银（$AgNO_3$）和四氯金酸（$HAuCl_4$），将前驱体按一定摩尔比混合便可得到不同成分的 Ag-Au 纳米颗粒。由于第 8 章已经通过紫外-可见分光光度计对溶液进行表征，所以在这里可以参照第 8 章中图 8-6 观察不同成分的 Ag-Au 纳米溶液紫外吸收峰谱分析 Ag-Au 纳米颗粒的合金化过程。随后向 Ag-Au 纳米颗粒水溶液中加入浓度含量为 0.01 mmol/L 的氧化石墨烯的分散溶液，最后将其倒入聚四氟乙烯内衬，于马弗炉中 160℃放置 6 h，离心干燥后即可得到石墨烯负载的 Ag-Au 纳米颗粒。由于氧化石墨烯无论是在水或者酒精中都不易溶解，所以选择超声分散，且将氧化石墨烯置于水溶液需要超声 0.5 h 以上，现配现取。

### 11.1.2　金-银纳米颗粒修饰的玻碳电极的制备

将 1 mL 的酒精作为溶剂，加入上述 50 μL 的制备好的石墨烯负载的 Ag-Au 纳米颗粒溶液，随后向里面加入 10 μL 的 10% 质量分数的全氟磺酸基聚合物（Nafion），放入超声机里连续超声 20 min，最终可以得到分散均一的修饰液体。与此同时，将玻碳电极按照“倒 8 字画法”在三氧化二铝粉末上打磨光滑，分别用去离子水和酒精先后各超声 10 min 后放置于红外灯下烘干。采用移液枪将约为 15 μL 的溶液分多次滴涂于玻碳电极之上。

该实验过程的注意事项：

（1）尽量遮盖玻碳电极除了抛光面的所有部分，以免红外光强度过大灼伤玻碳电极表面。

（2）每次滴涂应该均匀，若局部过厚会造成扩散不均匀，导致实验误差过大。

（3）15 μL 溶液全部滴涂完毕后应该等待玻碳电极冷却再测试电化学性能。

### 11.1.3　石墨烯负载的金-银纳米颗粒的表征

本章主要通过扫描电子显微镜来观察氧化石墨烯负载的 Ag-Au 纳米颗粒的形貌。由于 $Ag_7Au_3$、$Ag_6Au_4$、$Ag_5Au_5$ 三种成分的纳米颗粒的形貌基本相似，在此仅列举成分为 $Ag_6Au_4$ 纳米颗粒在不同放大倍数下的扫描电子显微镜图，其表征结果如图 11-1 所示。图 11-1（a）、11-1（b）分别为放大 5000 倍和 50 000 倍下的扫描电子显微镜图，在不同的放大倍数下皆能观察到，样品表面稀疏多孔，颗粒大小均一。

图 11-1　石墨烯负载的 $Ag_6Cu_4$ 在放大 5000（a）、50 000（b）倍下的 SEM 图

## 11.2　石墨烯负载的金-银纳米颗粒的电化学性能测定

### 11.2.1　金-银纳米颗粒修饰的玻碳电极在不同扫速下的循环伏安曲线

1. $Ag_5Au_5$ 电极在不同扫速下的循环伏安曲线

首先用电化学工作站测试 $Ag_5Au_5$ 修饰的玻碳电极于 pH 约为 7.35 且葡萄糖浓度为 0.2 mmol/L 环境中（pH 用 NaOH 稀溶液调节，pH 计测量），在不同扫速（80~300 mV/s）下的循环伏安曲线，如图 11-2 所示。由图可知，在扫描过程中出现明显的氧化峰但是没有明显的还原峰。氧化峰的峰宽随着扫速的增大有所增大，但氧化峰的峰强未有明显增加，氧化峰的位置向着负电位方向有略微的移动。

2. $Ag_6Au_4$ 电极在不同扫速下的循环伏安曲线

图 11-3 为石墨烯负载的 $Ag_6Au_4$ 纳米颗粒修饰的玻碳电极在 pH = 7.35 且葡萄

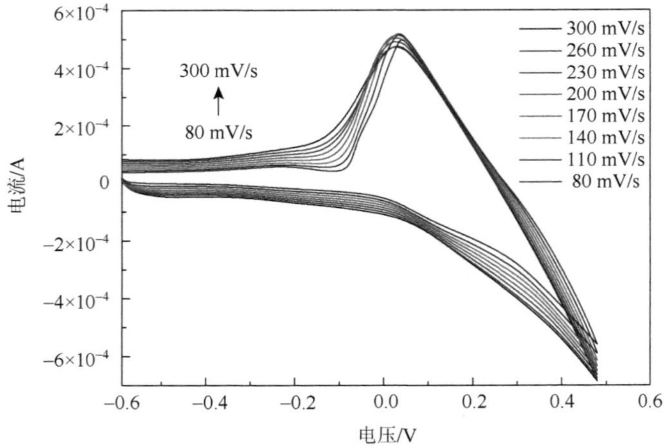


图 11-2　石墨烯负载的 $Ag_5Au_5$ 修饰的玻碳电极在不同扫速下的循环伏安曲线

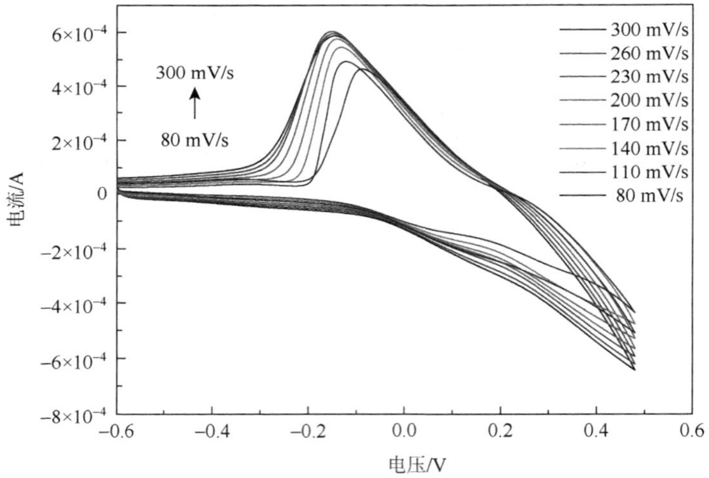


图 11-3　石墨烯负载的 $Ag_6Au_4$ 在不同扫速下的循环伏安曲线

糖浓度为 0.2 mmol/L 环境中，不同扫速下的循环伏安曲线。相对于图 11-2 所示的成分为 $Ag_5Au_5$ 纳米颗粒修饰的玻碳电极在不同扫速下的循环伏安曲线，该成分下的伏安曲线氧化峰电流有所增强，在扫速为 80～230 mV/s 时，氧化峰电流随着扫速的增大而增大，氧化峰位置向着负电位方向明显移动。

3. $Ag_7Au_3$ 纳米在不同扫速下的循环伏安曲线

图 11-4 为氧化石墨烯负载的 $Ag_7Au_3$ 纳米颗粒修饰的玻碳电极在 pH = 7.35 且

葡萄糖浓度为 0.2 mmol/L 环境中，在不同扫速下的循环伏安曲线，可以看到在扫速为 80～170 mV/s 时氧化峰电流随扫速的增大而增大。相对于其他两种成分的纳米颗粒而言，该成分下的纳米颗粒的氧化峰峰宽皆随着扫速的增大而增大，氧化峰位置向着负电位方向有明显偏移。

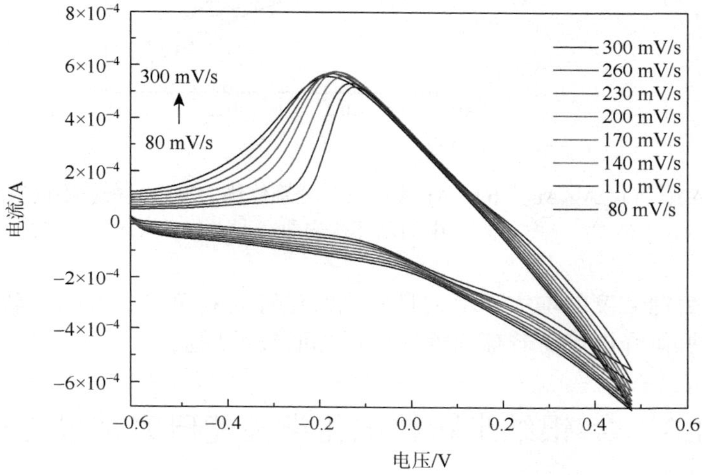


图 11-4　$Ag_7Au_3$ 在不同扫速下的循环伏安曲线

## 11.2.2　金-银纳米颗粒修饰的玻碳电极在不同葡萄糖浓度下的循环伏安曲线

将氧化石墨烯负载的 $Ag_5Au_5$、$Ag_6Au_4$、$Ag_7Au_3$ 的纳米颗粒修饰的玻碳电极先后放于 pH = 7.35，浓度为 0.5 mmol/L、1 mmol/L、2 mmol/L、3 mmol/L、4 mmol/L 和 5 mmol/L 的葡萄糖溶液中，用扫速为 200 mV/s 的速度进行扫描，所测得的结果如图 11-5 所示。对比三个图中的氧化峰，发现三种成分的纳米颗粒的氧化峰峰

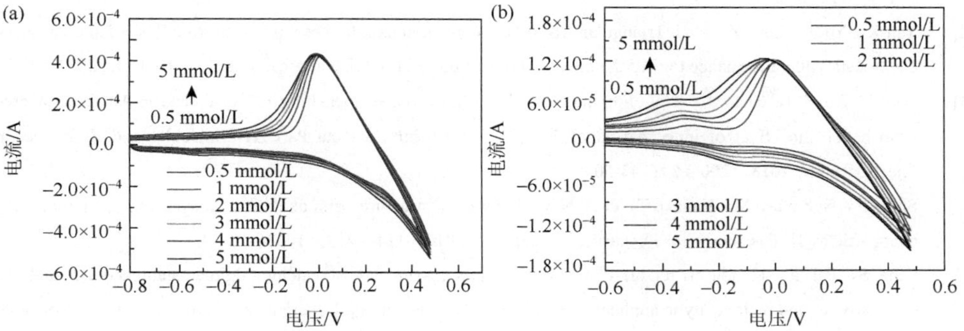

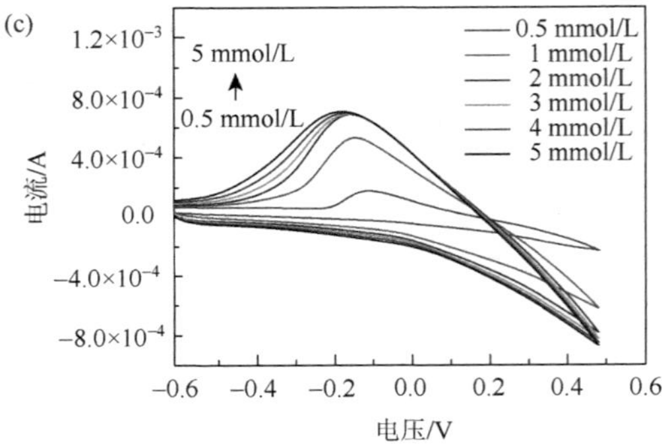


图 11-5 $Ag_5Au_5$（a）、$Ag_6Au_4$（b）、$Ag_7Au_3$（c）分别修饰的玻碳电极在不同浓度葡萄糖溶液中的循环伏安曲线

宽皆随着葡萄糖浓度的增大而增大且氧化峰位置向着负电位方向移动。三个图中都未能看到氧化峰电流随着葡萄糖浓度增加而线性增加。

## 11.3 金-银纳米颗粒电化学性能研究结果总结

（1）通过化学还原法结合水热法制备了氧化石墨烯负载的 Ag-Au 纳米颗粒，将其用于修饰的玻碳电极放置于 pH = 7.35 的浓度为 0.2 mmol/L 的葡萄糖中，用不同的扫速对其进行扫描，分析得到的循环伏安曲线发现，氧化峰电流与扫速没有呈线性相关。

（2）通过用 200 mV/s 的扫速在不同浓度的葡萄糖溶液中进行扫描，未发现氧化峰电流与葡萄糖浓度有明显的规律。

### 参 考 文 献


[1] Chudnenko K，Pal’yanova G. Thermodynamic properties of Ag-Au-Hg solid solution[J]. Thermochimica Acta，2013，572：65-70.

[2] Yan X，Yu S，Tang Y，et al. Triangular Ag-Au@Pt core-shell nanoframes with a dendritic Pt shell and enhanced electrocatalytic performance toward the methanol oxidation reaction[J]. Nanoscale，2018，10（5）：2231-2235.

[3] Zhu J，Xu Z J，Zhao J，et al. Etching-dependent fluorescence quenching of Ag-dielectric-Au three-layered nanoshells：the effect of inner Ag nanosphere[J]. Spectrochimica Acta Part A：Molecular and Biomolecular Spectroscopy，2018，200（5）：43-50.

[4] Shiho T，Nobuyasu M，Kanako T，et al. Novel synthesis，structure，and oxidation catalysis of Ag/Au bimetallic nanoparticles[J]. The Journal of Physical Chemistry C，2010，114（23）：10336-10341.

[5] Saha S，Pal A，Kundu S，et al. Photochemical green synthesis of calcium-alginate-stabilized Ag and Au nanoparticles and their catalytic application to 4-nitrophenol reduction[J]. Langmuir，2010，26（4）：2885-2893.

[6] Marcos P. Tailoring the structure，composition，optical properties and catalytic activity of Ag-Au nanoparticles by

the galvanic replacement reaction[J]. Chemical Physics Letters，2012，531（13）：188-192.

[7] Zhang H，Okuni J，Toshima N. One-pot synthesis of Ag－Au bimetallic nanoparticles with Au shell and their high catalytic activity for aerobic glucose oxidation[J]. Journal of Colloid and Interface Science，2011，354（1）：131-138.

[8] Geim A K，Novoselov K S. The rise of graphene[J]. Nature Materials，2007，6：183-191.

[9] 苏婷. Ag 基纳米合金制备及热力学和电化学性质研究[D]. 桂林：桂林电子科技大学，2021.

# 彩　　插

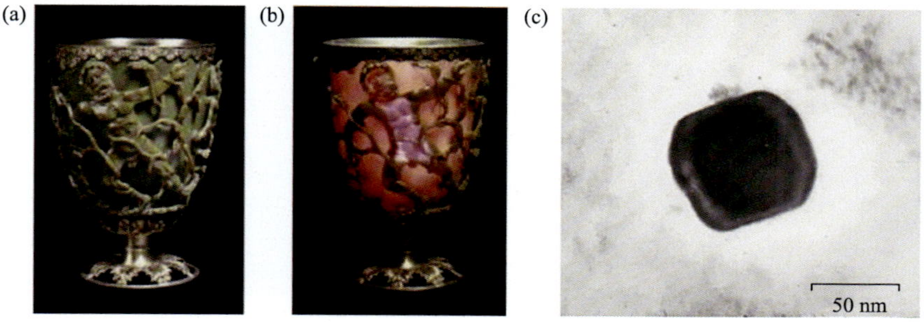


图 5-1　莱克格斯杯在不同角度光照及 TEM 图像[8]

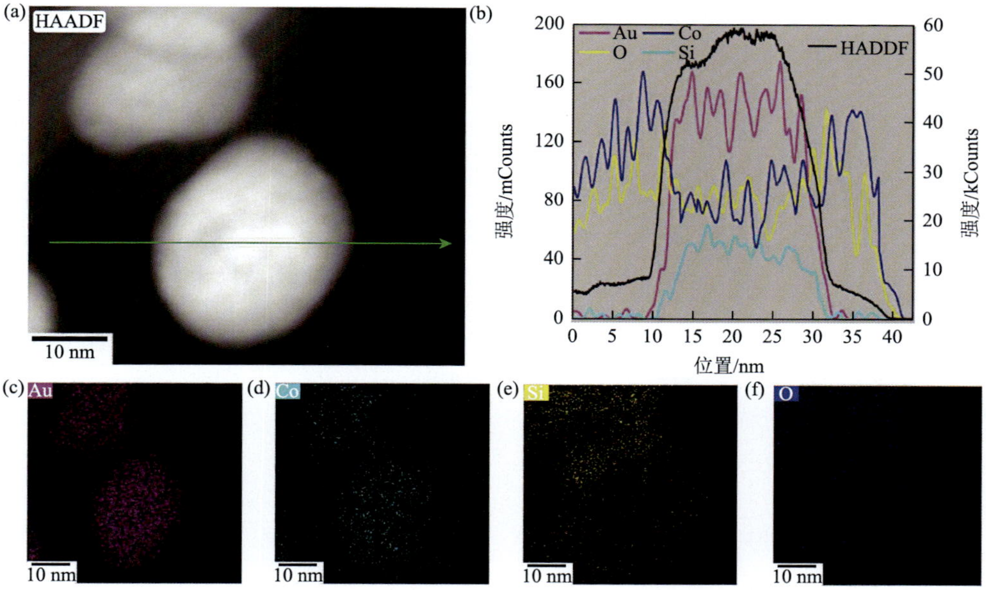


(g)

| 元素 | 原子分数/% | 质量分数/% |
|---|---|---|
| Au | 12.16 | 55.67 |
| Co | 2.90 | 3.90 |
| Si | 31.99 | 20.51 |
| O | 54.56 | 19.92 |

图 5-9　单个 24.60 nm $Au_8Co_2@SiO_2$ 纳米颗粒成分线扫图和 HAADF-STEM 图像

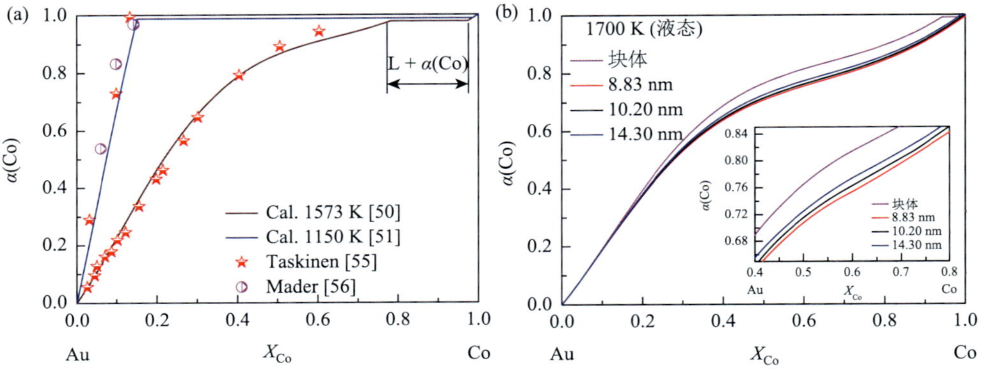


图 5-13 （a）Au-Co 合金在 1150 K 和 1573 K 下的活度计算，（b）1700 K 时 Au-Co 纳米颗粒不同粒径下的活度[50, 51]

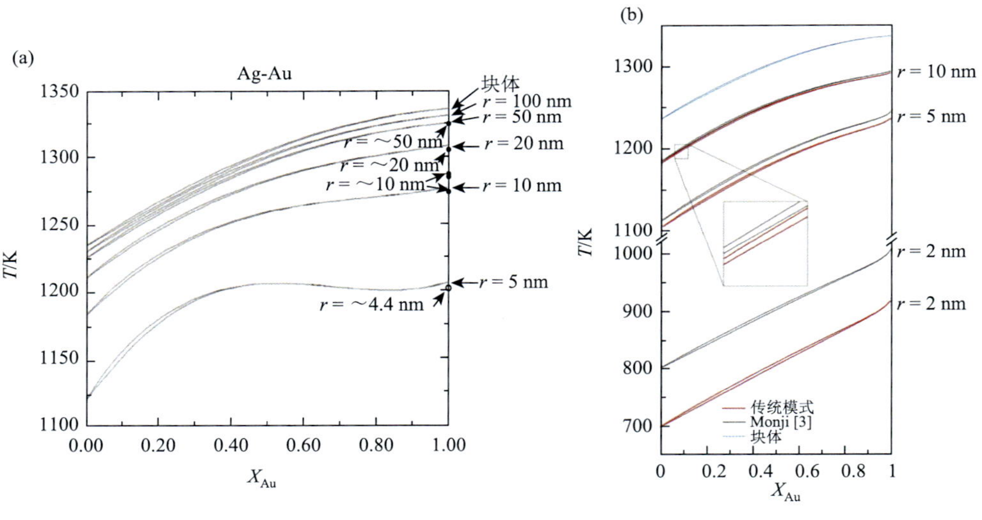


图 8-10 Lee[2]（a）、Monji[3]（b）计算的 Au-Ag 纳米颗粒及块体相图

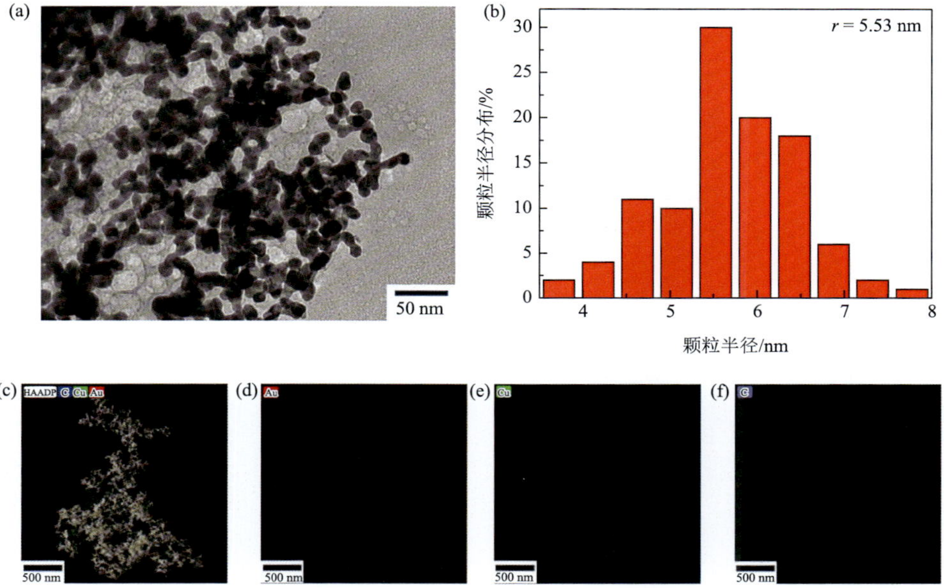


图 9-5　$Au_5Cu_5$/GO 纳米颗粒透射电子显微镜图像（a），颗粒半径统计结果（b）及 EDS 面扫结果（c～f）

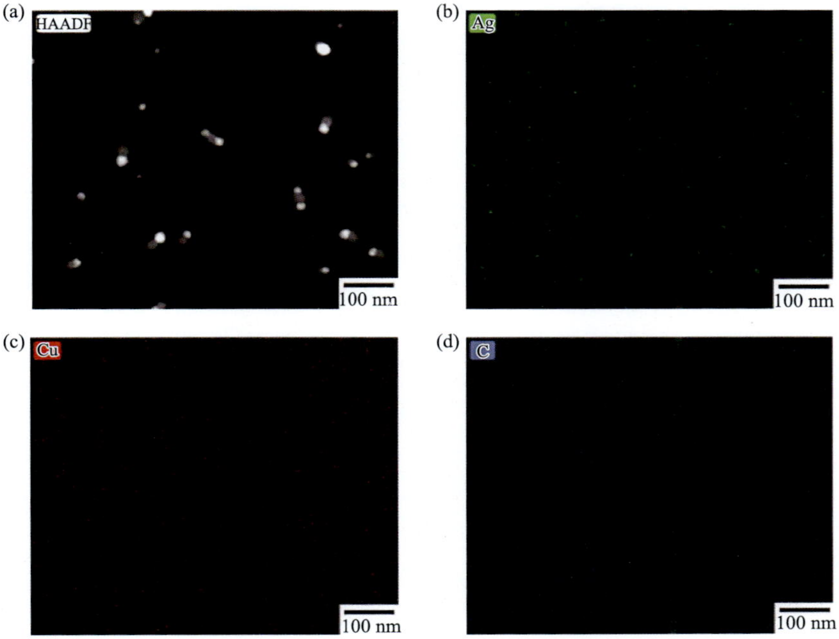


图 10-3　聚乙二醇为表面活性剂制备 $Ag_4Cu_6$/GO 纳米颗粒的 EDS 面扫结果